网络空间安全丛书

CCSP 云安全专家认证 All-in-One

(第 3 版)

[美] 丹尼尔・卡特(Daniel Carter) 著

徐坦 余莉莎 栾浩 赵超杰 杨博辉 译

北京谷安天下科技有限公司 审校

清华大学出版社

北 京

北京市版权局著作权合同登记号 图字：01-2024-3907
Daniel Carter
CCSP Certified Cloud Security Professional All-in-One Exam Guide, Third Edition
ISBN: 978-1-264-84220-9

图书在版编目（CIP）数据
CCSP云安全专家认证All-in-One：第3版 /(美) 丹尼尔 • 卡特 (Daniel Carter) 著；徐坦等译. --北京 ：清华大学出版社, 2025. 3. -- (网络空间安全丛书).
ISBN 978-7-302-68287-5
Ⅰ. TP393.08
中国国家版本馆CIP数据核字第2025JE1143号

责任编辑：王 军
封面设计：高娟妮
版式设计：恒复文化
责任校对：马遥遥
责任印制：刘海龙

出版发行：清华大学出版社
网 址：https://www.tup.com.cn，https://www.wqxuetang.com
地 址：北京清华大学学研大厦 A 座 邮 编：100084
社 总 机：010-83470000 邮 购：010-62786544
投稿与读者服务：010-62776969，c-service@tup.tsinghua.edu.cn
质 量 反 馈：010-62772015，zhiliang@tup.tsinghua.edu.cn
印 装 者：北京同文印刷有限责任公司
经 销：全国新华书店
开 本：170mm×240mm 印 张：16.75 字 数：386 千字
版 次：2025 年 5 月第 1 版 印 次：2025 年 5 月第 1 次印刷
定 价：98.00 元

产品编号：101251-01

译者序

当今，是数字化飞速发展的时代，数字文化、数字中国、新质生产力、数据要素、数字化转型、数字科技以及数字科技风险的迅猛发展给社会带来了前所未有的便利和机遇，重新定义了社会和商业的运转模式。在全国各行各业的共同努力下，数字化领域取得了长足进步和众多创新成果，而新质生产力的崛起则是数字化转型的重要里程碑，为全社会带来了更加高效、更加智能的生产方式，推动着经济增长与创新发展。全社会已经迈入数字时代的大门，数据总量不断快速增加，人们必须清醒地认识到数字时代不仅仅是技术上的革新，更是一场全方位的变革，涉及组织、文化、技术、社会和安全等多方面的风险。

近年来，随着数字化社会的快速发展和云计算技术的普及，云计算的安全问题日益突出，各类云平台遭受的入侵事故频繁发生，给个人、企业乃至整个社会带来了严重的威胁。在这样的背景下，云计算安全技术逐渐成为各界关注的焦点，CCSP 云安全专家认证作为云安全领域的权威认证，其作用日益突出。

有鉴于此，清华大学出版社引进并主持翻译了《CCSP 云安全专家认证 All-in-One》(第 3 版)。通过引进本书，希望能够帮助读者和考生深入掌握云安全各领域管理和技术的相关知识，为自身的职业发展和组织的安全保障提供强有力的支持。希望本书能够成为广大读者在实务工作中的参考书，并成为 CCSP 考生在云安全认证考试中的引路人。愿诸君共同努力，推动我国云计算安全事业的蓬勃发展。

首先，《CCSP 云安全专家认证 All-in-One》(第 3 版)一书全面涵盖了六大知识域，分别是云概念、架构与设计，云数据安全，云平台与基础架构安全，云应用程序安全，云安全运营，法律、风险与合规。本书在每个知识域都详细讲解了相关的概念、原理和重点。通过深入浅出的方式，帮助读者和 CCSP 考生全面掌握云安全各个领域中的核心知识，并获得实践指导和应对策略。

其次，本书注重理论与实践相结合。在本书每个知识域的讲解中，不仅提供了理论基础，还通过实际案例和场景模拟，帮助读者和 CCSP 考生将理论知识转化为实际应用能力。无论是 CCSP 考生、院校学生还是有经验的安全从业人员，都能够通过本书深入学习和实践，提升在云安全领域的专业水平。

再次，本书关注最新技术和趋势。云安全领域的技术和威胁在不断演变，本书有针对性地进一步更新和完善了最新的云安全挑战和解决方案。读者和 CCSP 考生能够充分认识到当前云安全领域的前沿技术，并掌握相应的应对策略，提前做好云计算安全防护。

本书翻译工作历时 12 个月全部完成。翻译过程中译者团队力求忠于原著，尽可能传达作者原意。正是因为参与本书翻译和校对工作的专家们的辛勤付出才有本书的顺利出版。同时，也要感谢参与本书校对的各位安全专家，他们保证了本书稿件内容表达的一致性和文字的流畅性。感谢栾浩、徐坦、姚凯、余莉莎、赵超杰、杨博辉、牛承伟在翻译、校对、统稿、定稿等工作中所投入的大量时间和精力，他们保证了全书既符合原著，又贴近云计算安全工作实务要求，以及在内容表达上的准确、一致和连贯。

同时，还要感谢本书的审校单位北京谷安天下科技有限公司(简称“谷安天下”)。 谷安天下是国内中立的网络安全与数字风险服务机构，以成就更高社会价值为目标，专注于网络安全与数字风险管理领域的研究与实践，致力于全面提升中国企业的安全能力与风险管控能力，依靠严谨的专业团队、全方位的网络安全保障体系、良好的沟通能力，为党和政府、大型国有企业、银行保险、大型民营企业等客户提供网络安全规划、信息系统审计、数据安全咨询等以实现管理目标和数字资产价值交付为核心的，全方位、定制化的专业服务。在本书的译校过程中，谷安天下作为$(ISC)^2$中国的 OTP 授权培训机构，投入了多位专家、讲师和技术人员以及大量时间支持本书的译校工作，进而保证了全书的质量。

同时，感谢本书的审校单位上海珪梵科技有限公司(简称“上海珪梵”)。上海珪梵是一家集数字化软件技术与数字安全于一体的专业服务机构，专注于数字化软件技术与数字安全领域的研究与实践，并提供数字科技建设、数字安全规划与建设、软件研发技术、网络安全技术、数据与数据安全治理、软件项目造价、数据安全审计、信息系统审计、数字安全与数据安全人才培养与评价等服务。上海珪梵是数据安全职业能力人才培养专项认证的全国运营中心。在本书的译校过程中，上海珪梵的多名专家积极参与并鼎力支持，为本书的译校工作贡献了重要力量。

在此，一并感谢北京金联融科技有限公司、江西首赞科技有限公司、河北新数科技有限公司、江西立赞科技有限公司在本书译校工作中给予的大力支持。

最后，感谢清华大学出版社和编辑团队的严格把关，悉心指导，正是有了他们的辛勤努力和付出，才有了本书中文译本的出版发行。

本书涉及内容广泛，立意精深。因译者能力局限，在翻译中难免有错误或不妥之处，恳请广大读者朋友指正。

译者简介

栾浩，获得美国天普大学 IT 审计与网络安全专业理学硕士学位，马来亚威尔士大学(UMW)计算机科学专业博士研究生，持有 CISSP、CISA、CDSA、CISP、CISP-A 和 TOGAF 等认证证书，曾供职于思科中国、东方希望集团、华维资产集团、京东集团、包商银行等企业，历任软件研发工程师、安全技术工程师、系统架构师、安全架构师、两化融合高级总监、智转数改 VP、CTO、CISO 职位，现任 CTO 职务，并担任中国卫生信息与健康医疗大数据学会信息及应用安全防护分会委员、中国计算机行业协会数据安全产业专家委员会委员、中关村华安关键信息基础设施安全保护联盟团体标准管理委员会委员、数据安全人才之家(DSTH)技术委员会委员，负责数字化系统评价与建设、数据治理与运营、数字安全保障、数据安全治理、个人隐私保护；数字化转型赋能项目的架构咨询、规划、建设与督导，安全技术与运营、IT 审计和人才培养等工作。

徐坦，获得河北科技大学理工学院网络工程专业工学学士学位，持有 CDSA、DSTP-1、CISP、CISP-A 等认证。现任安全技术总监职务，负责数据安全技术、安全技术服务、安全教育培训、云计算安全、安全工具研发、IT 审计和企业安全攻防等工作。徐坦先生承担本书第 3 章的翻译工作，全书的校对、统稿工作，为本书撰写了译者序，并担任本书的项目经理工作。

余莉莎，获得南昌大学工商管理专业管理学硕士学位，持有 CDSA、DSTP-1、CISP 等认证。负责数字科技风险、数据安全评估、咨询与审计、数字安全人才培养体系等工作。余莉莎女士承担全书的审校和通读工作。

赵超杰，获得燕京理工学院计算机科学与技术专业工学学士学位，持有 CDSA、DSTP-1 等认证。现任安全技术经理职务，负责数字化转型过程中的数字科技风险治理、数据安全管理、渗透测试、攻防演练平台研发、安全评估与审计、安全教育培训、数据安全课程研发等工作。赵超杰先生承担本书的审校和统稿工作。

杨博辉，获得燕京理工学院计算机科学与技术专业工学学士学位，持有 DSTP-1、CISP-PTE 等认证。现任安全工程师职务，负责软件研发、安全服务、渗透测试等工作。杨博辉先生承担本书部分章节的校对工作。

姚凯，获得中欧国际工商学院工商管理专业管理学硕士学位，高级工程师，持有 CISSP、CDSA、CCSP、CEH、CISA 等认证。现任首席信息官职务，负责数字化转型战略规划与落地实施、数据治理与管理、IT 战略规划、策略程序制定、IT 架构设计及应用部署、系统取证和应急响应、数据安全、灾难恢复演练及复盘等工作。姚凯先生担任 DSTH 技术委员会委员。姚凯先生承担本书第 7 章的翻译工作。

陆新华，获得华中科技大学模式识别与智能系统专业工学硕士学位，持有 CISSP、CCSP、CISM、CISA 等认证。现任信息安全主管职务，负责通讯产品研发的信息安全的日常运营和管理工作。陆新华先生承担本书第 1 章的翻译工作。

周可政，获得上海交通大学电子与通信工程专业工学硕士学位，持有 CISSP、CCSP、CISA 等认证。现任信息安全经理职务，负责数据安全、云安全、安全运营中心规划建设和企业安全防护体系建设等工作。周可政先生承担本书第 2 章的翻译工作。

黄刚，获得墨尔本大学信息系统专业工学硕士学位，持有 CISSP、CCSP 等认证。现任系统架构师职务，负责安全系统设计咨询、安全事件响应与回溯等工作。黄刚先生承担本书第 4 章的翻译工作。

鲍俊宏，获得上海财经大学国际金融管理专业管理学硕士学位，持有 CISSP、CCSP、CISA、CRISC 等认证。现任信息安全主任工程师职务，负责企业信息和数据安全治理、信息安全审计、网络安全防御架构设计和落地、网络安全应急响应和工业控制系统国际安全标准对标等工作。鲍俊宏先生承担本书第 5 章的翻译工作。

江榕，获得伦敦大学信息安全专业工学硕士学位，持有 CISSP 和 CCSP 等认证。现任信息安全经理职务，负责安全平台技术架构建设、安全运营管理、数据安全治理等工作。江榕先生承担本书第 6 章的翻译工作。

肖森林，获得东北大学信息安全专业工学学士学位，持有 CISSP、CCSP、CISA、CISM 和 CRISC 等认证。现任网络安全专家职务，负责 IoT 安全合规、云平台安全和软件研发安全等工作。肖森林先生承担本书前言和术语表的翻译工作。

管明明，获得辽宁大学法学专业法学学士学位，持有中华人民共和国法律职业资格证书。现任律师事务所合伙人职务，负责承办诉讼、仲裁及非诉讼法律事务，服务内容涉及公司治理、数据安全、个人信息保护、房地产、刑事诉讼领域等工作。管明明女士承担本书部分章节的校对工作，并特聘为本书的数字化司法领域专家。

陈伟，获得中国石油大学工业管理工程专业管理学硕士学位，持有 CISA 等认证。现任谷安天下研究院院长职务，负责 IT 治理、网络安全、数字风险管理和 IT 审计、咨询等工作。陈伟先生承担本书的部分章节的校对工作。

方乐，获得复旦大学计算机专业理学硕士学位，持有 CISSP、CISA 等认证。现任谷安天下合伙人职务，负责 IT 治理与管理、信息安全管理、IT 风险管理、信息系统审计、数据治理咨询和培训等工作。方乐先生承担本书的部分章节的校对工作。

本书原文涉猎广泛，内容涉及诸多知识点。在本书译校过程中，数据安全人才之家(DSTH)技术委员会、(ISC)^{2}上海分会的诸位安全专家给予了高效且专业的解答，在此，衷心感谢数据安全人才之家(DSTH)技术委员会委员、(ISC)^{2}上海分会理事会以及分会会员的参与、支持和帮助。

关于作者

Daniel Carter，持有 CISSP、CCSP、CISM 和 CISA 认证证书，担任 Johns Hopkins 大学医学院的网络安全项目经理。作为一位从事 IT 安全工作和系统行业近 20 年的专家，Daniel 长期从事基于 Web 的应用程序和基础架构(Infrastructure)，以及轻量级目录访问协议(Lightweight Directory Access Protocol，LDAP)、安全声明标记语言(Security Assertion Markup Language，SAML)和联合身份系统(Federated Identity System，FIS)、公钥基础架构(Public Key Infrastructure，PKI)、安全信息与事件管理(Security Information and Event Management，SIEM)和 Linux/Unix 系统等方面的工作。Daniel 拥有美国 Maryland 大学刑事学和刑事司法学学位，以及 Maryland 大学全球校园的技术管理硕士学位，主修国土安全管理方向。

关于技术编辑

Robert“Wes”Miller，持有 CISSP 和 CCSP 认证证书。Robert 在过去的 21 年中，一直担任 Bon Secours Mercy Health 的 IT 专家，自 2005 年起负责 IT 安全工作。Robert 在自己职业生涯中，曾负责多个安全系统以及架构设计工作。Robert 目前是一名高级云安全架构师，负责多个云计算项目。Robert 拥有 Toledo 大学工商管理学士学位，主修信息系统方向。

致　谢

本书是我首部著作的第三个版本，希望 CCSP 考生们能够从本书中找到有用且全面的信息，从而帮助大家在职业发展和成长过程中获益。感谢 Matt Walker 给了我这次机会，并鼓励我抓住这次机会。

感谢 Wes Miller 担任本书第三版的技术编辑，他的专业贡献确保了本书在快速发展的 CCSP 考试领域中持续发挥作用。据我所知，多年来，Wes Miller 一直为那些致力于获得 IT 认证的人士提供帮助，希望本书也能够继续服务于技术社区。我还要感谢 Gerry Sneringer 作为本书第一版和第二版的技术编辑所做出的努力，但更重要的是，感谢 Gerry Sneringer 在我认识他的 20 多年里给予我的所有知识和经验。

我曾在 Maryland 大学与 David Henry 共事多年，并从 David Henry 那里学到许多关于中间件和系统架构(System Architecture)的知识。如今，我已总结出一套能够很好应对挑战的理念和思路，这在很大程度上归功于我和 David Henry 一起工作时所学到的知识和经验。在 Maryland 大学工作时，我也从多位专家那里学到很多知识。在此，特别感谢下面列出的诸位专家：John Pfeifer、David Arnold、Spence Spencer、Kevin Hildebrand、Prasad Dharmasena、Fran LoPresti、Eric Sturdivant、Willie Brown、Sonja Kueppers、Ira Gold 和 Brian Swartzfager。

在医疗保险和补助服务中心(Centers for Medicare & Medicaid Services，CMS)工作期间，我要特别感谢 Jon Booth 和 Ketan Patel 为我提供了首次从事安全领域相关岗位工作的机会，并且充分地信任我，委派我从事监督重要的公共和可视化系统工作。此外，感谢 Zabee Chong 给了我加入 CMS 的机会，帮助我进一步拓展自己的学术视野。最后，我不能不提及我的挚友 Andy Trusz，自我加入 CMS 的第一天起，Andy Trusz 就向我展示了职场技能，并成了我的挚友。然而，遗憾的是，就在我离开 CMS、加入 HPE 公司任职的那一天，Andy Trusz 在与癌症的斗争中失败了，离我而去。我永远不会忘记 Andy Trusz 和我的深挚友谊以及他给予我的一切帮助！

对于撰写本书这种规模的项目，需要领导和同事们的理解和大力支持。Ruth Pine 是一位很棒的领导，他始终支持我，给予我大量的时间和鼓励，全力支持我完成这个项目，也一直给我机会应对新的挑战并拓展专业领域，特别是在云计算技术和 SIEM 技术领域。感谢 Brian Moore、Joe Fuhrman、Steve Larson、BJ Kerlavage、David Kohlway、Seref Konur 和 Jack Schatoff，以及前面提到的 Matt Walker，感谢伙伴们加入 HPE 这样一个令人钦佩的团队，并向我展示了如此之多的不同视角和应对挑战的新方法！还要感谢多年来与我在项目上密切合作过的其他公司的伙伴，感谢所有人对我的支持和鼓励，特别是 Anna Tant、Jason Ashbaugh 和 Richie Frieman。

五年前，我得到了重返学术界的机会。在 Johns Hopkins 大学从事一份富有挑战性的工作，我与企业级身份验证(Authentication)团队共同从事单点登录(Single Sign On，SSO)和联合身份系统(Federated Identity System)方面的工作。此后，我在 CISO 领导下担任网络安全项目经理。与大型医院合作是将我在医疗健康领域的工作经验和对于安全的热情结合起来的理想机会。我要感谢我们的首席信息安全官 Darren Lacey、副首席信息安全官 John Taylor，以及安全管理团队的其他成员：Martin Myers、Peter Chen、Alisa Sabunciyan、Pete Donnell、Katy Banaszewski、Craig Vingsen 和 Christos Nikitaras。我还要感谢 Tyge Goodfellow、Eric Wunder、Steve Metheny、Phil Bearmen、Anthony Reid、Steve Molcyzk 和 Andy Baldwin，感谢他们从多个角度向我传授最新的安全知识，帮助我在多个领域提升安全能力！

感谢我的父母 Richard 和 Susan，感谢他们的支持和鼓励！

最后，也是最重要的一点，我要感谢我挚爱的妻子，Robyn 女士，感谢她一直以来对我在职业和个人生活中所给予的全力支持。我们育有四个年幼的孩子，如果没有 Robyn 的理解和帮助，我甚至无法决定是否要参与本项目。试想一下，如果宝宝们和狗狗们一起在家里四处肆意跑跳，我相信，没有哪位专家能顺利完成如此规模的著作！

前　言

在过去的十年，“云”(Cloud)开始逐渐流行，即使是那些与IT行业没有直接联系、未经过培训或缺少专业知识的外界人士，也开始追逐于云计算领域。云计算开始不时地出现在面向普通大众的商业广告中，充当各类服务的主要卖点。即使那些不知道什么是云计算(Cloud Computing)或云计算工作原理的大众，很大程度上也认识到云计算是对产品或服务发挥主要作用的积极因素，普遍认为云计算意味着更高的可靠性(Reliability)、更快的速度和更加便捷的整体用户体验。基于云计算的诸多优势和特性，许多组织都在鼓足干劲、快马加鞭地拥抱云计算技术。

随着行业运营模式的巨大转变，各类组织对能够深入、娴熟掌握云计算技术的专家的需求以同样的速度激增，这种需求遍及各个计算领域。由于云计算的独特影响力和特征，相关组织为了全面保护组织的各类系统(System)、应用程序(Application)和数据(Data)，对云计算安全专家的需求变得分外迫切。

云计算代表IT专家和安全专家就如何看待数据保护(Data Protection)以及各类可用技术和方法的思维范式的转变。在想要获得CCSP认证的考生中，一部分是经验丰富的安全专家，这些专家已持有CISSP认证等多项安全类证书。而对于另一部分考生而言，CCSP考试将成为其作为安全专家的首项认证证书。有些考生很早就开始使用云计算技术，而其他大部分考生则是第一次学习云计算技术的基础知识。本书旨在满足各类考生的需求，无论考生是否具有安全或通用计算方面的背景或具体经验。

本书将为CCSP考生提供通过考试所需的信息和知识，也将拓展考生对于云计算和安全技术的理解和认知，而绝非仅仅是应试和解题。希望考生能将本书视为案头必备书籍，即使在通过考试后，也应继续通过本书更深入地掌握核心的云计算概念和方法。

本书的结构与(ISC)² 官方考试大纲的主题密切呼应，涵盖考试大纲中的所有考点和知识域。在深入研究CCSP考试所涉及的六大知识域之前，本书为那些将CCSP作为第一项安全认证的考生提供了关于IT安全的必备知识介绍。而那些经验丰富并已持有各类安全证书的考生也将发现研习本书是复习基本概念和术语的有效方法。

不论CCSP考生的背景和经验如何，也无论已持有多少认证证书，作者都希望考生能通过本书发现云计算领域独特而新奇的安全挑战，进而获得更多启发和顿悟。云计算技术代表计算领域的一个不断发展、令人向往的新方向，在可预见的未来，云计算技术将成为IT行业的一种主要范式(Major Paradigm)。

在此要说明的是，本书的附录 A 和附录 B 都采用在线形式提供，读者可通过扫描本书封底的二维码下载。附录 A 提供了大量的课后习题及综合练习题，并附上了对应的答案与解析，旨在多方面促进读者的学习效果，巩固所学的知识。由于这部分内容占用的篇幅较大，因此我们采用在线的方式提供。附录 B 提供了有关“在线练习考试”的信息和说明，以及有关如何使用考试工具的更多信息。其中在线练习考试包含了全部的考生在线考试测试引擎，允许考生生成完整的练习考试，或者按章节或知识域生成小测验。

目　录

第 1 章

获得 CCSP 认证的途径及安全概念介绍

本章涵盖以下主题：

- 为什么 CCSP 认证的价值如此之高
- 如何获取 CCSP 认证证书
- CCSP 六大知识域介绍
- 基础安全概念介绍

随着云计算(Cloud Computing)技术的广泛运用和迅速普及，组织对于具备云计算专业知识且技能娴熟的安全专家(Security Professional)的需求量随之增加。虽然许多组织已聘用成熟的安全专家团队和运营团队，但传统数据中心的知识并不足以应对云计算的独特挑战和各个方面。为了弥补这一差距，$(ISC)^2$ 和云安全联盟(CSA)合作推出了注册云安全专家(Certified Cloud Security Professional，CCSP)认证考试，用于鉴定云安全专家的知识和技能，并提供确保在云环境中实现充分的安全水平所需的教育和培训。

1.1 为什么 CCSP 认证的价值如此之高

对于 IT 专家的职业生涯发展而言，获得一项广泛受尊重和认可的行业标准认证(Certification)是至关重要的。随着云计算的快速发展，越来越多的组织争相利用云计算技术的潜力，CCSP 作为一项独立认证，能够向雇主或监管机构证明考生已具备 CCSP 认证相关的技能，并已充分理解与掌握了 CCSP 相关知识。无论是最初级的安全分析人员，还是组织的首席信息安全官(Chief Information Security Officer，CISO)，任何级别的 IT 安全从业人员都能够从 CCSP 认证中受益。虽然 CCSP 认证在特定情况下是作为其他安全认证(译者注：指 CISSP 认证，CISSP 的知识体系是 CCSP 的重要考点)的延伸，但这并不妨碍 CCSP 认证作为首项云安全认证或独立认证的地位；典型的安全认证包括信息系统安全认证专家(Certified Information System Security Professional，CISSP)。

美国国防部(Department of Defense，DoD)要求从事网络安全(Cybersecurity)和信息保障(Information Assurance，IA)方面工作的人员持有特定的证书，具体要求已在国防部 8570 号文件中列出。CCSP 可满足两个不同的类别。

第一个是信息保障技术(Information Assurance Technical，IAT)三级，当然，IAT 三级也可以通过获取 CISSP 认证来满足。第二个是信息保障系统架构师和工程师(Information Assurance Systems Architects and Engineers，IASAE)三级。CCSP 认证的显著优势之一是满足 IASAE 三级的要求，与 CISSP-ISSAP 和 CISSP-ISSEP 相当，而 CISSP 只满足 IASAE 二级的要求。如果考生的职业需要满足美国国防部 8570 规定的认证，那么选择 CCSP 认证无疑是最具价值的决策。

1.2 如何获取 CCSP 认证证书

在撰写本书时，以下关于 CCSP 的获证步骤和要求是有效的，但由于 IT 行业是一个快速变化的环境，考生应该直接向(ISC)^2 核实最新的考试要求。CCSP 认证考试的官方网站是 https://www.isc2.org/ccsp。

获得 CCSP 认证的要求如下。

1. 经验

CCSP 考生应具备 5 年的全职 IT 工作经验。在这 5 年期间，考生须拥有 3 年以上的 IT 安全经验，并在至少一个 CCSP 知识域中具备一年及以上的工作经验。如果考生持有 CSA 颁发的 CCSK 证书，则可以替代 CCSP 知识域的经验要求，而(ISC)^2 颁发的 CISSP 认证能够完全满足 CCSP 的经验要求。如果考生尚未达到要求的年限，仍然可以参加考试并成为(ISC)^2 的准会员。准会员将有 6 年时间获得所需的经验，并成为一名正式认证的会员。

2. 考试

考生应注册并通过 CCSP 认证考试。考生可以在 CCSP 官方网站上找到关于注册(Registration)和所需费用的信息。考试时间为 4 个小时，共有 150 道题目，其中 25 道题目不计入总分。CCSP 考生仅需在 1000 分中取得 700 分的成绩，即可视为成功通过考试。

3. 遵守(ISC)^2 道德规范

作为安全专家(Security Professionals)团队的组成部分之一，任何持有 CCSP 认证的安全专家都应该同意并遵守最高标准的职业精神和道德规范。关于道德规范的详细内容，请参见

https://www.isc2.org/Ethics。

4. 背书

考生在满足经验要求并成功通过 CCSP 考试后，需要通过当前持有(ISC)² 认证证书的专家为考生申请背书(Endorsement)。背书必须由熟悉考生并能够证明考生经验和专业资格有效性的专家完成。

5. 证书维护

在获得 CCSP 认证证书后，持证人必须完成特定的继续专业教育(Continuing Professional Education，CPE)要求，并支付年度维护费(Annual Maintenance Fee，AMF)。有关这两项要求的最新信息，请参考(ISC)² 官方网站。

1.3 CCSP 六大知识域介绍

CCSP 考试内容分为六个不同但又相互关联的知识域(Domain)，涵盖了宽泛的但与云计算紧密相关的安全和运营问题。这六大知识域的考试权重如图 1-1 所示。

CCSP考试权重

知识域	权重
1. 云概念、架构与设计	17%
2. 云数据安全	20%
3. 云平台与基础架构安全	17%
4. 云应用程序安全	17%
5. 云安全运营	16%
6. 法律、风险与合规	13%
合计:	100%

图 1-1　CCSP 六大知识域的考试权重

1.3.1 知识域 1：云概念、架构与设计

“云概念、架构与设计”知识域为深入理解云计算的基础知识奠定了基础。所涉及的知识组件(Building Block)基于 ISO/IEC 17788 标准。该知识域从云服务提供方(Cloud Service Provider)和云服务客户(Cloud Service Customer)的角度，定义了个体和其他实体在云计算实施过程中所扮演的不同但关键的角色。该知识域概述了云计算的关键特征，包括按需自助服务(On-Demand Self-Service)、多种(泛在)网络访问方式(Broad Network Access)、多租户(Multi-tenancy)、快速弹性(Rapid Elasticity)、可伸缩性(Scalability)、资源池化(Resource Pooling)技术和可计量服务(Measured Service)。该知识域还介绍了云环境的关键构建块，例如，虚拟化技术(Virtualization)、存储技术(Storage)和网络技术(Network)，以及承载和控制上述部分的底层基础架构(Infrastructure)。

“云概念、架构与设计”知识域涵盖了云计算参考架构(Cloud Reference Architecture，CRA)，介绍了云计算活动、云服务能力(Cloud Capabilities)、云服务类别(Category)、云部署模型(Cloud Deployment Model)以及影响云实施和部署的所有知识域的云计算的交叉方面。云计算活动以 ISO/IEC 17789 标准为基础，包括云服务提供方(Cloud Service Provider，CSP)、云服务客户和云服务合作伙伴(Cloud Service Partner)的关键角色，以及每个角色下封装的各种子角色。“云概念、架构与设计”知识域首先介绍并定义了主要的云服务功能，包括应用程序、基础架构和平台服务功能，云服务功能是许多常用且广为人知的云结构(Cloud Structure)和模型的基础。接下来，将介绍主要的云服务类别，包括基础架构即服务(Infrastructure as a Service，IaaS)、平台即服务(Platform as a Service，PaaS)和软件即服务(Software as a Service，SaaS)。此外，还介绍了一些在行业中出现并广泛使用的其他服务类别。云服务类别也可以存在于不同的云部署模型中，包括公有云(Public Cloud)、私有云(Private Cloud)、混合云(Hybrid Cloud)和社区云(Community Cloud)。云参考架构(Cloud Reference Architecture)的最后一个组件是云计算的一系列交叉方面(Cross-cutting Aspect，指共性)，这些方面适用于所有云环境，无论采用哪种服务类别或部署模型(Model)，始终贯穿其中。

云计算交叉方面包括互操作性(Interoperability)、可移植性(Portability)、可逆性(Reversibility)、可用性、安全水平、隐私性、韧性(Resiliency)、性能、治理、维护和版本控制、服务水平、服务水平协议(Service Level Agreement，SLA)、可审计性(Auditability)、法律法规监管合规要求。“云概念、架构与设计”知识域还深入探讨了相关技术对于云计算的影响，例如，机器学习(Machine Learning)、人工智能(Artificial Intelligence)、区块链(Blockchain)、容器(Container)和量子计算(Quantum Computing)。该知识域还介绍了在云环境中常见的两种研发范式，即 DevOps(Development-Operations，研发运维一体化)和 DevSecOps(Development，Secuity，and Operations，研发、安全与运维一体化)。

虽然安全概念对于任何托管环境(Hosting Environment)而言都是重要且核心的要素，但云计算环境还有一些值得特殊考虑的因素。不仅如此，很多安全概念也是云计算技术所独有的。涉及网络安全、访问控制(Access Control，AC)、数据和介质脱敏(Sanitation)、密码术(Cryptography)和虚拟化技术(Virtualization)等方面，安全在云计算环境中与任何传统数据中心环境一样至关重要。所有应用场景都与传统数据中心模式非常相似，但在支持多租户技术(Multitenancy)的云计算环境中，密码术的重要性显著提升，因为云环境与传统数据中心的独立部署模式相反，多个云客户都处于同一个资源池中。所以，在云端处理数据和介质脱敏将面临独特的安全挑战，即在云环境中访问和处理物理介质既不可行也不实用。随着云计算采用虚拟化和物理硬件的抽象化技术，与传统的数据中心模式相比，云环境对于虚拟机管理程序(Hypervisor)和容器(Container)安全的重要性提出了新的挑战。本书在介绍开放网络应用程序安全项目(Open Web Application Security Project，OWASP)所公布的云计算面临的常见安全威胁的同时，还讨论了安全挑战如何适用于不同的云服务类别(IaaS、PaaS 和 SaaS)，以及每个类别所面临的独特安全挑战。

云计算安全有特定的设计要求。虽然云计算数据中心与传统数据中心存在部分重叠之处，但云环境的很多方面都需要特殊的考虑因素或方法。例如，适用于云环境的云安全数据生命周期(Cloud Secure Data Lifecycle)，以及在云环境中实现业务持续和灾难恢复(Business Continuity and Disaster Recovery，BCDR)的不同方法。有了这些不同的方法和考虑因素，组织必须进行成本效益分析(Cost–Benefit Analysis)，包括迁移到云环境所需的运营变化、策略变化、监管挑战，以及任何必要的配置变化，甚至包括考虑组织是否应该将系统与数据迁移到云环境中。该知识域还介绍了云计算的安全功能要求，包括互操作性、可移植性和供应方锁定(Vendor Lock-in)等考量。

最后，知识域1还深入探讨了将第三方认证作为向云计算体系传递信任的方式之一。由于云客户并未托管和控制整个云环境，因此，组织需要寻求其他方式来验证云服务提供方的安全态势(Security Posture)和运营风险水平，而一种简单且值得信赖的方法就是审查经过独立测试和验证的第三方认证。第三方认证服务方的工作是基于已发布且受到广泛支撑的标准和要求的；第三方认证报告是云客户信任云服务提供方安全态势和控制措施的一种手段并为对比不同云服务提供方提供了一种通用方法。第三方认证既能够针对全局环境和应用程序开展认证活动，又可以针对特定的组件和服务开展认证活动。通用准则(Common Criteria，CC)是一种已广泛采用的国际安全标准，而其他第三方认证和标准，如FIPS 140-2则侧重于特定的加密模块及其安全水平和验证(Validation)。

1.3.2 知识域2：云数据安全

“云数据安全”知识域深入研究系统(System)和应用程序(Application)的设计、原则和最佳实践(Best Practice)如何保护数据，同时考虑托管环境中所有类型的系统、服务、虚拟机(Virtual Machine，VM)、网络和存储技术等。知识域2首先讨论云数据生命周期(Cloud Data Lifecycle)，展示数据的创建乃至废弃过程，以及如何在系统或应用程序中通过各种用途和活动处置(Handle)数据。

每个云服务类别(IaaS、PaaS和SaaS)都使用与之相关的不同类型和存储方法。知识域2讲解了IaaS的卷存储(Volume Storage)和对象存储(Object Storage)类型，PaaS的结构化数据类型(Structured Data)和非结构化数据类型(Unstructured Data)，SaaS的信息和存储管理(Information and Storage Management)，以及内容和文件存储(Contentand File Storage)。在不同的云服务类别中，依然存在临时存储(Ephemeral Storage)和长期存储(Long-term Storage)的概念，包括每种存储的合理用途、特性和限制。每种类型的存储都会带来特定的安全挑战和应用场景，但解决这些问题的策略通常是相似和统一的，包括部署加密技术(Encryption)和数据防丢失技术(Data Loss Prevention，DLP)等策略。

在云环境中用于确保数据安全的技术与传统数据中心所使用的技术类似；只是由于云环境中的多租户技术和虚拟化技术而变得越来越重要。云租户主要使用的数据安全方法是加密技术，包括密钥管理(Key Management)、哈希运算、遮蔽(Masking)、混淆(Obfuscation)、标记化技术(Tokenization)和数据去标识化技术(De-identification)等重要方面。具体技术的确切使用方式，包括如何使用以及使用范围，将取决于正在处理或存储的数据类型、数据分类分级(Data Classification)，以及针对特定安全控制措施或安全策略的法律法规监管合规要求。知识域 2 还涉及若干新兴安全技术，如同态加密技术(Homomorphic Encryption)，以及分析这些新兴技术在未来通用数据安全(特别是云端数据安全)中扮演的潜在和重要角色。

对于任何类型的数据安全而言，数据探查和数据分类分级的流程都很重要。数据探查(Data Discovery)包括查找系统或应用程序中存在的数据并使其发挥数据的价值，以及确保所有数据都是已知的且已部署适当的安全控制措施(Security Controls)。在云环境中，数据探查更加复杂且更为重要，因为数据存储在分散且多样的系统上；数据所有方(Data Owner)和云客户(Cloud Customer)甚至可能无法完全知晓数据的确切物理位置(Location)。一旦组织已知数据，数据分类分级就是根据数据属性确定所需的适当安全控制措施和策略的流程。数据分类分级规则通常来自组织策略、法律法规监管合规要求。在云环境中，数据探查和数据分类分级至关重要，因为多租户环境可能导致云服务提供方将云租户数据暴露给未授权实体。

许多数据分类分级，特别是涉及个人身份信息(Personally Identifiable Information，PII)的数据分类分级流程，往往都由特定的司法管辖权(Jurisdiction)要求或控制措施所驱动。这源于各式的隐私法案，因此，组织必须遵守隐私法案所规定的数据探查和数据分类分级流程，并设计精妙的安全控制措施来映射并满足特定司法管辖权的要求；但对于个人身份信息的特殊子集，如个人健康信息(Personal Health Information，PHI)等，可能需要额外的控制措施和特殊处置。

保护数据的两种主要方法是数据版权管理(Data Rights Management，DRM)和信息版权管理(Information Rights Management，IRM)。DRM 适用于保护用户(User)介质，而 IRM 则适用于保护系统端(System Side)的信息。DRM 和 IRM 概念和实现这些概念的特定工具可用于制定以下策略：持续审计、访问失效期(Expiration)、策略控制、保护以及支持多种不同的应用程序和数据格式(Data Format)。与典型的系统或应用程序数据控制措施相比，DRM 和 IRM 允许更细致和更加严格(指更多维度)的控制水平。

对于数据策略而言，留存(Retention)、删除(Deletion)和归档(Archive)等概念都非常重要。许多法律法规监管合规要求都明确要求组织制定数据留存策略(Data Retention Policy，DRP)(尤其是日志数据)，并由组织和数据所有方决定合规(Compliance)性所需的策略和技术。归档系统必须确保在所有留存策略或法律法规监管合规要求的有效期内正确创建并保护归档数据，且确保组织能够访问和读取归档数据。组织必须以全面、安全的方式清洗(Clear)要从系统中移除的数据，以确保移除后未授权各方无法恢复和访问相关数据。知识域 2 还介绍了一种特殊类别的数据留存策略，即出于合法持有(Legal Holding)的目的，以特定格式或状态保存数据的要求。

最后，数据安全的关键组成部分是记录来自系统和应用程序的特定且详细的事件(Event)，包括系统级别和应用程序级别的事件和日志，并且应该根据特定类型的数据或应用程序来确定事件类型和细节。法律法规监管合规要求是确定事件类型和所需细节的关键要素。各种事件的集合可用于监管合规性(Compliance)、监督(Oversight)安全水平、合理利用业务智能和系统资源。大多数组织都集中收集日志，并使用聚合(Aggregation)技术执行日志分析工作。与任何类型的数字证据和数据一样，对于事件日志以及存储和保存事件日志的系统而言，采用特定安全机制保护证据保管链(Chain of Custody)和抗抵赖性(Non-repudiation)是至关重要的。

1.3.3　知识域 3：云平台与基础架构安全

云环境由物理基础架构(Physical Infrastructure)和虚拟基础架构(Virtual Infrastructure)组成，两者均存在特定的安全问题和需求。虽然云计算系统建立在虚拟化和虚拟组件之上，但位于虚拟化层之下是物理硬件及其对应的安全需求，与传统的数据中心并无差异。安全需求通常包括访问物理系统(如 BIOS 和硬件层)以及在这些系统上托管和维护的虚拟化环境的软件。任何违反物理层安全水平或控制措施的行为都可能导致在云环境中所管理的所有虚拟主机处于风险之中。云环境中的安全控制措施适用于各种标准资源集：网络和通信、存储和计算。然而，使用虚拟化技术时，组织还需要考虑用于控制虚拟机的管理平面(Management Plane)的安全水平。知识域 3 深入研究了云计算面临的特定风险、与虚拟化技术的相关风险，以及可采用的具体应对策略。

知识域 3 深入研究了对于设计安全数据中心和成功运营而言，需要考虑的重要因素，包括逻辑设计和分离(Separation)，建筑物的物理设计和物理位置(Location)，以及冷却等环境设计。冗余的网络连接也是确保数据中心内服务可用性的一项基本考虑因素。为了合理地构建建筑设计和内部系统，数据中心的规划者通常依赖于成熟的建筑范例和标准。

随着云计算广泛运用于连接各个组织并为大量用户提供服务，身份和访问管理(Identity and Access Management，IAM)是 CCSP 持证专家必须精通的重要安全概念之一。IAM 涵盖的主题包括准确辨识合法用户、常用于验证用户身份并证明其身份符合安全策略或法律法规监管合规要求的安全机制。一旦证实用户身份合法后，就需要执行严格的授权控制措施，以确保用户只能够访问已授权的信息，且通过授权的方式访问这些信息。在许多基于云技术的系统中，一种常用方法是联合身份(Federation Identity)，用户可以通过自己组织的身份服务提供方(Identity Provider)执行身份验证流程，然后允许某个特定服务提供方接受身份验证令牌(Authentication Token)进而访问系统或数据，而无需用户在特定系统上创建账户。

知识域 3 最后介绍了业务持续和灾难恢复(Business Continuity and Disaster Recovery，BCDR)概念。尽管云平台及其固有冗余措施可缓解多项可能影响传统数据中心的典型停机(Outage)场景，但合理的规划和分析仍然至关重要。对于完全部署在云环境中的应用程序，互操作性(Interoperability)和可移植性(Portability)使组织能利用其他云服务提供方或同一云服务提供方中的其他产品来实现 BCDR 策略。即使仍然驻留在传统数据中心的应用程序也可以使用支持 BCDR 的云产品，特别是考虑到云服务只在使用时才会产生成本，从而能够有效减少组织对备用硬件的需求。为实施适当的 BCDR 策略，规划阶段至关重要，但组织也必须执行定期测试，以确保所有组件仍然适用且可行。

1.3.4 知识域 4：云应用程序安全

云环境和云技术因成本较低且灵活而迅速流行起来。云环境为研发团队提供了难以置信的效率和便捷，使他们能够快速创建在线环境和虚拟机，而且只有在线环境和虚拟机处于运行状态时才会产生成本。在云环境中，与传统数据中心中采购环境或测试服务器相关的交付时间和成本压力在很大程度上得以减少和缓解。为了使用最优的云研发环境，特别是考虑到安全水平，云安全专家和研发团队需要充分掌握云环境的真实情况、保护环境所需的控制措施，以及云环境面临的常见威胁和漏洞(Vulnerability)。

虽然不是云托管或研发部门所独有的，但知识域 4 中还是讨论了不同类型的应用程序测试和扫描。测试和扫描类型由不同的方法和观角组成，结合使用它们可以对系统和应用程序执行详尽且全面的测试。通常认为，动态应用程序安全测试(Dynamic Application Security Testing，DAST)是“黑盒”(Black-box)测试，用于测试已投产系统而无需了解系统的全部内部知识(Inside Knowledge)和配置。而静态应用程序安全测试(Static Application Security Testing，SAST)是在完全掌握系统配置以及有权访问源代码情况下执行，并且是针对非投产系统(Non-Live System)开展的测试活动。渗透测试(Penetration Testing)使用与攻击方同样的方法和工具集，以确定系统漏洞的可利用性，而运行时应用程序自我保护(Runtime Application Self-Protection，RASP)则侧重于系统和应用程序在发动攻击时自我保护和阻止或减轻攻击的能力。软件成分分析(Software Composition Analysis，SCA)帮助企业正确识别代码中关于开源软件的所有使用情况，并确保开源软件风险保持在许可要求范围之内。

由于大多数现代应用程序，特别是部署在云端的应用程序，都建立在使用其他服务和数据的组件、服务和 API 的基础之上，所以选择和验证满足安全要求的适当部分是至关重要的。关于“最弱环节”(Weakest Link)的古老话题在上述情况下依然有道理，因为单个组件的任何弱点都可能导致整个应用程序或系统面临威胁和漏洞利用的风险。无论组件的来源是商业的、开源的和社区源代码的应用程序，都可以使用相同的验证流程和标准。

知识域 4“云应用程序安全”涵盖与云环境相关的软件研发生命周期(Software Development Lifecycle，SDLC)，包括每个阶段的深入演练、每个阶段的内容、在进入下一阶段前需要处理的关键组件，以及 SDLC 的周期本质。介绍 STRIDE(Spoofing, Tampering, Repudiation, Information Disclosure, Denial of Service and Elevation of Privilege)、DREAD(Damage, Reproducibility, Exploitability, Affected Users and Discoverability)、ATASM(Architecture, Threats, Attack Surfaces and Mitigations)和 PASTA(Process for Attack Simulation and Threat Analysis)模型中的主要威胁和漏洞概念，包括这些模型在云环境中的适用性等。

知识域 4 在安全软件研发概念和方法的基础上，还介绍了云计算中其他常用的技术和范例。其中包括 XML 专用工具包(XML Appliance)、Web 应用程序防火墙(Web Application Firewall，WAF)和系统化方法，如沙箱(Sandboxing)和应用程序虚拟化技术。同时，还讨论了这些常用的技术和范例在云计算中的重要性以及对于密码术的基本使用和依赖。最后，知识域 4 涵盖了身份和访问管理的策略方法，以及在研发期间将 IAM 纳入应用程序中，包括多因素身份验证(Multifactor Authentication，MFA)技术。

1.3.5　知识域 5：云安全运营

“云安全运营”知识域首先讨论数据中心的规划(Planning，PL)问题，包括物理层和逻辑层以及所采用的各种技术，还包括如何处理环境风险和需求以及物理需求，如确保冷却和电力资源的可靠且冗余地供应，以采取足够的措施防范自然灾害(Natural Disaster)和环境问题。

尽管在大部分人看来，云环境是以虚拟化方式运营的，但它们依然继承了传统数据中心的底层物理环境和对应的风险，即便这些安全风险已经由云服务提供方处理和维护，但在很大程度上是从云用户和云客户的观点和关注中抽象而来的。物理层由托管虚拟化环境的服务器以及存储和网络组件组成。从网络的角度看，传统数据中心的所有问题仍然存在，如防火墙、路由器和基于网络的入侵检测和防御系统(Intrusion Detection and Prevention Systems)。物理设备也可在独立配置或集群配置中运行，这取决于对环境的特定关注点或特定要求和期望。物理环境在云环境中也具有许多与传统数据中心中的服务器相同的要求，包括补丁管理(Patch Management)和版本控制、访问控制、日志收集和保存以及审计要求。由于物理环境对虚拟化环境有直接影响，因此，需要对维护与管理活动进行全面规划(Planning)和调度(Scheduling)。

在很大程度上，逻辑环境与物理环境承担着相同的负担和要求，但不同的是，逻辑环境的关注点在云客户的系统和应用程序上，如在云环境中使用的实际虚拟机和网络设备。云环境的各类系统还需要补丁管理和版本控制策略，但根据所用的云模型不同，方法可能与传统数据中心模型大相径庭。逻辑环境需要强大的性能持续监测能力，由于负载和需求不断变化，需要考虑物理环境的性能，系统如何动态平衡以及如何在物理系统之间分配资源，以保持最佳性能。同时，逻辑系统的备份和恢复也是云安全运营的组成部分。

知识域 5 全面涵盖 ITIL 的组件和概念，ITIL 是一组在整个 IT 行业中广泛使用的 IT 服务管理的最佳实践，是可以运用于任何系统或应用程序的全面的运营管理方法。本书讨论了其中十个主要组件，包括 IT 系统和服务工作人员都非常熟悉的组件，如变更管理(Change Management)、配置管理(Configuration Management)和信息安全管理(Information Security Management)。

云安全运营的另一个重要部分是收集和保留电子记录，以作为数字证据。这些系统和应用程序必成为运营方案不可缺少的组成部分，而不应该忽视或仅在出现问题时才得到重视和关注。知识域 5 从入门级运营角度介绍数字取证(Digital Forensics)的相关主题，并将讨论扩展到知识域 6 中包括的监管角度。

知识域 5 涵盖与利益相关方(Stakeholder)的适度沟通，这是运营活动的重要方面之一。利益相关方包括直接参与人员或合同范围内的所有级别的人员，如供应方、客户、合作伙伴、监管机构，以及基于数据、应用程序或者系统细节的其他任何潜在利益相关方。恰当且有效的沟通对于培养和维持牢固的关系非常重要，根据合同、服务水平协议(Service Level Agreement，SLA)或法律法规监管合规要求，可能需要在服务频次和细节水平方面进行具体沟通。

最后，知识域 5 涉及组织内部安全运营的管理工作。这包括建立一个安全运营中心，以满足监测组织的技术和运营安全需求。随着安全控制措施的部署，必须实施各种机制持续监测这些控制措施，确保这些控制措施不会在正式流程和批准之外发生变化，并确保这些安全控制措施按照设计和预期方式工作。组织应该集中收集和维护日志数据，从而关联分析和持续监测事件。为覆盖所有安全事件(Event)并对任何事故(Incident)做出响应，组织应建立强有力的事故管理流程，并配备特定的安全人员。

1.3.6 知识域 6：法律、风险与合规

“法律、风险与合规”知识域重点关注 IT 系统的法律法规监管合规要求，包括这些要求如何与云计算及其许多独特方面的深度关联。由于云计算环境经常跨越不同的监管体系或国家边界，可能带来许多特有的风险和挑战。因此，云计算受到许多要求的制约，有时，这些不同体系的法律法规监管合规要求可能相互冲突。知识域 6 从多个不同司法管辖权区域的角度探讨了法律规定的控制措施，以及云计算特有的法律风险。知识域 6 还涵盖了与司法管辖权(Jurisdiction)控制相关的个人信息(Personal Information)和个人隐私(Privacy)的具体定义与法律要求，以及根据合同规定的个人数据保护控制措施和受监管的个人数据保护控制措施之间的区别。涵盖了 NERC/CIP、HIPAA、SOX、HITECH 和 PCI DSS 等主要监管范例。

所有 IT 系统或应用程序面临的最常见的法律影响之一是电子取证(eDiscovery)的指令和要求，即根据正式的法院命令或请求生成记录或数据。知识域 6 探讨了电子取证和数字取证(Digital Forensics)的总体概念，特别是当这两种取证类型与云计算和云平台所代表的特定挑战相关时更是如此。安全专家熟悉的这两个领域的许多工具和流程(Process)在云环境中无法直接使用。由于云客户将不具备执行数据收集所需的访问类型，因此，必须通过合同和其他正式流程来处理电子取证请求。

IT 安全和合规最重要的环节之一是审计流程(Auditing Process)。知识域 6 从监管角度研究了各种类型的审计、审计目的和需求，及审计对云计算的具体影响。云计算技术面临的主要挑战之一就是云客户难以查看和访问底层基础架构，以及云服务提供方如何使用审计和审计报告来确保多位客户信任安全计划，而无需为每位客户赋予访问权限或执行多次类似的基础架构审计活动。知识域 6 广泛涵盖了围绕审计和认证(Certification)的标准、常用的审计模型和报告、每种模型和报告的适当用途和受众，以及准确识别利益相关方。

在知识域 6 中，还深入探讨了风险管理(Risk Management)，以及风险管理在云计算方面的具体运用和关注点。云计算技术的引入和直接控制权的丧失可能成为组织内部风险管理的主要方面，需要特殊评价(Evaluation)并深入理解。包括各种风险管理流程(Risk Management Process)和程序(Procedures)，以及不同的风险框架和评估方法(Assessment Methodology)。风险

评估流程包括 4 个阶段：建立(Framing)、评估(Assessing)、响应(Responding)和持续监测(Monitoring)。应根据顺序建立每个阶段，首先定义流程和风险类别，然后进行评估，确定适当的应对措施或接受已识别的任何风险，最后持续监测相关风险，以应对将来的发展或策略的变化。总体而言，组织可以采用风险接受(Risk Acceptance)、风险规避(Risk Avoidance)、风险转移(Risk Transference)或风险缓解(Risk Mitigation)等多种措施处理风险，或者可以组合使用这些方法。

最后，知识域 6 涵盖了管理云托管合同和确定其范围的各种注意事项和具体需求。包括指导选择云服务提供方，以及需要在合同中解决的专门针对云托管的关键组成部分和问题，以及云客户可能存在的担忧。

1.4　IT 安全简介

尽管许多申请 CCSP 认证考试的考生已经持有其他主流的安全认证证书，如 CISSP 等，但持有其他认证证书并非报考 CCSP 考试的硬性要求。下面简要介绍对所有安全专家而言都不可或缺的基本安全概念，包括风险管理、业务持续和灾难恢复(Business Continuity and Disaster Recovery，BCDR)等概念。如果考生在 IT 安全方面具有丰富经验或持有其他主流认证证书，请略过本节，直接学习第 2 章，即 CCSP 考试涉及的第一个知识域。然而，即便考生是一名经验丰富的安全专家，也会发现下述知识点极具价值；如果考生正在备考职业生涯中的第一个安全认证，将发现这些知识点尤其有用。

1.4.1　基础安全概念

在不考虑用途或技术细节的情况下，以下基础安全概念适用于所有系统和应用程序。

1. 最小特权

IT 安全领域的主要驱动原则是“最小特权”(Least Privilege)。最小特权原则的基础是：仅允许用户以符合目的和明确授权(Authorization)的方式访问系统、应用程序或数据。例如，对系统具有管理级别权限的用户只应在绝对必要时才使用管理级别的访问等级，并且只在所需的特定功能和时间周期内使用管理级别权限。用户(User)应该使用正常的用户访问权限执行日常操作，并且仅在必要时才提升到管理级别的访问权限。在执行完必要功能后，应立即从管理级别权限返回到用户状态。

组织坚持最小特权这一最佳实践在安全和运营方面具有多重意义和益处。首先，最小特权最佳实践可防止用户长时间使用管理权限执行访问操作，因为在这种情况下，失误或执行错误命令可能会对系统产生诸多负面影响。最小特权最佳实践还可防止在没有其他独立验证或要求的情况下将账户提升到管理权限，从而导致越权访问系统。许多情况下，管理访问权限将仅限于某些访问方式，例如，要求用户仅在其组织网络上使用管理访问权限，这是因为在组织网络上有其他安全防御措施可用于缓解风险。此外，使用多因素身份验证技术[或单独且不同的安全凭证“Credential”]加固管理权限账号也是常见做法。由于需要额外的安全凭证，即使用户泄露口令，攻击方想要获得管理级别的访问权限也需要实施进一步的攻击行为，而这时被检测或阻止的可能性将更高。

同样的概念也适用于环境或者应用程序中使用的服务或系统账户，例如，Web 服务器、应用程序服务器和数据库等组件都作为特定系统账户在系统上运行。与用户账户非常类似，这些系统账户也应该仅在分配了所需最低级别权限的环境下运行。这有助于分离和隔离系统上的应用程序进程(Process)，并防止进程在没有明确授权的情况下访问其他数据或进程。例如，组织应创建和利用特定于这些应用程序或进程的单独账户，而避免使用系统的 root 或 admin 账户执行进程。当进程在具有过大访问权限和特权的账户下运行时，一旦恶意攻击方攻克并控制进程，则将自动获得对系统、系统包含或运行的全部数据，以及其他进程的越权访问权限。

虽然大多数特权与读取数据的能力相关，但特权也包括更新系统文件的能力。除非明确需要，否则服务和进程不能在文件系统上写入或修改文件。如有必要使用此项功能，则必须采取步骤限制写入和更新的位置，并且这类操作应该尽可能独立和受限。任何服务都不能更新(Update)系统上的二进制文件或应用程序配置文件，以防止引入和执行特洛伊木马或者恶意软件。一种明显且常见的例外情况是允许进程将日志文件写入系统，但这也应仅限于特定的位置或文件，并应通过文件系统权限或特定于环境的其他安全设置来强制执行访问。

在任何环境中，最小特权的实际执行都非常棘手。这是因为，系统是建立在公共库和配置的基础之上的，运行在系统上的所有进程都需要访问或者执行这些库和配置文件。因此，系统要实现单个进程仅拥有所需的确切访问水平是不现实的。最小特权的关键在于确保敏感数据和功能不会发生非授权公开，以及确保流程在没有明确需求和缺少正式授权的情况下无法更新或删除数据或配置文件。组织需要根据风险管理流程来评价(Evaluate)所有访问行为，并在授权之前记录和批准特定的访问权限。

2. 深度防御

深度防御(Defense in Depth)的前提是使用多层次和不同类型的技术和战略为组织提供安全水平。有了多层防御机制，任何单点故障或漏洞都可通过部署的其他安全机制和系统得到缓解或将影响最小化。虽然多层安全(Multiple Layers of Security)体系无法完全消除全部潜在的攻击或者成功利用漏洞的可能性，但多层安全体系能够显著增加敌对方(Adversary)攻击成功的难度，或者在攻击活动成功之前更容易发现和预防攻击行为。

为了构建系统或应用程序的深度防御体系，可以组合使用多种常见的安全防御策略。一个显而易见的出发点是实际系统或者应用程序本身的安全水平，但在这一关键控制点之前，组织也可以综合使用其他安全技术和产品，如防火墙、虚拟专用网络(VPN)、入侵检测和防御系统(IDPS)、漏洞扫描、物理安全、日志记录、持续监测以及其他许多方法和防御策略。基于实际系统或应用程序的扫描和审计报告，组织可以选择特定的其他防御策略和安全技术，同时重点关注特定的缓解措施和弱点，以及数据中心已采用的标准深度防御方法。

使用多台单独设备和多项技术实现安全水平，还可消除特定防御措施之间的相互依赖(Interdependence)，并导致多个攻击方难以成功利用或绕过防御措施。例如，如果某应用程序在服务器上使用多种安全防护软件执行防护，如防火墙和病毒扫描等，如果服务器本身存在管理漏洞，则应用程序进程可能遭到禁用、非法暂停或篡改配置等危害，从而导致应用程序和安全软件失效或无法使用。很多时候，由于攻击方可能已经完全控制服务器，因此，很难检测到此类未授权篡改。通过使用不在同一服务器上运行的设备和组件以及基于硬件的实现，可有效地消除同时受到攻击的可能性，虽然这在很大程度上缓解了来自外部攻击的成功利用，但使用由不同团队和策略管理的独立设备或安全专用工具包也可降低内部威胁的可能性。

3. 机密性、完整性和可用性

机密性、完整性和可用性的概念可认为是 IT 安全的基础，也是此后一切安全工作的基础。虽然这三个概念往往一起使用，但根据具体业务需求和监管要求，不同类型的数据在这三个知识域中的重要性会有所不同。

- **机密性(Confidentiality)**：防止非授权方访问或查看敏感数据。安全保护的水平和程度取决于所披露数据的危害或后果，无论是对组织声誉的影响，还是对非授权方披露数据可能产生法律法规和监管合规的后果。促进或加强机密性保护的安全控制措施在本质上是技术性的，但通常也涉及就相关策略、最佳实践和安全处置对用户进行培训与意识宣贯工作。
- **完整性(Integrity)**：指在系统或应用程序中始终保持数据的一致性(Consistency)和有效性(Validity)。完整性确保数据免受任何未授权篡改，如避免数据在传输过程中的非法篡改。虽然访问控制是防止未授权篡改的主要策略，但其他技术(如校验和技术，Checksum)通常用于验证文件或数据是否仍处于其预期形式，并可立即检测出攻击方是否已篡改数据。
- **可用性(Availability)**：虽然可用性看似是一个运营问题而非安全问题，但安全水平的许多方面在可用性中起着至关重要的作用。虽然确保数据处于有效保护状态对于机密性和完整性至关重要，但如果依赖系统的授权用户无法使用系统，则对组织没有任何用处。防火墙、入侵保护系统和防止拒绝服务攻击等安全实践都是安全计划(Security Program)的关键组成部分。可用性还延伸到通过备份和恢复、业务持续和灾难恢复来防止数据丢失(Data Loss)和业务损失(Business Loss)的场景。

4. 密码术

密码术(Cryptography)是一套确保未授权实体无法读取信息，同时允许已授权访问信息的实体能够轻松地阅读信息的流程。密码术本质上是通过使用数学公式和复杂算法加密明文数据，并使明文数据看起来是无意义的随机乱码(Random Gibberish)。数据加密和解密流程的基础是合理使用密钥(Key)。持有密钥的实体可轻易地解密数据，而没有密钥则几乎不可能解密。

在大多数情况下，只要有充分的时间和足够的计算资源，就能够破解所有加密密文。加密的强度取决于使用现有的资源、技术和知识来破解加密所需的时间。例如，尽管现代加密系统(亦称加密体系)可能遭到破解，但即便使用所需的计算资源，破解也需要数百年甚至数千年的时间。当然，技术、计算能力和数学上的突破时有发生，因此，今天认为安全的加密体系明天则可能变得十分脆弱。密码术和密钥的运用场景分为两类：对称(Symmetric)和非对称(Asymmetric)。

对称密钥的实现方式是使用同一密钥执行数据的加密和解密，因此，通信双方在开始交换数据前就必须获取可用密钥。然而，使用对称加密算法的共享密钥(Shared Key)在处理数据的速度方面要比非对称算法快得多。对称加密的使用场景通常限于两个可信方之间正在进行和已建立的通信，例如，定期或持续使用的服务器到服务器通信和隧道实现场景。

对于非对称(或公钥，Public-key)加密技术在通信的加密和解密阶段分别使用不同的密钥。虽然非对称算法相较于对称算法的加密速度和效率较低，但非对称加密是最常用的方法，因为在使用时往往并不清楚有多少参与方，如 Internet 用户访问网站时使用的安全通信。公钥加密通信的每一方使用一对密钥，通常称为公钥和私钥。顾名思义，公钥公开可用，由用户交换或发布。与公钥对应的是私钥(Private Key)，私钥的相关信息始终由用户安全地持有且从不向外部分发。当需要安全通信时，发送方可使用接收方公钥加密数据或通信。由于公钥是可公开的，因此，初始通信不需要是安全信道，而对称加密则与之相反，这也是非对称加密的另一个主要优点。在实践中，非对称加密通常用于 Web 和移动应用程序。然后，接收方用自己的私钥(只有接收方自己知道)解密数据或通信信道。接收方也可用相同的方法对数据执行数字签名，以验证通信的发送方或数据，并确保数据在传输过程中免受篡改的威胁。公钥加密体系是 TLS 和 SSL 等常见安全协议的基础。

5. 证书

证书(Certificate)是向特定用户证明身份和验证公钥所有权的基础。证书包含有关用户、其组织及所在地等的信息，而且仅对于请求方可见。为确保有效性和可信度，证书通常由证书颁发机构(Certificate Authority，CA)进行数字签名和颁发。在大多数情况下，CA 是一个受用户和应用程序信任的商业供应方。例如，Web 浏览器包含许多认为是可信的 CA 的“根”(Root)证书。这些组织已建立严格流程，以确保颁发可信证书所需的身份和标准。类似于证书的第三方信任关系，即使双方在先前没有通信关系，也没有建立凭证交换的情况下，也可执行安全且受信任的通信。由于双方都信任 CA，因此，可保证彼此的有效性。

虽然共同 CA 的使用非常普遍，但在特定的应用程序和业务场景中，较小规模的社区可能出于自己的目的和用户建立自有 CA。例如，一所大学可能会建立自有 CA，向所有学生颁发证书，保证只有其用户群体才能访问系统，其目的是减轻学校购买商业证书的相关成本。在类似场景中，用户可选择信任 CA 的根证书，而不必单独接受个人或系统的每个证书。因此，学校自行发行证书的工作原理与那些根证书以及在 CA 的授权下签名的所有证书(通常在浏览器中加载)相同。

如果用户试图与未提供可信证书的实体通信，则该用户将在其浏览器或客户端中收到一条警告(Warning)，说明用户收到的是不可信的证书，或根颁发机构不是可信颁发方。虽然用户可选择覆盖和接受证书，但只有当用户非常明确地知道为什么出现此警告，并且知道可信任来源的情况下，才应该这样做。对于更大的公共社区或商业网站使用的系统，则绝不可行。

6. 物理安全

虽然有关 IT 系统的大多数安全讨论都是基于硬件和软件解决方案来保护数据安全的，但物理资产和物理访问控制措施的保护对 IT 安全也至关重要。物理安全(Physical Security)与 IT 资源和数据所在的建筑物和物理位置(Location)，以及数据所在物理设备的防御措施相关。IT 安全常用的深度防御(Defense-in-depth)原则同样适用于物理安全。在物理结构中，如围栏(Fencing)、监视(Surveillance)、安保团队、上锁的门、加固的建筑结构等分层安全体系都发挥着重要作用。

物理安全故障或物理安全措施不足都将导致组织面临数据丢失或服务失效等诸多问题。最明显的是由于物理资产(如服务器、存储系统或网络连接)的破坏而导致的服务中断。破坏组织物理安全也可能导致攻击方使用物理访问入侵正在运行的系统。然而，即使系统在面对外围攻击和访问时具备强大的安全措施，在许多情况下，部分可以接触到控制台或者硬件的攻击方仍然能够轻易地入侵系统，进而攻击系统本身。最后，缺乏实物安全措施可能导致实物资产失窃。虽可采用安全对策来防止恶意人员通过网络访问系统，但如果攻击方设法窃取存储敏感数据的硬件或存储系统，则将能使用大量工具和方法设法访问数据，且不受时间的限制，也不受其他能阻止恶意访问的机制的限制。

1.4.2　风险管理

风险管理过程通过分析和测试来确定与组织现有数据和系统相关的特定弱点(Weakness)、漏洞(Vulnerability)和风险，同时也包括确定适当的缓解措施或接受特定风险。风险有许多不同的形式，包括物理威胁、自然或环境威胁、软件弱点和漏洞利用，以及恶意内部威胁。所有组织必须不断评价(Evaluate)所有系统、应用程序和数据的风险，同时要考虑管理层的风险偏好(Risk Appetite)以及管理层愿意接受的风险水平。显而易见，组织不可能完全消除(Eliminate)所有风险，但一种合理的方法是尽可能减轻风险，并将风险发生的可能性和风险可能造成的任何潜在损害降至最低。风险管理决策还受到来自法律法规、监管合规或司法体系的具体要求的指导，以及对非法数据访问或数据泄露的潜在和特定惩罚。

1.4.3　业务持续和灾难恢复(BCDR)

业务持续和灾难恢复(Business Continuity and Disaster Recovery，BCDR)是为组织处理突发、意外或灾难性的系统或数据丢失事件而制定的规划。BCDR 包括 IT 运营的若干不同方面，包括 IT 系统的韧性恢复能力、从任何损失中恢复的能力，以及在处理恢复时间较长的重大事故或灾难时的持续运营能力。

BCDR 的第一个主要概念是韧性(Resiliency)。系统和流程(Process)的实施应该具有足够的冗余和容量，以便在初始阶段能减少多类威胁或隐患，而不会明显影响系统用户的正常操作。BCDR 可以通过在各个层面部署冗余的系统和资源来实现，涵盖了从电力和冷却系统到系统可用性和人员方面。

BCDR 的第二个主要概念是从中断或系统损坏中恢复的能力。在这种情况下，恢复(Recovery)是指物理资源可能仍然可用，并且损失是由于系统或环境的部分损坏或物理故障。组织能够使用备份技术将系统恢复到最近的时间节点。恢复的数据量和时间点将由管理层定义，即发生故障或中断时管理层愿意承担多大程度的数据丢失；在大多数情况下，服务可以在同一环境中快速恢复。

最后一个主要概念是灾难恢复(Disaster Recovery)，即自然灾害、恐怖袭击、火灾或者其他此类重大事故造成的灾难性损失。在出现灾难的情况下，通常无法在可接受时间内从大量损失中恢复，因此，往往需要为迁移到另一家托管数据中心制定方案并做好准备，在迁移规划中，数据和服务能在可接受的时间范围内恢复到可运行状态。组织应将这类努力视为灾难性中断时的最后手段，因为执行这种切换以及恢复正常服务所需的时间、资金和资源可能极其昂贵。

1.5 本章小结

第 1 章主要介绍获取 CCSP 认证证书的各项要求，并概述包含考试内容的六大知识域，以及简要介绍了一些基础安全概念。注意，所有的基础安全概念是后续深入展开全面讨论的基石。

第 2 章

云概念、架构与设计

本章涵盖知识域 1 中的以下主题：

- 云计算参与方和术语
- 云计算基本特征
- 云服务类别(Cloud Service Categories)
- 云部署模型(Cloud Deployment Models)
- 云共享考虑事项
- 相关技术的影响
- 云计算相关的安全概念
- 认证(Certifications)
- 云成本效益分析(Cloud Cost-benefit Analysis)
- 云架构模型(Cloud Architecture Model)

如今，“云”(Cloud)一词在广告和流行文化中几乎随处可见。从电视广告宣称“万物皆可上云”(Take it to the Cloud)到无处不在的云产品，例如，Apple iCloud、Microsoft OneDrive 和 Google app 等。即使是作为技术盲的消费方，也几乎都或多或少地了解几款云产品，尽管消费方对于云计算的概念和功能知之甚少。

对于在云环境中工作的安全专家而言，从传统数据中心模型获得的知识和最佳实践仍然适用于云计算环境，但安全专家对云计算概念、不同类型的云模型和云服务的深入理解，对于成功实施和监督(Overseeing)安全策略与合规至关重要。

美国国家标准与技术研究院(National Institute of Standards and Technology，NIST)出版了编号为 NIST SP 800-145 的专业出版物《NIST 的云计算定义》(The NIST Definition of Cloud Computing)，发布了 NIST 对于云计算的官方定义：

云计算是一种模式，是一种无处不在的、便捷的、按需的、基于网络访问的、共享使用的、可配置的计算资源池(包括网络、服务器、存储、应用程序和服务)，可通过最少的管理工作或与云服务提供方的互动快速完成资源的调配和释放。NIST 的云模型由 5 个基本特性、3 个服务模型和 4 个部署模型组成。

与以硬件服务器、网络设备、电缆、电源设备和环境控制措施为主体的传统数据中心模型不同，云计算环境建立在采购“服务”(Services)的概念之上，基于云客户在任何时间点的需求，提供不同水平的自动化和支持。在这方面，云计算环境与传统数据中心运营模式正好相反，传统数据中心运营模式要求客户基于业务周期和不断变化的需求，持续购买硬件和配置系统，以满足其最大容量而非实际需要。

2.1 理解云计算概念

在深入讨论云计算概念和能力之前，本章将介绍云计算所涉及的各项技术，为了理解云计算定义奠定坚实的基础。云计算的概念、技术和能力将构成本章以及全书的基础知识。

2.1.1 云计算定义

下面列出本章所涉及的定义，源于 ISO/IEC 17788《云计算：概述和词汇表》(Cloud Computing—Overview and Vocabulary)。稍后将在此基础上进一步阐述。

- **云应用程序(Cloud Application)**：不在用户设备上驻留或运行，而是通过网络访问的应用程序。
- **云应用程序可移植性(Cloud Application Portability)**：将云应用程序从一家云服务提供方迁移(Migrate)到另一家云服务提供方的能力。
- **云计算(Cloud Computing)**：是通过网络访问的平台，能够从大量可伸缩(Scalable)系统资源池中提供服务，而非使用专用物理硬件和静态配置文件(Static Configuration)。
- **云数据可移植性(Cloud Data Portability)**：在云服务提供方之间移动(Move)数据的能力。
- **云部署模型(Cloud Deployment Model)**：通过一组虚拟资源的特定配置和特性实现云计算的方式。云部署模型可分为公有云、私有云、混合云和社区云(行业云)。
- **云服务(Cloud Service)**：通过云服务提供方提供并通过客户端访问的功能。
- **云服务类别(Cloud Service Category)**：一组具有相同特性或特点的云服务。
- **社区云(Community Cloud)**：一种云模型，社区成员仅限于那些拥有共享需求和关联关系的租户(Tenant)，并至少由一名社区成员维持或控制的云平台。
- **数据可移植性(Data Portability)**：从一套系统向另一套系统移动数据而不必重新录入的能力。

- **混合云(Hybrid Cloud)：**一种云服务模型，结合了两种其他类型的云部署模型。
- **基础架构即服务(Infrastructure as a Service，IaaS)：**云服务类别之一，云服务提供方(Cloud Service Provider)提供基础架构级别的服务(例如，处理、存储和网络)。
- **可计量服务(Measured Service)：**可用于计量云服务交付和计费的特性。
- **多租户技术(Multitenancy)：**允许多名云客户和多套应用程序在同一云环境中运行的技术，云租户之间相互隔离(Isolated)且通常彼此不可见，但能够共享相同资源。
- **按需自服务(On-demand Self-service)：**云客户可在需要时，以自助化资源调配(Provision)的方式获取服务，而无需云服务提供方的参与。
- **平台即服务(Platform as a Service，PaaS)：**云服务类别之一，其中云服务提供方负责给云客户提供平台服务，云服务提供方负责提供包括系统、系统之上直至应用程序级别的服务。
- **私有云(Private Cloud)：**云服务模型之一，其中云计算环境由单个实体拥有和控制，用于实现自身的业务目标。
- **公有云(Public Cloud)：**云服务模型之一，其中云计算环境由云服务提供方维护和控制，但云服务可用于任何潜在的云客户(Cloud Customer)。
- **资源池(Resource Pooling)：**云服务提供方分配给云客户的资源集合。
- **可逆性(Reversibility)：**云客户可从云服务提供方平台迁移所有数据和应用程序，并从云服务提供方环境中完全移除所有数据，同时，能够以最小业务影响迁移到新环境的能力。
- **软件即服务(Software as a Service，SaaS)：**云服务类别之一，向云客户提供一套完整的应用程序，由云服务提供方负责维护整体基础架构、平台和应用程序。
- **租户(Tenant)：**一位或多位共享资源池访问权的云客户。

2.1.2　云计算角色

下面基于 ISO/IEC 17788，定义云计算系统中最基本、最重要的角色以及各个角色之间的关系。

- **云审计师(Cloud Auditor)：**专门负责执行云计算系统和云应用程序审计活动的审计师。
- **云服务代理方(Cloud Service Broker)：**在云服务客户和云服务提供方之间提供中介服务的合作伙伴。
- **云服务客户(Cloud Service Customer)：**与云服务提供方建立业务服务关系的组织。
- **云服务合作伙伴(Cloud Service Partner)：**协助云服务及其交付团队与云服务提供方或云服务客户保持关系。在 ISO/IEC 17788 中，包括云审计师、云服务代理方和云服务客户等角色都属于云服务合作伙伴的范畴。
- **云服务提供方(Cloud Service Provider，CSP)：**向云服务客户提供云服务的组织。

- **云服务用户(Cloud Service User)**：指的是与云服务提供方(CSP)进行交互并使用其向云客户提供的服务的用户。

2.1.3 云计算关键特性

云计算有 5 个基本特性。为了实现真正意义上的云计算，以下 5 个特性中的每一项都必须实现并具有可操作性：

- 按需自服务(On-demand Self-service)
- 多种(泛在)网络访问方式 (Broad Network Access)
- 资源池 (Resource Pooling)
- 快速弹性 (Rapid Elasticity)
- 可计量服务 (Measured Service)

下面几节将更加详细地讨论这 5 个基本特性。

1. 按需自服务

云客户可通过自动化方式请求、调配(Provision)并使用云服务，而不必与云服务提供方服务人员交互。按需自服务通常由云服务提供方通过 Web 门户提供资源，但某些情况下，也可通过 Web API 调用机制或其他编程方式提供服务。随着服务体量的扩大或缩减，计费也将通过自动方式随之调整。

从计费意义而言，按需自服务不仅适用于与云服务提供方签订服务合同、开放信贷额度或融资协议的大型组织或厂商。即使是小型组织和个人也可通过一系列简单的筹划，使用与大型组织相同水准的服务。例如，用户通过信用卡预授权，并知悉云服务提供方的条款和收费标准后，通常而言，在用户提出请求时，大多数计费系统将告知用户额外的和即时的费用明细。主流公有云服务提供方都提供了计算器(Calculators)，用于帮助组织管理人员快速确定使用特定服务水平的成本。在大多数情况下，计算器是非常快速且易于使用的，但公有云服务提供方也提供了更为强大的计算器，特别是在调配虚拟机资源时，计算器能够帮助管理员计算网络、存储、算力(Compute)，甚至软件许可证(如果适用)在内的所有相关成本。

自助服务是云计算的“按需支付”(Pay-as-you-go)特性的组成部分，也是将计算资源聚合为一种实用服务的组成部分。

2. 多种(泛在)网络访问方式

大多数情况下，用户可以通过多种网络访问方式访问任意云服务和组件。多种(泛在)网络访问方式的异构访问能力是云计算的重要特性之一。异构访问意味着云计算在提供服务时无需关心消费方的网络访问方式。在云计算环境下，云用户通常能够通过 Web 浏览器、胖客户端(Thick Clients)或瘦客户端(Thin Clients)访问服务，而无需考虑消费方使用的是移动设备、笔记本电脑或是台式机，当然，云用户也能够通过组织网络或开放网络之上的个人设备访问服务。

计算(Computing)领域的云革命与移动计算革命同时发生，因此，服务与访问方式解耦的重要性已成为当务之急。许多组织已开始允许员工通过自携设备(Bring Your Own Device，BYOD)接入组织的 IT 系统中，因此，IT 系统的运行环境必须能够支持各种平台和软件客户端。

警告：

自携设备(BYOD)风险可能是 IT 安全专家迫切需要解决的一大难题。通常，管理层将 BYOD 视为一种削减成本或安抚员工关于个人访问易用性的方法，但是，BYOD 的确为网络或应用程序增加了一系列有关安全访问方法的额外风险。在云环境中，BYOD 可能不构成重大问题，这取决于所用云模型的类型，但组织必须始终监测 BYOD 的使用情况。此外，云存储的推广减少了用户在设备上存储数据的需求；相反，用户可以通过网络访问数据，从而移除存储在物理设备上的数据以提高安全水平。

3. 资源池

云计算中最重要的概念之一是资源池(Resource Pooling)，即多租户。在云环境中，无论什么类型的云产品，云客户总是拥有在同一组物理和虚拟资源中共存的应用程序和系统。随着云客户在云环境中添加和扩展其资源需求，新资源在云平台中动态分配(Allocate)，云客户无法控制(也不需要知道)服务部署的具体物理位置。云计算的资源池特性适用于在云环境中部署任何类型的服务，例如，处理能力、内存、网络利用率、网络设备以及存储等。在云资源调配(Cloud Provisioning)过程中，服务将自动部署至全部云基础架构(Cloud Infrastructure)，并可基于云客户的特殊需求，以及云客户所处的特定国家/地区或数据中心的法律法规监管合规要求，针对地理位置和其他业务运营要求，制定相应的资源调配机制。但是，在云客户实际请求服务之前，服务将在云资源调配系统中基于合同要求调配资源，然后交由云平台管理系统在合同规则中执行调配任务，而云客户并不需要指定服务的属性。

大部分组织的计算需求本质上是周期性的。通过资源池和在同一个云基础架构中使用不同系统的大量样本，组织可以在自己的业务高峰期内获得所需的资源，而不必按照预计处理的最大负载构建系统，这意味着计算资源不会在其他非高峰期白白浪费。通过资源池及其所提供的规模经济，能够为云环境中的所有云客户显著节约成本。

提示：

基于本书作者在学术机构和医疗健康领域的工作经验，周期性的计算(Computing，算力)需求是云计算的一项巨大收益。在这两种业务场景中，组织已定义了一年中负载大幅增加的时段，以及一年中其余大部分时间的缓慢增长时段。在需要的时候可集中资源且可提供资源是一项重要优势。

4. 快速弹性

随着云计算与硬件的分离以及可编程式的供给能力，当需要额外资源时，服务资源可以随时迅速扩展。快速弹性(Rapid Elasticity)能力可通过 Web 门户提供，也可以云客户的名义完成初始化，无论是为了响应服务的预期或预测增长需求，还是在服务需求增长期间；系统扩展的决策需要平衡客户的资金和能力。如果应用程序和系统能够以支持无感扩展的方式构建，则能够自动实现弹性能力，云服务提供方即可基于编程方式和预定指标，通过添加额外资源以自动扩展系统，并相应地向云客户收取费用。

在传统的数据中心模型之中，客户需要随时准备并配置足够的计算资源以用于处理其系统上的任何潜在和预期负载(Projected Load)。除了前面提到的“资源池”(Resource Pooling)，许多具有周期性和已定义的负载高峰周期的组织可在非高峰时段运行更加精简的系统，在高峰时段基于需要手动或自动扩展资源。削峰填谷的典型实例是处理医疗健康登记或大学课程注册的应用程序。在这两类业务场景中，应用程序系统在负载高峰期间使用非常频繁，但在本年度余下的时间里基本上处于闲置状态。

5. 可计量服务

基于服务和云实现的类型，计量和记录资源的使用信息以完成计费并生成资源利用率报告。计量可通过多种方式实现，基于系统运行期间涉及的不同资源维度，甚至可以使用多种方法。计量范围包括存储、网络、内存、算力、节点或虚拟机数量，以及用户数量。在合同和协议的条款范围内，计量指标(Metric)可用于多种用途，例如，持续监测和报告、限制资源利用率以及设置自动弹性阈值。计量指标也将在一定程度上用于确定云服务提供方是否遵守服务水平协议(SLA)中所规定的要求。

许多大型组织的最佳实践是基于数据中心资源的使用情况向单个内部系统收费。在那些将 IT 服务合同外包给其他组织或政府机构的组织中尤其如此。但是，在拥有物理硬件的传统数据中心模型之中，要以明确方式实现这一计费模式则要困难得多。云服务提供方能提供全面的计量和报告指标，对于组织而言，计费将更加简单，并提供最大程度的灵活性，包括系统的细粒度和可扩展性。

2.1.4 构建块技术

无论实现云计算技术使用何种服务类别或部署模型，其核心组件和构建块(Building Block，指组件或组成部分)都是相同的。云平台的基础级别实现都是由处理器或 CPU、内存/RAM、网络、存储和编排(Orchestration)等解决方案所组成。基于云服务类别的差异，云客户对于这些构建块而言，承担不同程度的责任或和控制权。下一节将介绍三个主要的云服务类别，并详细介绍云客户可访问哪些组件或承担哪些责任。

2.2　描述云参考架构

多个主要组件组合在一起形成云架构(Cloud Architecture)和云实施(Cloud Implementation)的全貌。涉及的组件包括管理和运营云环境的活动(Activity)、角色(Role)和能力(Capability)，以及基于云托管和服务交付方式的实际云服务类别和云部署模型。无论采用哪种服务类别或部署模型，云参考架构都包括所有云环境的通用特性和组件。

2.2.1　云计算活动

根据 ISO/IEC 17789:2014《信息技术-云计算-参考架构》(Information Technology-Cloud Computing-Reference Architecture)，云服务客户、云服务提供方和云服务合作伙伴分别执行不同的云计算活动。简而言之，本章的讨论限制在高层次概述和活动的抽样范围内。本书将更加详细地讨论所有问题。

1. 云服务客户

以下角色由云服务客户(Cloud Service Customer)一方所履行。

- **云服务用户(Cloud Service User)**：使用云服务。
- **云服务管理员(Cloud Service Administrator)**：测试云服务、监测云服务、管理云服务安全、提供云服务使用情况报告，以及解决报告所提到的问题。
- **云服务业务经理(Cloud Service Business Manager)**：监督业务和计费管理、购买云服务，必要时索要审计报告。
- **云服务集成方(Cloud Service Integrator)**：将现有系统和服务接入并集成到云环境。

2. 云服务提供方

以下角色由云服务提供方(CSP)一方所履行。

- **云服务运营经理(Cloud Service Operations Manager)**：为云环境准备系统、管理服务、监测服务、在有要求或需要时提供审计数据，以及管理库存(Inventory)和资产。
- **云服务部署经理(Cloud Service Deployment Manager)**：收集云服务的指标、管理部署步骤和流程，并定义环境和流程。
- **云服务经理(Cloud Service Manager)**：交付、调配云资源并管理云服务。
- **云服务业务经理(Cloud Service Business Manager)**：监督业务方案的执行、维护客户关系，处理财务交易事项。
- **客户支持和关怀代表(Customer Support and Care Representative)**：提供客户服务并响应云客户的合理要求。
- **云间提供方(Inter-cloud Provider)**：负责与其他云服务和提供方的对等合作，并监督和管理联合体与联合服务。

- **云服务安全和风险经理(Cloud Service Security and Risk Manager)**：管理安全和风险并监督安全法律法规监管要求的合规性。
- **网络提供方(Network Provider)**：负责网络连接、网络服务交付和网络服务管理。

3. 云服务合作伙伴

以下角色由云服务合作伙伴(Cloud Service Partner)一方所履行。

- **云服务研发人员(Cloud Service Developer)**：研发云组件和服务，并执行服务的测试和验证工作。
- **云审计师(Cloud Auditor)**：执行审计实务工作，并编制审计报告。
- **云服务代理方(Cloud Service Broker)**：获取新客户、分析市场，并签署合同和协议。

2.2.2 云服务能力

在云服务交付(Cloud Service Delivery)的讨论中，三种主要的云服务能力构成了云服务类别的基石：

- **基础架构服务能力(Infrastructure Service Capability)**：云客户能够调配并控制处理(Processing)、存储(Storage)和网络(Network)三类资源。
- **平台服务能力(Platform Service Capability)**：云客户可使用由云服务提供方维护和控制的编程语言和代码库部署代码和应用程序。
- **软件服务能力(Software Service Capability)**：云客户可使用由云服务提供方提供的、已研发完成的应用程序，只允许用户自行配置少数选项。

基础架构即服务(IaaS)	平台即服务(PaaS)	软件即服务(SaaS)
• 云服务提供方维护和控制底层架构 • 云客户控制云环境部署的服务：操作系统、存储和已部署的应用程序 • 云客户可控制有限的网络组件 • 云客户可部署和运行任意软件和系统 • 快速云资源调配和可伸缩性 • 高可用性(High Availability)	• 云服务提供方负责操作系统和托管环境，包括库、服务和工具 • 云客户负责在 CSP 提供的平台基础架构上部署应用程序 • 云服务提供方负责部署系统和安装补丁文件 • 自动伸缩(Auto-scaling) • 灵活性和托管环境的选择	• 云服务提供方为云客户提供完整的云平台和软件应用程序 • 云服务提供方负责维护所有系统和所有底层基础架构 • 基于云客户的要求为用户提供对数据的访问和权限 • 对云客户的支持要求最低 • 云客户只能使用有限的配置选项

图 2-1 云服务类别概述

2.2.3　云服务类别

尽管目前云计算产业对于特定类型的云服务模型和产品使用了多种不同的术语，但是，组织普遍接受的只有以下三种主要模型：

- 基础架构即服务(Infrastructure as a Service，IaaS)
- 平台即服务(Platform as a Service，PaaS)
- 软件即服务(Software as a Service，SaaS)

图 2-1 简要概述了云服务类别模型，下面将具体阐述每种模型。

1. 基础架构即服务(IaaS)

IaaS 模型是最基本的云服务，为云客户提供最大限度的可定制和可控制服务。以下内容来自 NIST SP 800-145 对于 IaaS 模型的定义：

IaaS 模型能够为消费方提供调配处理、存储、网络和其他基本的计算资源的能力，帮助消费方部署和运行任意软件，包括操作系统和应用程序(Application)。尽管消费方无法管理或控制底层云基础架构，但可以控制操作系统、存储和已部署的应用程序；并且，可能对选定的网络组件(例如，主机防火墙)具有受限的控制权。

IaaS 模型的主要特性和优点

下面列出 IaaS 模型的主要特性(Feature)和优点。部分关键特性与另外两类云服务模型重叠，但其他特性是 IaaS 模型所特有的。

- **可伸缩性(Scalability)**：在 IaaS 模型框架内，云客户能够基于需要快速调配资源和扩展系统，用于处置可预测事件或响应意外事件的需求。
- **物理硬件拥有成本(Cost of Ownership of Physical Hardware)**：在 laaS 模型中，云客户不需要为最初的发布和实施或将来的扩展购买任何硬件设备。
- **高可用性(High Availability)**：基于定义，云基础架构能够满足高可用性和冗余的要求，也就意味着云客户在私有数据中心内满足高可用性将需要更加高的成本。
- **物理安全要求(Physical Security Requirements)**：因为云用户处于云环境中，且没有私有数据中心，所以云服务提供方将承担数据中心物理安全的购置和监督成本。
- **物理位置和访问独立性(Location and Access Independence)**：基于云计算的基础架构不依赖于系统的云客户或云用户的物理位置(Location)，实现系统访问也不依赖于特定的网络物理位置、应用程序或客户端。唯一的依赖关系是云平台自身的安全需求和所使用的应用程序设置(Setting)。
- **计量使用(Metered Usage)**：云客户只需要为正在使用的资源付费，并只在使用期间付费。没有必要仅为了服务于负载高峰时段而建立大型数据中心，而导致在大部分时间处于闲置状态。

- **潜在“绿色”(Green)数据中心：**许多组织和客户可能对拥有更加环保的数据中心感兴趣，环保数据中心在功耗和冷却方面都具有高效性。在云环境中，许多云服务提供方已实现了“绿色”数据中心，“绿色”数据中心具有更高的成本效益，但规模经济问题导致云客户无法自己完全拥有独立的“绿色”数据中心。尽管这不是云服务提供方的要求，但许多主流云服务提供方将“绿色”数据中心作为一项营销噱头，“绿色”也是许多云客户感兴趣的要素。即使没有环境方面的特殊关注或优先考量事项，组织也都乐于看到使用大型云环境“绿色”数据中心所带来的电力和冷却费用需求的降低。

2. 平台即服务(PaaS)

PaaS 模型能够帮助云客户在软件和应用程序层面完全专注其核心业务功能(无论是在研发环境还是生产环境中)，而不必担心典型的数据中心运营层面的资源问题。以下内容来自 NIST SP 800-145 对于 PaaS 模型的定义：

提供给云客户的能力是在云基础架构上部署云客户创建或获取的应用程序，这些应用程序使用由云服务提供方支持的编程语言、库、服务和工具所创建。云客户无需管理或控制包括网络、服务器、操作系统或存储在内的底层云基础架构，但能够控制已部署的应用程序，以及应用程序托管环境的配置文件设置。

PaaS 模型的主要特性和优点

下面列出 PaaS 云服务模型的主要特性。虽然与 IaaS 和 SaaS 模型有一些重叠，但 PaaS 模型有自身独特的特性和细节。

- **自动伸缩(Auto-scaling)：**当需要(或不再需要)资源时，系统可自动调整环境的大小以满足需求，而无需云客户进行干预。对于那些负载需求在本质上是周期性的应用程序而言，自动伸缩尤其重要。PaaS 模型允许组织仅调配和使用实际需要的资源，从而最大限度地减少空闲资源。
- **多主机环境(Multiple Host Environment)：**由云服务提供方负责实际的平台运营，云客户可以选择多种操作系统和环境。多主机环境功能允许软件和应用程序研发人员在不同环境之间进行测试或迁移系统，以确定承载云客户应用程序的最适合和最高效的平台，而无需花费时间调配资源和构建新系统。由于云客户只需要为自己在云环境中正在使用的资源付费，因此，组织无需付出长期或昂贵的代价就能够搭建并测试不同的平台。多主机环境也允许云客户在评价不同的应用程序时，满足更多类型底层操作系统的测试要求。

- **环境选择(Choice of Environment)：** 对于操作系统和平台而言，大多数组织都有一组标准，即运营团队将支持和提供哪些服务。在某种意义上，环境选择限制了客户可考虑的应用程序环境和操作系统平台的选项，无论是对于自行研发产品还是购买的商业产品。环境选择不仅扩展到实际操作系统，还允许灵活选择操作系统的特定版本和风格，具体取决于云服务提供方提供和支持的服务内容。
- **灵活性(Flexibility)：** 在传统数据中心设置中，应用程序研发团队受到数据中心产品的限制，并被锁定在私有系统中，导致迁移或扩展变得困难重重且成本高昂。通过在 PaaS 模型中对这些层级进行抽象化，研发团队可在云服务提供方和平台之间轻松移动。现在，由于许多软件应用程序和环境都是开源的，或是由商业组织构建的，能够在各类平台上运行，PaaS 不仅方便了测试，也允许研发团队在平台(甚至云服务提供方)之间轻松地迁移。
- **易于升级(Ease of Upgrades)：** 有了云服务提供方所提供的底层操作系统和平台，升级和变更工作相较于传统数据中心模型更加简单高效。在传统数据中心模型中，系统管理员需要在物理服务器上执行真实升级活动，这将导致升级过程中的停机和生产效率下降。
- **成本效益(Cost Effective)：** 与其他云类别一样，PaaS 模型为研发团队提供了显著的成本节约优势，只有当前正在使用的系统资源才会产生成本。在研发周期中，云客户可基于需要快速、高效地添加或缩减额外的资源。
- **易于访问(Ease of Access)：** 云服务可通过 Internet 访问，且不受访问客户端的限制，研发团队成员能够轻松地跨越国界相互协作，而无需获得或访问专有企业数据中心的账户。从技术角度而言，研发团队的物理位置和访问方法无关紧要，但是，云安全专家需要深入掌握潜在的合同或法律法规监管合规要求。例如，在许多政府合同中，可能需要将研发团队、系统和数据的托管限制在某些地理范围或政治边界之内。

考试提示：

CCSP 考试的重点是较为宽泛的应用场景，并极力规避具体的政府政策及其要求。考试重点是要意识到法律法规监管合规要求的潜在问题，例如，美国政府和欧盟的隐私要求可能会涉及司法管辖权问题。

在 PaaS 环境中，云服务提供方负责处理操作系统和平台的授权问题，这通常是组织需要确保的合规责任。在 PaaS 云模型中，授权许可成本已纳入服务的计量成本中，云提供方有责任跟踪并协调供应方的授权许可事宜。

3. 软件即服务(SaaS)

SaaS 模型是一套功能齐备的软件应用程序，云客户可立即开展业务运营的“交钥匙工程”(Turnkey)，其中维护系统、补丁管理和具体操作的所有底层责任和运营工作都将从云客户一端分离出来，交由 SaaS 云服务提供方负责。以下是 NIST SP 800-145 中关于 SaaS 模型的定义：

提供给云客户的能力是使用云服务提供方在云基础架构上运行的应用程序。SaaS 云应用程序既可从各种客户端设备访问，也可以通过瘦客户端接口，例如，Web 浏览器(如基于 Web 的电子邮件)或通过应用程序接口访问。消费方并不管理或控制底层云基础架构，包括网络、服务器、操作系统、存储，甚至单个应用程序功能，且云用户对于特定应用程序的设置极其有限。

SaaS 的主要特性和优点

以下是 SaaS 云服务模型的主要特性和优点。有些特性类似于 IaaS 和 PaaS 模型，但由于 SaaS 本质上是一个完整构建的软件平台，其中一些特性是 SaaS 云服务模型所独有的。

- **支撑费用和工作**：在 SaaS 服务类别中，所有云服务完全由云服务提供方负责维护和支撑。由于 SaaS 模型只授权给云客户访问软件平台和功能，所以从网络到存储和操作系统的整个底层系统，以及软件和应用程序平台本身，都完全不是消费方的责任。对于云客户而言，重要的是软件应用程序的可用性，任何升级、补丁、高可用性和运营的责任都由云服务提供方所承担。SaaS 模型能够帮助云客户专注于生产效率和业务运营而不必关注 IT 运营工作。
- **降低总体成本**：SaaS 环境中的云客户只允许使用软件。云客户不需要聘用系统管理员或安全专家，也不必购买任何硬件和软件；不必规划冗余和灾难恢复，也不必考虑对基础架构执行安全审计实务工作或处理公共设施和环境成本。除了授权云客户能够访问的资源、功能和用户数量之外，云客户唯一关心的成本问题是培训应用程序平台的使用，以及员工或云用户使用系统所需的设备或访问计算机所需的费用。
- **授权许可(Licensing)**：与 PaaS 类似，在 SaaS 模型中，授权许可成本由云服务提供方负责。在 PaaS 中，云服务提供方提供操作系统和平台的授权许可，而 SaaS 在 PaaS 基础上更进一步，提供包括软件和所有内容的授权许可，确保云客户在使用所提供的应用程序中的资源时只需要“租赁”(Lease)授权许可证即可。从云客户的角度消除了授权许可证的记账和单独成本，将所有成本都计入实际软件平台的单一使用成本之中。SaaS 模型允许云服务提供方基于实现的规模，协商相较于单一组织或用户自身更加有利的批量低价许可证，从而降低云客户的总体成本。
- **易于使用和管理**：由于 SaaS 实现是一个功能齐全的软件安装和产品，与 PaaS 或 laaS 模型相比，管理成本和工作量大大降低。云客户只负责在系统内配置用户访问和访问控制规则，以及确定最小配置。SaaS 系统中允许的配置通常很受限，并且可能只允许细微调整用户体验，例如，默认设置或某种程度的品牌定制；除此以外，所有开销和运营都是由云服务提供方独立承担的。

- **标准化(Standardization)：** SaaS 模型是一套功能齐备的软件应用程序，所有用户在任何时候都将运行完全相同的软件版本。许多研发和部署团队面临的一个主要挑战是补丁和版本控制，以及配置基线(Configuration Baseline)和需求。在 SaaS 模型中，云服务提供方负责处理所有事务，并由 SaaS 模型自动实现。

4. 新兴的云服务类别

虽然 IaaS、PaaS 和 SaaS 云服务模型是最普遍的云服务类别，但过去几年出现了其他几种常见的类型，并且越发流行。

- **算力即服务(Compute as a Service，CaaS)：** CaaS 允许云客户在云环境中执行计算密集型工作负载。代码可以在无服务器环境中执行，云客户只需为其所耗费的计算时间和周期付费而无需部署服务器实例或环境。
- **数据库即服务(Database as a Service，DBaaS)：** DBaaS 是一种订阅服务，数据库由云服务提供方负责安装、配置、保护和维护，云客户只需要负责模式(Schema)和数据的加载。
- **桌面即服务(Desktop as a Service，DaaS)：** DaaS 是一种传统虚拟桌面接口(Virtual Desktop Interface，VDI)的基于云环境的同质服务，由云服务提供方托管并维护而无需基于云客户自有硬件。
- **身份即服务(Identity as a Service，IDaaS)：** IDaaS 是一种基于订阅的服务，用于身份和访问管理(Identity and Access Management，IAM)与单点登录(Single Sign On，SSO)，通过互联网提供服务而不是由云客户自行部署。
- **网络即服务(Network as a Service，NaaS)：** NaaS 是一种基于云的虚拟网络，云客户可通过软件快速、轻松地变更网络配置而无需传统的布线和网络专用工具包。
- **安全即服务(Security as a Service，SECaaS)：** 组织和外部供应方签订合同后，SECaaS 为组织安全运营提供和管理所需的技术，例如，入侵检测系统(Intrusion Detection Systems，IDS)、入侵防御系统(Intrusion Prevention Systems，IPS)和数据防丢失(Data Loss Prevention，DLP)等。
- **存储即服务(Storage as a Service，STaaS)：** STaaS 是一种云服务，供应方通过订阅服务的方式提供存储空间和解决方案。云客户基于消费或保留的存储总量支付费用。

2.2.4　云部署模型

如图 2-2 所示，常用的云部署和托管模型主要有 4 种，每种类型都可以承载 3 种主要云服务模型中的任何一种。

• 向公众开放 • 位于云服务提供商的物理场所内部 • 可能由私人公司、组织、学术机构或以上的组合所拥有 • 安装简便，且对于云客户而言价格低廉 • 只需要为消费的服务付费	公有云	私有云	• 由单一实体拥有并控制 • 主要满足实体自用，但可能对合作组织开放 • 可以由组织或第三方运营 • 位于权属组织物理场所的内部或外部 • 可供不同的内部部门使用并计费
• 由两个或多个不同的云模型(公有、私有或社区)组成 • 实现云模型之间可移植性的标准化或私有技术 • 通常用于负载均衡(Load Balance)、高可用性或灾难恢复	混合云	社区云	• 由一组具有类似需求的组织共同拥有，供成员组织内部使用 • 类似于私有云的模型和特性 • 由成员组织管理和控制 • 可位于所属组织物理场所的内部或外部

图 2-2　云部署模型

1. 公有云

顾名思义，公有云是一种为公众或任何组织提供云服务的模式，不受财务和规划的限制。以下是 NIST SP 800-145 中关于公有云的定义：

公有云基础架构是为公众开放使用而准备的。云基础架构可能由商业、学术、政府机构或以上的若干组合所拥有、管理、运营，并运行在云服务提供方的场所之中。

公有云模型的主要特性和优点

下面列出公有云模型的关键且独特的优点和特性：

- **设置(Setup)**：对于云客户而言，公有云设置非常简单且价格低廉。基础架构的所有资源，包括硬件、网络、许可证、宽带和运营成本均由云服务提供方控制和承担。
- **可伸缩性(Scalability)**：可伸缩性是所有云实现的一个共同特征。大多数公有云都由拥有海量且多样资源和基础架构的大型组织提供，即使云客户提出大规模的资源部署需求，也可基于需要和预算自由扩张，而不必担心影响容量或妨碍同一云环境中托管的其他部署需求。
- **资源合理配置(Right-sizing Resource)**：云客户只需根据实际需要支付其所使用的资源费用。云客户的投资仅涉及符合其确切需求的范围，并且可根据预期需求或任意时间点上的非计划需求灵活调整和变动。

2. 私有云

私有云与公有云的不同之处在于，私有云由其所服务的权属组织独立运营并仅限于所服务的组织内部。私有云模型也可以向其他实体开放，例如，软件研发团队、员工、承包商和分包商，以及潜在的合作商和其他可能提供互补服务或子组件的组织扩展。以下是 NIST SP

800-145 中关于私有云的定义：

私有云基础架构的资源调配是为独立组织的多名云消费方(例如，多个业务部门)所提供的专用服务。私有云可能由组织、第三方或二者的组合体所拥有、管理并运营，且可能存在于权属组织场所之内或之外。

私有云模型的主要特性和优点

以下是私有云模型的主要特性和优点，以及私有云与公有云的区别：

- **所有权留存(Ownership Retention)**：因为使用私有云的组织同时拥有和运营云环境，并控制哪些关联者能够访问私有云，所以，权属组织留存对私有云的完全控制权。“所有权留存”包括对底层硬件和软件基础架构的控制权，以及基于数据策略、访问策略、加密方法、版本控制、变更控制和全局治理等对私有云环境的全面控制权。对于任何具备严格安全策略或监管合规控制要求的组织，所有权留存模式将有助于简化合规和审核目标的验证。相比之下，公有云提供的控制权和视图更为有限。合同或法律法规监管合规要求明确规定了数据与系统可能驻留和运行的地点及限制。在这种情况下，私有云确保的合规不仅局限于公有云可能提供的合同控制要求，还需要实施持续审计并提供报告，以验证合规水平。
- **系统控制权(Control over Systems)**：对于私有云而言，云环境的运营和系统参数完全由控制组织决定。而在公有云模型中，组织将受限于特定的软件和操作系统版本，以及补丁和升级周期。如果组织需要保留特定版本的软件或需要公有云提供额外时间段的技术支持，私有云能够决定提供哪些版本和支持时间，而不必与公有云供应方谈判并支付额外成本。
- **私有数据和软件的控制权**：公有云需要额外的软件和合同要求以确保组织托管系统的隔离和安全；而私有云则提供了绝对的安全保障，即没有任何托管环境能够以某种方式访问或窥视其他的托管环境。

3. 社区云

社区云是同类型组织间的协作，各协作组织整合资源并提供私有云服务。与私有云的单一所有权不同的是，社区云存在多重所有权和控制权的情况。以下是 NIST SP 800-145 中关于社区云的定义：

社区云基础架构的资源调配是为特定的用户群社区提供的定向服务，用户来自具有共同特征(例如，任务类型、安全需求、策略和法律法规监管合规要求考虑因素)的组织。社区云可能由用户群社区中的一个或多个组织、第三方或多个组合方所拥有、管理并运营，且可能存在于社区运营场所之内或之外。

4. 混合云

顾名思义，混合云模型结合了私有云和公有云模型的特性，以完全满足组织的需求。以下是 NIST SP 800-145 中关于混合云的定义：

混合云基础架构由两个或更多不同的云基础架构(私有、社区或公有)组成，组成混合云的基础架构仍然是单独且唯一的实体，但通过标准化或私有技术将其绑定在一起，从而实现数据和应用程序的可移植性。例如，对于“云爆发”(Cloud Busting)技术，可通过同时使用私有云和公有云模型实现高峰流量的负载均衡方案。

混合云模型的主要特性和优点

在综合公有云和私有云模型主要特性和优点的基础上，混合模型的主要特性如下：

- **用于优化的拆分系统(Split Systems for Optimization)**：使用混合云模型，云客户就有机会在公有云和私有云之间拆分业务，以实现最佳的业务扩张和成本效益。如果组织需要，一部分系统可以在内部维护，同时利用公有云的广泛服务来支持其他系统。混合云的出发点可能是成本原因、安全考虑、法律法规监管合规要求，或充分利用公有云能够提供而私有云无法提供的工具集、能力和产品。
- **保留内部关键系统(Retain Critical Systems Internally)**：当组织选择部署公有云及其服务时，关键数据系统可通过私有数据控制措施和访问控制措施完成内部维护。
- **灾难恢复(Disaster Recovery)**：组织可以利用混合云实现在私有云中维护系统，并同时利用公有云的资源和选项用于完成灾难恢复和冗余的目标。混合云将允许组织使用自己的私有资源，但也有能力在需要时将系统迁移到公有云。除非发生紧急情况，否则组织不必承担故障转移时站点闲置的成本。由于公有云系统仅在发生灾难时使用，因此，在发生灾难事件之前，组织不需要支付任何成本。此外，随着组织在其私有云上构建和维护镜像，灾备镜像可加载到公有云的资源调配系统中，并在需要时立即启用。
- **可伸缩性(Scalability)**：与灾难恢复实现方式一样，组织可以随时与公有云服务提供方签订合同，以处理突发流量(Burst Traffic)，无论突发流量是可预测的、还是计划之外需求的响应。在突发场景下，组织可以将系统保留在私有云内部，但可选择在短时间内扩展到公有云，且只在需要使用时才会产生成本。

2.2.5 云共享注意事项

无论特定的服务类别或部署模型如何，云计算的几个方面都是通用的。

1. 互操作性

互操作性(Interoperability)指组织能够轻松地移动/重用云应用程序或服务的组件。任何底层平台、操作系统、物理位置、API 结构或云服务提供方不应成为将服务轻松、高效地转移到替代解决方案的障碍。组织拥有高度互操作性的应用程序系统不应受到云服务提供方的任何约束。一旦服务水平或价格不合适，云用户可很容易地转移到另一家云服务提供方。互操作性往往给云服务提供方带来压力，要求云服务提供方提供高水平的服务，并在定价上更具有竞争力，否则，当前云服务提供方的云客户随时可能流失到其他云服务提供方。由于没有签订长期合同，且云客户在使用服务时只会产生一次性的运营费用，因此，云客户更加容易更换其他具有高度互操作性的云服务提供方。此外，组织还应保持在不同云托管模型之间移动的灵活性(例如，从公有云迁移到私有云；反之亦然，因为云客户的内部业务需求或监管要求会随着时间的推移而变化)。基于互操作性要求，组织可以在云服务提供方、底层技术和托管环境之间无缝移动，或能够将组件分离并在不同环境中托管，而不会影响数据流或服务流。

2. 性能、可用性和韧性

基于云基础架构和模型的本质，性能(Performance)、可用性(Availability)和韧性(Resiliency)概念应视为所有云环境实际存在的固有特性。考虑到大多数云实现的规模和范围，如果能够正确规划或管理，性能应该始终是云计算第二重要的特性。韧性和高可用性(High Availability)也是云环境的特征。如果三者之中任何一个出现问题，那么云客户很快就将从当前云服务提供方转向其他云服务提供方。云服务提供方通过适当的资源调配和扩展，应始终重点关注性能方面。在虚拟化环境中，对于具有完善管理机制的云服务提供方而言，经常需要在其环境中迁移虚拟机和各项服务以保持性能和负载能力，这种能力也允许云服务提供方在其环境中保持高可用性和韧性。与云计算的许多其他关键方面一样，SLA 将用于确定并测试云服务所需的性能、可用性和韧性。

3. 可移植性

可移植性(Portability)是允许数据在不同云服务提供方之间轻松实现无缝移动的关键特性。如果组织能够优化其数据的可移植性，就会在不同的云服务提供方和托管模型之间开辟巨大的灵活性，并且可以通过各种方式利用数据。从成本角度而言，可移植性允许组织持续购买云托管服务。尽管成本可能是主要驱动因素之一，但组织也可能为了改进客户服务、获得更好的功能集和产品、满足 SLA 合规问题而更换云服务提供方。除了选择云服务提供方的原因之外，可移植性还能够帮助组织满足灾难恢复、物理位置多样性或高可用性等目的，将数据分散托管在多个云服务提供方中。

4. 服务水平协议(SLA)

合同详细阐明服务的一般条款和费用，而 SLA 则对业务关系和具体需求真正发挥效用。SLA 明确规定了正常运行时间、可用性、流程、客户服务与支持、安全控制措施与要求、审计与报告的最低要求，以及可能定义业务关系及其成功的多个领域。如果未能满足 SLA 的要求，云客户将享有经济上的权益，或者云服务提供方无法保证可接受的性能问题，不达标的 SLA 可能会成为合同终止的依据。

5. 法律法规监管合规要求

法律法规监管合规要求指法律、法规、策略、标准或指南对组织及其运营所施加的要求。法律法规监管合规要求往往限制组织或应用程序所处的物理位置，或者限制所处理的数据和交易的特殊应用场景。如果组织蓄意或非蓄意地违反法律法规监管合规要求，则可能受到经济、法律甚至刑事处罚。制裁和处罚可适用于组织本身，甚至适用于为组织工作或代表组织工作的个体，具体取决于违反行为的地点和性质。各行各业通常在通用法律法规监管合规要求之外，还有本行业管理的特定法律法规监管合规要求，例如，美国医疗健康行业的《健康保险流通与责任法案》(Health Insurance Portability and Accountability Act of 1996，HIPAA)、针对美国联邦机构和承包商的《联邦信息安全管理法》(Federal Information Security Management Act of 2002，FISMA)，以及金融/零售行业的《支付卡行业数据安全标准》(Payment Card Industry Data Security Standard，PCIDSS)。还有一些特定法律法规超越了适用于所有组织的通用法律法规监管合规要求，例如，《萨班斯-奥克斯利法案》(Sarbanes-Oxley Act of 2002，SOX)。云安全专家需要掌握所在组织的系统和应用程序需要满足的全部法律法规监管合规要求。大多数情况下，以“不理解或不了解”监管要求作为托辞并不能使组织免受调查、处罚或潜在的名誉损害。

提示：

美国和欧盟对于应用程序都有特别严格和明确的政策和安全要求。熟悉欧盟关于数据治理的法律法规和适用的监管要求，对于身处任何司法管辖权区域内的安全专家而言都将至关重要。

6. 安全

当然，安全问题对于所有系统或应用程序而言，自始至终都是首要关注点。在云环境中，使用新技术可能导致许多管理层和利益相关方感到不安，管理层对于组织和敏感数据不受内部 IT 员工和硬件的直接控制，或数据存放在专有数据中心的想法而感到不适。根据组织策略以及任何监管或合同要求，不同的应用程序和系统将拥有各自特定的安全要求和控制措施。在云环境中，这一点尤为引人关注，因为许多云客户都是在同一框架内的租户，云服务提供方需要确保每个云客户的控制措施得到满足，并且能够以云服务提供方所支持的方式实现，以满足不同云客户的要求。大型云环境中的另一个挑战是，环境可能已经部署了非常强大的安全控制措施，但不会公开记录控制措施的详细内容，以免暴露在攻击方的窥视之下。在合同谈判中，通过保密协议和隐私要求，组织通常能够缓解非私有云安全水平和能力的不透明问题，但仍然不同于组织对于内部或专有数据中心的掌控和信息水平。

云服务提供方实现安全保护的主要方法是设置基线和最低标准，同时提供一套附加组件或安全扩展，这种做法通常会带来额外成本。这将迫使云服务提供方支持一套通用基线，并在每个客户的安全基础上，为需要或想要特殊安全水平的组织提供额外的安全控制措施。另一方面，对于通常不具备海量金融资产和专业知识的小型组织而言，将应用程序迁移到大型云服务提供方则可能大大提高应用程序的安全防护水平，而成本远低于小型组织的自建成本。实际上，小型组织正在实现规模经济，而大型组织和大型系统的需求将使小型组织的自有系统以更低的成本受益。

7. 隐私

云环境中的隐私需要特别关注，因为大量的法律法规监管合规要求可能因为应用场景和物理位置的不同而存在巨大差异。另外，法律法规监管合规要求可能因数据存储位置(静态数据)、数据暴露和使用位置(传输中的数据)而有所不同。在云环境中，特别是大型公有云系统之中，数据具有云环境内部的存储和移动能力，往往存储在不同的物理位置并在其间移动，数据可能在国家内部、国家之间甚至是大洲之间移动。

云服务提供方常常基于云客户的合同需求、法律法规监管合规要求，采取适当的安全机制将系统部署在特定地理位置上，云安全专家负责验证和确保安全机制正常运行。云客户和云服务提供方之间需要明确约定合同要求，但具备严格的 SLA 条款和审计合规性(Audit Compliance)能力同样重要。尤其是欧洲国家颁布了严格的隐私规定，组织应该时刻牢记，否则将面临来自其他国家的巨额罚款；云服务提供方正确履行物理位置和安全要求的能力并不能保护组织免受合规失败的制裁和处罚，因为云环境中的应用程序和所存数据的所有方应承担全部责任。

8. 可审计性

大多数业界领先的云服务提供方为云客户提供大量的审计材料，包括显示用户活动、满足控制措施和法律法规的报告和证据、运行的系统和流程及其操作说明，以及信息、数据访问和修改记录。云环境的可审计性(Auditability)是云安全专家需要特别注意的领域之一，这是因为云客户无法像在私有和传统数据中心模型中那样能够完全控制环境要素。云服务提供方应向云客户公开审计、日志和报告，并展示云服务提供方正在捕获其环境中的所有事件，以及正确报告事件的责任和证据。

9. 治理

治理(Governance)的核心是分配工作、任务、角色和责任，并确保可以得到令人满意的执行效果。无论是在传统数据中心还是云模型中，治理基本上都是相同的，并采用类似的工作方法。由于存在数据保护要求和云服务提供方的角色差异，往往会给云环境中增加一些的复杂性。尽管云环境增加了治理和监督的复杂性，但也带来诸多收益。大多数云服务提供方都提供大量的实时报告和指标(Metric)。要么从云服务提供方的门户网站实时提供，要么以实时报告的形式周期性提供。指标可以基于具体云环境予以调整，并可基于应用场景设定所需参数，帮助云客户更容易验证其是否合规，而不像传统数据中心那样必须建立和维护此类报告和收集机制。但是，还需要注意不同云服务提供方或托管模型之间的可移植性和可迁移性，确保度量标准是等效的或可比较的，从而帮助云客户维护一致和持续的治理流程。

10. 维护和控制版本

在不同类型的云服务类别中，为合同和 SLA 明确规定维护责任是非常重要的。在 SaaS 实现中，云服务提供方基本上负责所有的升级、打补丁和维护等工作；而在 PaaS 和 IaaS 模型中，只有部分职责归属于云客户，其余的职责仍由云服务提供方负责。云服务提供方应当使用 SLA 概述维护、测试实践和时间表，这对于因新版本或底层系统变更而可能无法正常运行的应用程序而言尤为重要。这要求云服务提供方和云客户达成平衡，既满足云服务提供方维护统一环境的需要，也满足云客户确保业务持续和系统稳定的需要。每当升级或维护系统时，确定平台和软件的版本号至关重要。通过版本控制，能够跟踪和测试变更活动；如果新版本出现问题，组织可以使用已知版本执行回退任务。甚至，可能存在重叠期，在重叠期期间可能有一个或多个可用版本，这应在 SLA 中明确说明。

11. 可逆性

可逆性(Reversibility)是云客户将其所有系统和数据从云服务提供方处完全取回的能力，并从云服务提供方处获得保证，即所有数据都已在约定的时间内全面地、彻底地移除。大多数情况下，可逆性将由云客户首先从云服务提供方处取回所有数据和流程，然后通知云服务提供方删除所有活动和可用的文件和系统，最后在约定的时间点从长期存档或存储中移除所有痕迹。可逆性还包括以最小的运营影响平稳过渡到不同云服务提供方的能力。

12. 外包

简而言之，外包(Outsourcing)是雇佣外部实体完成公司或组织通常需要内部员工完成的工作。在云计算中，外包的概念与云服务提供方提供服务的目标紧密相连。对于云服务而言，组织可以将硬件的安装、配置、维护、安全和资产管理，以及基于云服务类别的不同，将软件和操作系统等工作全部外包给云服务提供方。通过外包服务，组织不必维护计算服务的基础架构，并允许组织将 IT 人员和其他员工的注意力集中在实际的业务运营上。通过云服务，组织可利用规模经济，以及获得自身难以负担并维护的先进安全和持续监测(Monitoring)技术，实现节约成本的目标。组织不再需要处理物理数据中心、环境系统、公共设施(Utilities)，以及传统 IT 运营所涉及的所有其他运营和人力资源问题。

2.2.6 相关技术影响

虽然，许多新兴技术并非云计算的组成部分之一，但却广泛运用于云环境中。新兴技术和相关技术将在云计算基础架构中扮演越来越重要的角色，并且在云客户日常使用云资源时发挥越来越大的作用。

1. 人工智能

人工智能(Artificial Intelligence，AI)允许机器从处理经验中学习，适应新的数据输入和来源，并最终由 AI 执行类似人类的分析和调整。人工智能运行的主要方式是消耗大量的数据并识别和分析数据中的模式。人工智能主要有三种类型：分析型、人类启发型和人性化型。

分析型人工智能(Analytical AI)完全基于认知。分析型人工智能关注系统从过去的经验中分析数据并推断未来做出更好决策的能力。分析型人工智能完全依赖于数据，只从数据中做出决定，并结合外部考虑因素。

人类启发型人工智能(Human-inspired AI)通过整合情商扩展了分析型人工智能的认知局限性，增加了对情绪反应和观点的考虑，同时考虑潜在输入的情绪视角和输出的预期情绪反应。

人性化型人工智能(Humanized AI)是智能的最高层次，努力将人类经验的方方面面都融入其中。人性化型人工智能融合了认知学习、情绪反应以及情商，但随后扩展增加了社交智能(Social Intelligence)。随着社交智能的加入，人工智能系统在处理交互流程中既能够自我学习，又具有自我意识。

人工智能通过大数据系统和数据挖掘在云计算中发挥突出作用，帮助系统适应新趋势，以及基于输入数据的意义，做出明智的、具有适当影响的决策，在涉及用户和人机交互场景的情况下尤其如此。对于云安全而言，重要的是对数据输入及其完整性的影响，这将直接影响人工智能系统的决策。如果没有较为安全和适用的输入，就不可能通过综合运用人工智能获得有益的优势。

2. 机器学习

机器学习(Machine Learning)涉及使用科学、统计数据模型和算法，帮助机器适应各类场景并执行机器中没有明确编程执行的功能。机器学习能够使用各种不同的输入数据确定并执行各种任务，通常是通过训练或使用“种子”(Seed)数据优化系统，以及在运行时不断地提取和分析数据予以实现的。

当今，大量使用机器学习的主要实例是入侵检测、电子邮件过滤和病毒扫描。在这三个实例中，系统都提供了一组要查找的种子数据和模式，然后基于现有知识分析当前的趋势，从而不断地调整模型以执行任务。在上述三种情况下，都无法设计出一个用于充分抵御所有威胁的系统，特别是考虑到威胁的持续适应和进化因素。最好的系统通过分析已知的模式和策略来应对新威胁，虽然，新威胁遵循相似的模式和方法，但并不完全相同。

在云计算中，机器学习将执行非常重要的任务，允许系统学习并适应计算需求。这尤其影响系统的可伸缩性(Scalability)和弹性(Elasticity)。管理员可以预先编程确定特定的系统利用率值或加载阈值，用于添加或减少资源，获得更加灵敏和适应能力更强的系统，可以更广泛地看待计算需求，适当地修改资源和规模以满足需求；从而帮助组织采取最为经济有效的方法管理资源消耗。

3. 区块链技术

区块链(Blockchain)是通过密码术(Cryptography)链接在一起的记录列表。顾名思义，每个连续的交易都与链中前一个记录相连接。当添加一个新链接时，需要附加关于前一个块的信息，包括时间戳、新的交易数据以及前一个块的加密哈希用于实现链的延续。

在区块链技术中，没有一个集中式的链存储库。区块链实际上是分布在多个系统中，对于小型应用程序可能是数百个系统，而对于大型系统(常见于加密货币)可能包含数百万个系统。分布式结构可以确保链的完整性，并可用于验证区块链系统是否受到篡改。由于缺乏集中式存储库或权威机构，也就不存在一个中心化的攻击节点。恶意攻击方需要能够同时破坏所有的存储库，并以相同的方式修改存储库；否则，用户将知道完整性受损。此外，由于区块链的本质是区块相连，并使用加密哈希(Cryptographic Hash)以维护链的完整性，攻击方无法肆意篡改任何一个单独的区块，因为篡改行为将导致下游每一个其他区块的更改，从而破坏链的完整性。

区块链和云环境类似，也分为 4 种类型：公有、私有、联合和混合。对于公有区块链而言，任何组织或人员都可访问、加入、成为验证器/存储库，并可用于交易。私有区块链需要权限才能加入和使用，但其他方面的功能与公有区块链相同。联合(Consortium)区块链本质上是半私有的，因为联合区块链需要许可才能加入，但可以对一组在一起工作或本质上相同的不同组织开放。混合区块链借鉴了其他三种类型的特性。例如，混合区块链可以是公有和私有的组合，其中一些部分是公有的，另一些则是私有的。

由于云计算的分布式本质，资源可位于任何物理位置，数据安全和隐私保护将更加重要，区块链的使用可能会持续增长，需要在云安全领域内予以充分认知。许多云服务提供方也开始在云环境中提供区块链服务。

4. 移动设备管理

移动设备管理(Mobile Device Management，MDM)是一组策略、技术和基础架构的总称，这些策略、技术和基础架构能够帮助组织管理和保护已授予跨同质环境访问其数据的移动设备。移动设备管理通常由移动设备上安装的 MDM 安全软件实现，MDM 安全软件允许 IT 部门强制执行安全配置文件和策略，而无需考虑移动设备是属于组织还是用户的私有设备。

MDM 允许用户“自携设备”(Bring Your Own Device，BYOD)，并授予访问组织数据的权限，例如，内部网络、应用程序和电子邮件等。组织通过使用已安装的软件和策略，可以控制数据的访问方式，并确保满足特定的安全需求和配置。MDM 还允许组织随时从设备中删除数据或阻止对其访问，尤其当用户与组织的关系终止，以及移动设备丢失或失窃时。

MDM 能够通过允许用户使用自携设备(BYOD)、按照自己的方案并选择最适合的服务提供方，从而显著降低组织成本。组织不再需要为了用户制定组织级别的数据方案或购买和维护移动设备，也不需要强迫用户使用特定的平台或生态系统。MDM 特性对于云环境和允许多种(泛在)网络访问资源方式的本质而言特别重要，尤其适用于那些可能兼职为组织工作但需要授权访问组织资源和数据的用户群体。

5. 物联网(IoTs)

物联网(Internet of Thing，IoT)概念指将 Internet 连接扩展到传统计算平台之外的各类设备。IoT 设备可能包括家用电器、恒温器、传感器和照明设备等，常见于智能家居范畴。虽然，IoT 最迅速的扩张是在智能家居方面，但实际上任何类型的设备或系统都可能提供 Internet 连接和远程自动化能力。

虽然，物联网为自动化和易用性提供了庞大能力，但 IoT 设备也带来了巨大的安全风险和隐私问题。就像传统计算机一样，每一台 IoT 设备一旦启用 Internet 接入，就可能受到攻击方的入侵和破坏。由于大多数 IoT 设备并没有安全软件或支持性基础架构，无法执行定期修补和安全修复工作，从而导致 IoT 设备在最初完成编程后可能遭到攻击方所发现的任何安全漏洞的攻击。攻击方可能攻击任何类型的设备，包括麦克风和摄像头，并在其能力范围之内持续使用，或在受保护环境中作为平台攻击其他设备。

云服务提供方正请求在环境中提供物联网(IoT)服务，许多组织将 IoT 服务集成到产品中，为消费方提供云端接口配置或云端管理，并利用主流云平台收集和处理来自 IoT 产品的数据。

6. 容器

容器(Container)允许在云环境中快速部署应用程序，尤其是在本质上是异构的环境中。容器相当于一个包装器，包含应用程序运行需要的所有代码、配置和库，打包在一个单元中。然后，容器能够在整体主机环境中快速部署，而不需要特定的服务器配置或更大的部署规模，因为容器只部署了应用程序运行所需的特定组件，且不依赖于底层操作系统或硬件。由于所有组件都配置在一个包装器中(指部署容器技术)，因此，云客户不再需要确认和验证大量文件是否已成功部署、同步和加载在跨所有系统的应用程序中，进而提高了完整性，减少了时间和成本。

目前，在许多供应方和应用程序提供方所提供的容器镜像中，用户只需要基于特定需求完成配置，即可完成容器部署并开始运行应用程序。容器技术缩短了部署和配置时间、更加容易升级和安装补丁。许多情况下，可能只需要将单个配置或初始化文件复制到镜像中即可部署使用。由于实现了底层系统的抽象，容器可轻松地部署在物理服务器、虚拟服务器、云环境或不同系统的组合中，同时依然为用户提供统一的体验。

7. 量子计算

量子计算(Quantum Computing)涉及使用量子现象(例如，原子间的相互作用或波的运动)以帮助完成计算。在量子计算方面，对云计算最显著的潜在影响是量子计算对密码术的影响。当今，许多公钥加密系统都是基于素数分解的，其中使用的数字非常大，计算平台想要破解公钥加密系统需要花费大量时间。然而，随着量子计算的引入，尽管实际应用场景并不适用于所有的密码模型，但量子计算能够有效地破解某些密码系统并导致加密体系毫无意义。量子计算是一个快速发展的领域，云安全专家应该在一定程度上理解量子计算技术，并掌握量子计算对严重依赖于密码术的云计算技术的潜在影响。

8. 边界计算

边界计算(Edge Computing)是将数据处理和计算资源尽可能靠近数据源的计算范式。边界计算的主要目的是通过消除数据和计算资源在远程网络上的访问需求，以达到降低延迟的目标。边界计算对于业务遍及世界各地的大型组织而言尤为重要，边界计算通过近源处理提高效率，而非依赖与实际产生或需要数据相距很远的集中式数据中心。虽然，资源可能位于世界各地并靠近特定的需求区域，但合理的网络路由和智能化对于确保将请求和流量引导至最近的节点是必要的。

9. 机密计算

机密计算(Confidential Computing)是将数据处理隔离(Isolate)在受保护 CPU 段内的计算范式，受保护的 CPU 段与其他用户和系统完全隔离(Isolated)。隔离(Isolation)技术可帮助数据在使用时得到充分保护，防止外界访问数据，也防止攻击方在数据处理时捕获数据。机密计算是云计算中的新兴领域，为了确保数据处理过程中的安全保护措施，组织可以在公有云中创建有效隔离(Isolated)的私有云。

10. DevSecOps

DevSecOps 是指研发、运维和安全。DevSecOps 是传统 DevOps 概念的延伸，重点是强调安全。通过在研发和运维的各个阶段始终兼顾安全，组织能够更好地确保安全实践在研发和使用中得到全面遵循和整合。在多数情况下，安全在研发流程的后期引入，并纳入已完成的研发成果中。DevSecOps 的目的是确保安全能够自始至终参与研发的全流程，在创建之初就将安全纳入其内，而不是在后期才尝试引入安全，这是因为，在后期尝试引入安全可能更加困难，或需要重新审视已完成的所有工作。

2.3 理解与云计算相关的安全概念

对于云计算技术而言，系统或数据中心的大多数安全概念都是相同的：

- 密码术
- 访问控制(Access Control)
- 数据和介质脱敏(Sanitation)
- 网络安全
- 虚拟化技术安全
- 常见威胁

然而，由于云计算的独特本质，需要具体考虑每个概念。

2.3.1 密码术

在任何环境中，数据加密对于防止未授权的数据泄露(无论是内部还是外部)都极其重要。如果系统受到攻击，即使系统本身已经暴露，在系统上的数据加密机制也可防止未授权的泄露或导出。对于数据安全和隐私(例如，医疗健康、教育、纳税和财务信息)有严格规定的情况下，这一点尤其重要。

1. 加密技术

在云环境中，有许多不同类型和等级的加密技术(Encryption)。云安全专家的职责是评价应用程序的需求、所使用的技术、需要保护的数据类型，以及法律法规监管合规要求或合同要求。加密技术对于云实现的多个特性都是至关重要的，包括在系统上存储数据，无论是在访问时还是在静止状态下，以及在系统之间或系统与消费方之间的数据传输和交易。云安全专家必须确保选择适当的加密技术，且选定的加密技术必须足够强大以满足法律法规监管合规要求和系统安全要求，但同时也要高效且易于访问，以实现在应用程序中稳定工作。

2. 传输状态数据

传输状态数据(Data in Transit，DiT)指数据由应用程序处理、在内部系统遍历或在客户端和应用程序之间传输时的状态。无论数据在云环境内的软件系统之间传输，还是发送到用户的客户端，传输状态数据都最容易受到攻击方未授权的捕获。在云托管模型中，由于使用多租户技术的原因，软件系统之间的传输相较于传统数据中心更为重要且更加敏感；同一云环境中的其他软件系统也是潜在安全风险和漏洞关键点，极有可能成功地截获数据。

为了保证可移植性和互操作性，云安全专家应针对特定云服务提供方的功能或限制，保持传输状态数据的加密流程完全独立。云安全专家应从最初阶段就参与软件系统或应用程序的规划和设计，确保一切都从初期开始正确构建，并在安全控制措施设计或实施完成后不做任何未授权更改。尽管在设计阶段将加密技术与软件系统的运营结合使用至关重要，但一旦实施并部署软件系统，严格管理密钥、协议和测试/审计也极其重要。

传输状态数据加密技术的最常见方法是使用著名的 SSL 和 TLS 技术，通过 HTTPS 实现加密。随着许多现代应用程序使用 Web 服务作为通信框架，这已成为一种流行方法，与客户机和浏览器通过 Internet 与服务器通信所用的方法相同。HTTPS 方法现在也在云环境中用于服务器到服务器的内部通信。数据传输中除了使用 HTTPS，其他常见加密方法还有虚拟私有网络(Virtual Private Network，VPN)和 IPSec。这些传输状态数据的加密技术和方法可以单独使用，但通常也并行使用以提供最高水平的保护措施。

注意：

随着时间推移，业界已宣布 SSL 协议和早期版本的 TLS 协议是不安全或易受到攻击的。这也适用于 SSL 和 TLS 使用的特定加密算法。作为云安全专家，掌握这一信息非常重要，尤其要注意云服务提供方提供 SSL 和 TLS 协议的情况。监管机构以及行业认证组织通常要求禁用不够安全的算法，因此，这是一个始终需要与当前发展状况和新技术保持同步的领域。

3. 静止状态数据

静止状态数据(Data at Rest，DaR)指存储在系统或设备上的信息(相对于通过网络或在系统之间主动传输的数据)。数据可通过多种不同形式存储，例如，数据库、文件集、电子表格、文档、磁带、归档和移动设备。

驻留在系统中的数据受到暴露和易受攻击的时间远多于交易操作和短传输状态时，需要组织特别关注，以确保数据免受未授权的访问。在交易系统和传输状态数据中，通常是在特定时间传输一小部分记录，甚至单条记录，而不会传输全部数据库或其他文件系统中维护的全部记录集。

虽然加密数据对于任何系统的机密性都至关重要，但数据的可用性和性能同样重要。云安全专家应确保加密方法在提供高级别安全和保护措施的同时有助于获得高性能，确保较高的系统速度。采用任何加密技术都会导致更高负载和更长的处理时间，因此，在测试部署和设计标准时，正确的扩展和系统评价非常重要。

考虑到可移植性和供应方锁定(Vendor Lock-in)问题，云安全专家必须确保加密系统不会导致应用程序系统与任何云产品私有技术相绑定。如果应用程序系统或应用程序最终使用了云服务提供方提供的私有加密系统，那么实现可移植性可能更加困难，从而导致云客户与特定云服务提供方捆绑在一起。由于许多云实现的业务持续和灾难恢复(Business Continuity and Disaster Recovery，BCDR)规划跨越多个云服务提供方和基础架构，因此，拥有统一的、能够确保性能的加密系统非常重要。

4. 密钥管理

任何加密系统都需要以一种安全的方法正确地发布、维护、管理以及销毁密钥。

如果云客户拥有自己的密钥管理系统和工作程序(Procedure)，则可以更妥善地确保自身的数据安全，同时能够防止与云服务提供方及其提供的私有系统锁定。除了使用云服务提供方的密钥管理系统可能发生的供应方锁定风险，组织可在系统中管理自有密钥以及其他系统的类似密钥。云客户自行控制密钥管理系统能够确保更高程度的可移植性和出于安全原因的系统隔离。

云计算系统中通常使用两种主要的密钥管理服务(Key Management Service，KMS)：远程密钥管理方式和客户侧密钥管理方式。

远程密钥管理服务(Remote Key Management Service，Remote KMS，RKMS)：远程密钥管理服务由云客户在自有的物理位置维护和控制的 KMS。远程密钥管理服务可以为云客户提供最高程度的安全水平，原因在于密钥完全由云客户自行控制，位于云服务提供方的物理边界之外。远程 KMS 允许云客户完全配置和部署自有密钥，并完全控制谁可访问和生成密钥对。远程 KMS 的主要缺点是必须打开并始终保持连接，以帮助云服务提供方托管的系统和应用程序能够正常运行，始终开启连接可能导致网络连接延迟、意外或设计服务中断的可能性，降低了云服务提供方的高可用性功能，并且严重依赖于远程 KMS 的可用性。

客户端密钥管理服务(Client-side Key Management Service，Client-side KMS)：是 SaaS 部署中最常见的模式，客户端 KMS 由云服务提供方提供，但由云客户管理和控制密钥系统。客户端 KMS 能实现与云环境无缝集成，但也允许控制权仍完全留在云客户一端。云客户全权负责所有密钥的生成和维护活动。

2.3.2　身份和访问控制

访问控制结合了身份验证(Authentication)和授权(Authorization)这两个主要概念，但也添加了第三个重要概念：记账(Accounting)。通过使用身份验证机制，由人员或系统来验证请求方的真实性；通过使用授权机制和技术，请求方获得所需的最低系统访问权限。授权是基于请求方使用系统和数据的角色而应拥有的权限。记账包括维护身份验证和授权活动的日志和记录；对于运营需求和监管要求而言，记账是至关重要的概念。

访问控制系统(Access Control System，ACS)具有各种不同类型的身份验证机制，身份验证机制基于数据敏感度类型提供越来越高的安全等级。低安全等级的身份验证机制可包括用户 ID 和口令(Password)的使用，这是每位安全专家都熟悉的典型系统访问模式。为了实现更高的安全等级，系统应综合使用多种身份验证因素。多因素身份验证技术(Multi-factor Authentication，MFA)通常是经典用户 ID 和口令与附加要求(例如，物理所有权)的组合。辅助因素的类型通常包括生物特征测试(例如，指纹和视网膜扫描)、可插入计算机并由系统读取的物理令牌设备，以及使用移动设备或回呼功能，其中除了用户的访问口令，还向用户提供要输入的一段代码。还有许多其他类型的潜在辅助身份验证方法，但以上提到的都是最常见的方法。物理辅助身份验证类型也可结合在一起并分层校验，例如，用户可能必须提供视网膜扫描和物理令牌设备。

下面几节介绍访问管理领域的 5 个主要方面。

1. 账户调配(Account Provisioning)

在授予任何系统访问权限和确定角色之前，安全专家应先在系统上创建一个新账户，新账户将构成访问的基础。在这一阶段，组织最关键的方面是验证(Validation)用户身份和确认(Verification)用户凭证，以允许用户获取系统账户。需要基于组织的安全策略和实践，确定验证新用户和颁发安全凭证(Credential)所需的适当证据级别。组织的安全策略和实践可以完全基于组织的策略，也可以包括基于合同、法律法规监管合规要求的多项附加流程。一个典型实例是政府合同，合同中核查的具体文件必须提交给组织外部的审批机关，甚至作为一项附加要求；在提供账户访问权之前必须通过单独的审查流程才能获得安全许可(Security Clearance)。对于组织而言，关键在于制定一套能够在所有用户群中高效且一致的流程，以帮助组织能够审计并信任账户调配流程(Account Provisioning Process)。迄今为止，大部分讨论都是基于授予和确认访问权限，但对于组织而言，同样重要的是，无论目的是出于响应安全事故还是为了变更工作角色，以及解雇或辞退雇员，组织都必须有一套明确且高效的工作程序(Procedure)，用于在适当的时候从系统中移除(Remove)账户。

注意：

在有些行业中，特别是学术界，倾向于使用联合身份系统(Federated Identity System，FIS)，使来自不同组织的人员能够使用令牌化的凭证访问协作系统，而不需要这些人员在系统上拥有实际账户。基于 CCSP 考生所从事的行业(或打算从事的行业)，学习 SAML 等开源代码系统是非常有价值的。

2. 目录服务

访问管理系统的主体是目录服务器(Directory Server，DS)。DS 包含应用程序执行正确身份验证和授权决策需要的所有信息。尽管许多不同的供应方提供了不同的目录服务解决方案，但实际上所有目录服务解决方案的核心都是轻量级目录访问协议(Lightweight Directory Access Protocol，LDAP)。LDAP 是一套高度优化的系统，将数据表示为具有关联属性的对象，关联属性在本质上可以是单值或多值。数据存储在层次结构表示中，以专有名称(Distinguished Name，DN)作为对象的主键。当用户登录到应用程序系统时，LDAP 能够提供身份验证服务。然后，基于应用程序的需要，LDAP 可从与用户对象关联的属性中提供有关用户的各项信息。用户信息可以是任何内容，例如，用户所属组织的部门、职务或代码、用于确定经理和其他特殊职务的标志、特定的系统信息和允许用户访问的角色，广义上可以是任何类型的信息。LDAP 系统经过深度优化，可以处理大量只读查询，并能够基于系统实施的具体需要和设计，通过向服务器复制数据模型快速高效扩展；LDAP 可以部署在负载均衡服务之后或按照地理位置分布。

3. 管理和特权访问权限

虽然，管理所有账户和访问权限对于任何应用程序和系统环境都必不可少，但对于管理账户和特权账户而言更为重要。从这个意义上而言，管理账户和特权账户是指那些拥有超出系统用户权限的访问权限的账户。这两类用户和高等级权限允许控制和配置软件、控制访问角色以及控制系统的基础操作系统和环境。管理账户和特权账户有可能对系统造成最大程度的破坏，并泄露隐私数据，这可能会导致组织声誉受损，或迫使组织面临潜在的法律法规监管合规问题。

大多数情况下，组织对于管理类和特权类用户的账户调配要求是相同的；这两类用户在总体数量中所占的比例要小得多，通常仅限于组织内非常特定的群体，且在招聘流程中，这两类群体已经接受过严格的背景调查。对于这两类用户和高等级权限，最关键的部分是能够跟踪和审计用户的访问行为。尽管多数系统默认情况下都内置了管理账户，但系统最好禁用内置管理账户。组织应确保管理类账户和特权类账户中的每名员工都使用自己的个人账户，且应记录和跟踪使用这两类账户执行的活动。基于系统和应用程序的功能，实现这一点的最佳方法是拥有能为特定任务提升权限的常规账户。组织应详细记录权限提升和执行的过程，而且最好采取用户无法编辑或销毁的方式。权限调整记录可以通过系统自动将日志存储在用户无法访问的位置来实现。但是，对于有些操作系统和环境而言，由于访问的细粒度和管理权限提升的方法可能不清晰，很难保证日志记录功能和特权用户的完全分离。

4. 服务访问

除了用户和管理员用于访问系统的账户，程序代码和系统进程也需要访问权限，这是通过使用服务账户实现的。服务账户由个人发起，但最终归属于系统进程，并由系统进程使用。服务账户有特殊的安全需求，因为进程需要访问服务账户的口令或凭证，而传统的用户账户口令仅用户知道，且不能以其他的方式记录或访问。有多种方法可确保服务账户的安全，包括安全口令保险库和使用密钥身份验证。口令绝不能在应用程序的代码或脚本中出现，因为源代码通常是共享和可访问的，或者是可从其他系统上读取的。

5. 授权

到目前为止，值得关注的是如何让用户获得其账户和访问系统的能力，但是除了能够访问系统，最重要的是确保用户在系统中具有适当的角色和权限。虽然管理用户可以访问整套系统，但绝大多数用户属于特定角色，这些角色已授予访问应用程序或系统中特定功能的权限。

目录系统通常会向应用程序提供信息，以确定应授予特定用户访问哪些功能和组件的权限。通常，身份验证的每个会话是一次性事件，而授权是在会话中重复执行的一项持续功能。当用户执行交易和遍历系统时，授权机制需要持续地评价访问权限的合法性，以确定用户是否在每一步骤中执行适当的操作。请注意，这并不一定意味着需要回调目录以获取有关用户的信息，因为初始属性块可以保持状态并在会话期间使用。但这样做的主要缺点是，如果用户的权限在会话期间发生了变化，系统应强制用户重新登录并开始新会话以缓解权限变化可能导致的风险。

2.3.3　数据和介质脱敏

在云环境中，当涉及数据和介质脱敏(Media Sanitation)时主要存在两个问题。第一个问题是能轻松高效地将数据从一个云服务提供方迁移到另一个云服务提供方，以维护互操作性并减少供应方锁定(Vendor Lock-in)风险。另一个问题是在离开云服务提供方或环境时，云客户应确保具有移除和脱敏所有数据的能力。这涉及清理(Clean)和擦除(Erase)源环境中的全部数据，同时确保如果存在任何丢失(Miss)或遗留的数据，以保证任何恶意攻击方都无法访问或读取数据。

1. 数据的供应方锁定问题

一般而言，供应方锁定(Vendor Lock-in)是指云客户与特定云服务提供方捆绑的过程，例如，基于系统、安全要求、数据存储系统、应用程序环境、版本匹配或任何其他限制云客户轻松地更换云服务提供方的能力。在数据方面，供应方锁定以多种方式出现，无论是底层的文件或数据库系统、数据结构、加密系统，还是其他云服务提供方可能无法轻松容纳的数据大小和规模。云服务提供方可能拥有可扩展性好、工作效率高的私有系统，但如果云服务提供方的实现方式导致云客户难以导出数据，则可移植性(Portability)将成为主要的关注点和限制因素。

除了导出数据的能力，一旦云客户成功导出数据，从云服务提供方处彻底清理数据的能力也是重大的关注点。虚拟机可以从销毁镜像的角度完成脱敏清理；但对于数据存储系统而言，如果多个云客户都在使用相同的底层数据存储，那么在数据存储系统中脱敏数据可能极具挑战性。组织必须掌握基于数据类型和内容的监管合规要求，以确保云服务提供方可以满足数据脱敏的最低要求，并能够提供充分的审计和清理证据，以证明云服务提供方正在执行符合要求的脱敏处理操作。由于在云框架中，消磁或销毁物理介质是不可能或不实际的脱敏方式，因此，组织在将所有数据迁入云服务提供方环境之前，云安全专家需要深刻了解云服务提供方能提供何种类型的服务。组织在迁移任何数据前，需要充分掌握云服务提供方的能力，同时，应制定适当的 SLA 以确保在需要时满足和验证云客户的需求，并进一步保障健全的安全策略，以及增加管理层和审计人员的信心。

2. 数据脱敏

数据从一个系统迁移到另一个系统，或者更大范围上而言，从一个数据中心迁移到另一个数据中心(包括云提供服务方)，必须始终确保在各种存储系统中采用正确方式彻底清理数据(Data Cleaning)。在云环境中，由于云客户无法访问或控制云服务提供方的物理存储介质，许多与数据脱敏(Data Sanitation)相关的问题变得更加迫切且相当棘手。在传统数据中心环境下，云客户拥有、控制并掌握实际的硬盘和存储系统，数据脱敏可能相对容易，因为有更多的方法可供使用，例如，粉碎(Shredding)、消磁(Degauss)和焚化(Incineration)等方式，然而，所有物理脱敏方法在云环境中是无法使用的。因此，逻辑数据脱敏技术已成为云环境脱敏的主要方式，常见的技术如下：

覆写技术(Overwriting)：数据覆写也称为数据“归零”(Zeroing)，是用于数据脱敏的最常用方法。当从系统中删除文件时，实际上数据仍留在系统中，只是用户无法看到这些数据。通过使用常见和多种可用的工具，即使不具备大量专业技术知识的普通用户也能够恢复以“删除”(Delete)方式擦除的部分或全部数据，而精通安全工具和技术的安全专家通常可恢复介质上的几乎所有内容。对于数据覆写技术而言，通常的做法是使用随机数据或零值覆盖已删除的数据。覆盖工作程序将执行多个周期以确保数据完全覆盖且不再可用。然而，高度复杂的工具和技术有时甚至能恢复经历多个覆盖周期的数据，因此，数据覆写脱敏方法通常不用于高度敏感或本质上属于机密的数据。

> **警告：**
> 许多法律法规监管合规要求规定了云服务提供方应该使用的指定软件、数据覆写方案以及在完全清理系统之前应执行的覆写次数。确保与组织所属的全部监管机构核实具体要求，而监管要求的脱敏要求可能超出组织现有策略。云服务提供方应该确保其脱敏实践和策略符合监管合规的要求。

加密擦除技术(Crypto-shredding 或 Cryptographic Erasure)：数据脱敏的常见方法之一是使用加密技术加密数据并销毁密钥，以确保销毁数据。对于具有海量数据存储空间的系统而言，删除和覆写系统上的数据可能是一项非常耗时的任务。在云环境中情况将更为复杂，因为数据可在超大型系统上无重复地写入(即不会因存储空间不足而重用逻辑删除指针的空间)，因此，云客户很难确保所有副本都已安全移除和完全覆写。

2.3.4 网络安全

在云环境的网络中，安全问题与任何其他系统一样，都是必不可少的组件。但由于多租户技术和底层硬件基础架构的不可控特性，导致在云环境中安全问题相较于在传统数据中心中更为关键。无论使用哪种云架构模型(例如，IaaS、PaaS 或 SaaS 模型)，云环境的主要接入点都是通过 Internet 而不是通过任何物理方式连接到服务器，因此，网络安全尤为重要。

从网络的角度考虑云环境有两种途径。第一种是环境的实际物理层。由于云客户依赖云服务提供方确保环境中底层物理网络的安全水平，因此，云服务提供方需要通过一定程度的透明度和契约保证，来向云客户表明云服务提供方正在实施适度的安全控制措施并接受审计。由于云计算的可移植性，云服务提供方拥有强烈的动力为云客户实施有意义的安全控制措施和保证(Assurance)，否则可能很快败给竞争对手并丢失业务机会。从逻辑角度而言，考虑到来自不同云客户的所有网络流量、正在使用的协议以及数据在网络中传输时经过的终端等问题，网络服务至关重要。

由于云环境通常很大，且托管云客户数量众多，因此，网络的某些组件比传统数据中心模型更加关键。对于传统数据中心而言，部署的外部边界代表网络从公有变为私有的逻辑分段点。尽管云环境支撑很多云客户，外部边界仍然是一个逻辑分割点，而且在云环境中还有许多导致云客户彼此分离的私有网络，这些特点增加了网络的复杂程度。云环境中的负载和参数配置文件(Configuration)也增加了一层复杂因素；为此，云服务提供方应维护合理的控制措施和持续监测以实现网络安全。任何一个云客户都可能因为负载或攻击而消耗大量资源，因此，网络分段(Network Segmentation)和一些限制因素都可用于帮助云客户免受其他云客户困境的影响，从而保持高度的可用性和可扩展性。当系统增长和扩展时(特别是通过自动方式)，虚拟网络控制措施和分区自动扩展可持续地支持系统。

1. 网络安全组

网络安全组(Network Security Group)包含可用于控制网络资源的规则集，用于处理和处置网络流量。网络安全组包含基于流量方向、源地址、目的地址、源端口和目的端口，以及传输协议等用于过滤流量的信息。网络安全组可跨系统生效，且由单一来源维护，因此，对于组织和策略的任何变更都将立即在网络安全组的范围之内生效。

2. 流量检测

流量检测(Traffic Inspection)涉及评价流入(有时是流出)网络的数据包内容。流量检测通常用于防范恶意软件和其他的攻击尝试。通常情况下，解密并检查进入网络时的数据包内容，然后可能会再次加密数据包并传输到目的地。

注意：

组织应该谨慎地执行流量检测工作，以保护有效数据的安全。虽然流量检测可用于检测恶意软件，但通过数据包解密活动，也在不同程度上暴露了敏感或受保护的数据，例如，个人身份信息(Personally Identifiable Information，PII)。在检测流程中以及在数据传输至目的地时，系统都应实施全面的数据保护。

3. 地理围栏技术

地理围栏技术(Geofencing)是指利用 Wi-Fi、蜂窝网络、RFID 标签、IP 地址物理位置和 GPS 等定位技术，控制设备的访问和行为。通过使用地理围栏技术，可实施额外的安全层，仅允许在公司的办公地点等特定区域内使用某些设备或操作。一种常见的应用场景是使用地理围栏技术限制管理账户访问系统的物理位置。这通常用于防御或最大限度地减少来自以网络攻击和勒索软件攻击而闻名的某些地区和国家的攻击。

4. 零信任网络

零信任网络(Zero Trust Network)基于默认不信任任何进出网络的用户或进程的原则。为了获取访问权限，在所有交易期间，用户必须基于安全策略实施身份验证(Authentication)、授权(Authorization)和验证(Validate)。尽管许多网络将对进入其网络的用户实施身份验证和授权，但在访问资源时，网络通常不会持续地重新评价授权的有效性。在零信任网络中，当用户或进程持有任何类型的授权或凭证时，都将基于当前的安全策略检查网络节点或数据访问节点的授权情况。零信任允许针对已授予的授权强制执行安全策略变更，而不需要在新策略生效之前撤销会话或等待超时。零信任在云计算中极其重要，这是因为在云计算中，多租户技术允许多个不同的云客户和进程共享相同的底层硬件资源。

2.3.5 虚拟化安全

虚拟化(Virtualization)技术是云基础架构的支柱，也是可伸缩性、可移植性、多租户和资源池的基础。由于虚拟化在云环境中扮演着核心角色，因此，深入掌握底层虚拟机管理程序(Hypervisor)和虚拟化基础架构的安全特性对于云安全专家是绝对必要的。如果恶意攻击方成功利用云环境虚拟机管理程序层面的攻击和漏洞，将导致整个云环境面临攻击和威胁。

以下类型 1 和类型 2 两种类型的虚拟机管理程序(Hypervisor)存在不同的安全问题，下面详细介绍这些问题。

1. 类型 1 虚拟机管理程序

类型 1 虚拟机管理程序绑定到底层硬件并在其上托管虚拟机，类型 1 虚拟机管理程序作为硬件(裸机，Bare Metal)层和主机(虚拟服务器，Virtual Servers)层之间的独立层，常见实例是 VMware ESXI。

由于类型 1 虚拟机管理程序的私有性质以及与底层硬件的紧密内在联系，可保持非常高的可信度安全水平。供应方同时控制硬件和软件，因此，虚拟机管理程序的实现在其特性和功能方面受到严格控制，从而创建了一个更加精简、更为严密的软件平台，以抵御攻击方的入侵。由于供应方不仅拥有软件的完全私有控制权，还能够控制软件的升级和补丁，因此，不必将功能组件扩展到任何其他利益相关方。严格的控制和私有知识产权确保攻击方很难通过注入恶意代码等方式获得访问权限和利用漏洞攻击。

2. 类型 2 虚拟机管理程序

类型 2 虚拟机管理程序基于软件，驻留在主机系统上，在其权限内编排(Orchestrate)主机活动。这种情况下，虚拟机管理程序不直接绑定到裸机基础架构，而作为应用软件在主机操作系统上运行。常见示例是 VMware Workstation。

基于软件的虚拟机管理程序需要依赖独立于硬件和虚拟化系统的操作系统。虚拟机管理程序必须与主机操作系统交互，并依赖主机操作系统访问底层硬件和系统进程。有了这种依赖关系，虚拟机管理程序在一定程度上很容易受到所有针对底层操作系统的潜在缺陷和软件漏洞的攻击，进而利用底层操作系统攻击虚拟机管理程序。虽然添加的操作系统平台提供了高度灵活性，而且操作系统本身具有多种风格，但类型 2 虚拟机管理程序的安全水平并不像类型 1 那样严密和可靠。无论如何，对于底层操作系统平台的严格控制、打补丁和提高警惕性可以显著提升平台的安全水平。

3. 容器安全

部署和使用容器(Container)的安全问题面临许多与虚拟服务器(Virtual Server)相同的挑战。由于许多容器是以供应方提供的镜像形式部署的，因此，组织必须确认镜像未受篡改，以及来源与声称的一致性。如果没有完整性验证机制，恶意攻击方可能会在组织部署容器之前攻破容器，从而获得对数据的非法访问。这通常可通过校验和技术或供应方签名技术完成，并在容器下载后由组织执行验证工作。

容器也应定期更新以解决安全问题和修复软件漏洞(Bug)。组织必须制订方案定期执行更新任务，就像在传统服务器或虚拟服务器环境中部署安全补丁一样。组织应掌握供应方提供的容器镜像的补丁管理周期，并确保容器处于适当的通信通道中，帮助安全专家及时获得安全问题告警和可能发布的任何紧急补丁。

与任何其他系统或应用程序相同，组织通常需要确保对容器以及用于更新和部署容器的方法的访问安全。如果容器在部署之前已经沦陷，则危害将在所有应用程序中传播(横向感染内网服务)。容器在部署之后也可能存在潜在的入侵风险，从而导致攻击方能够获取部分数据和交易的权限。

4. 临时计算

临时计算(Ephemeral Computing)是一个时髦的术语，基本上概括了云计算的主要目的和优点。总体而言，临时计算指在需要时创建虚拟环境，在虚拟环境内执行所需的计算，然后在满足其需求后丢弃并销毁虚拟环境的计算范式。临时计算与可计量服务和按需自服务的概念直接相关，因为虚拟环境可在任何时候以程序化的方式调配资源，并且只会在使用期间产生费用。实际上，虚拟环境只存在很短的一段时间。例如，调配资源环境用于测试软件的版本，然后在测试完成后销毁虚拟环境。

5. 无服务器技术

在多数主要的公有云服务提供方所提供的服务中，云客户无需实际设置环境或配置服务器，即可在其中执行代码和消耗计算资源。通过无服务器技术和服务，可以快速、轻松地执行计算任务，云客户只需承担执行代码时所消耗的计算周期的费用。云客户不需要设置操作系统或服务器，甚至不需要调配已配置好的平台用于投放代码。云客户所需做的就是上传代码和相关数据，或者通过 API 编程实现代码远程访问，然后执行计算任务并收集结果。

2.3.6 常见威胁

2016 年，云安全联盟发布了《2016 年云计算十二大威胁》。该报告最近一次更新是在 2019 年，发布的《云计算的首要威胁：令人震惊的十一大威胁》(https://loudsecurityalliance.org/group/top-threats/)涵盖了近期出现的新兴威胁。报告中列出的重大威胁是云计算安全专家面临的首要问题：

- 数据泄露(Data Breach)
- 配置不当和变更控制不足
- 缺乏云安全架构和战略
- 身份、凭证、访问和密钥管理不足
- 账户劫持(Account Hijacking)
- 内部人员威胁
- 不安全的接口和 API
- 控制平面薄弱
- 元结构(Metastructure)和应用程序结构(Applistructure)失效
- 有限的云计算使用可见性

- 滥用(Abuse)和恶意(Nefarious)使用云服务

1. 数据泄露

数据泄露(Data Breach)是指未经授权将敏感和隐私数据泄露给无权拥有的一方。数据泄露通常是组织的管理层和安全专家最担心的问题，可能是由于意外暴露，也可能是因为有攻击方试图窃取数据而发起的直接攻击。泄露(威胁在云环境和多租户的情况下会带来更多特殊的风险，因为云环境意外暴露给组织外部人员的可能性相较于私有数据中心要大得多；公有云的泄露威胁比私有云的可能性更高。通过使用加密擦除(Crypto-shredding 或 Cryptographic Erasure)等数据安全技术，组织可显著降低数据泄露的可能性，但也会带来数据丢失的问题(例如，密钥丢失)。数据泄露威胁适用于 IaaS、PaaS 和 SaaS 模型。

2. 配置不当和变更控制不足

配置不当指系统未正确设置以执行安全策略或最佳实践。配置不当可能导致数据安全控制措施不足、授予用户或系统超出其所需的最大权限、保留默认凭证或强制执行默认配置，以及禁用行业标准的安全控制措施。传统数据中心通常在任何配置投产生效之前或系统开放访问之前，需要经过多级审批。云环境由于缺乏传统数据中心所具有的严格变更管理控制措施，进一步加剧了云环境的复杂程度。在具备编排和自动扩展功能的云环境中，云客户能够快速调配和删除资源，有时仅在较短的时间内保持原状。因此，云客户需要格外小心，应确保资源由自动化流程正确地配置和保护；否则，数据可能发生非授权公开访问或非法利用等攻击。配置不当和变更控制不足的威胁适用于 IaaS、PaaS 和 SaaS 模型。

3. 缺乏云安全架构和战略

许多组织正迅速地将其 IT 资源和基础架构迁移至云环境。然而，许多组织这种做法基于一种错误的观念，即组织仅需将基础架构简单地迁移到云端，就能够有效地重建网络分段，并实施与在私有数据中心内所拥有的相同类型的安全控制措施。如果没有有效的云安全架构方法，组织的数据将暴露出许多安全缺陷。组织应该正确分析当前环境，已实施的安全控制措施以及实施控制措施的物理位置，然后确定如何在云环境中实施补偿控制措施以达到相同的安全水平。传统数据中心的物理安全屏障不存在于网络层面的云环境之中。缺乏云安全架构和战略的威胁适用于 IaaS 和 PaaS 模型。

4. 身份、凭证、访问和密钥管理不足

在对于访问系统的身份和安全凭证没有足够控制措施的环境中，攻击方非法获取数据或系统的成功率将急剧增加。风险可能表现为口令强度不足或未定期更改口令，以及未定期轮换证书和其他访问令牌。任何使用口令的系统都应始终采取多因素身份验证(Multifactor Authentication，MFA)技术。如果系统确实无法支持 MFA 机制，应制定更为严格的口令更改策略和质量要求。无论使用口令还是证书机制，都应该避免将口令或证书嵌入源

代码或参数配置之中。与其他任何系统相比，统一身份验证及相关系统都需要更高的安全水平。切忌将密钥和凭证嵌入代码或存储在 GitHub 等公共存储库中，因为硬编码可能导致增加暴露或受到破坏的可能性。身份、安全凭证和访问管理不足的威胁适用于 IaaS、PaaS 和 SaaS 模型。

5. 账户劫持

账户劫持既不是云环境特有的，也不是新出现的威胁，但在云环境中出现的账户劫持威胁往往比传统数据中心模型中的威胁更加危险。在拥有海量托管环境和云客户的云环境中，考虑到许多云环境(尤其是公有云)的规模化和可视性，系统将更加容易成为攻击方青睐的目标。如果攻击方能利用云客户自己的系统或同一云环境中的另一个系统获得访问权限，则也可使用该漏洞窃听或捕获云客户的流量，或使用该漏洞攻击云环境中或底层云基础架构中的其他系统。任何一种情况都可能损害受到利用的系统所有方的声誉。多因素身份验证机制和强大的账户参数配置控制措施和访问要求可将风险降至最低。账户劫持的威胁适用于 IaaS、PaaS 和 SaaS 模型。

6. 内部人员威胁

内部人员威胁(Insider Threat，亦称“内鬼”)集中于目前拥有(或过去拥有)适当访问权限，并将权限用于对系统或数据实施未授权利用的个体。内部人员威胁可能与系统的机密性、完整性或可用性相关。在云环境中，恶意内部人员威胁进一步加剧，因为云服务提供方的内部员工也可能构成威胁。在云基础架构中，系统管理员可以访问到虚拟机管理程序、Web 门户、部署和配置系统，以及实际的虚拟镜像。CSP 的系统管理员远远超出云客户通过自有员工所能够访问的范围，且取决于云服务提供方的安全策略和实践，从而降低自身员工带来的风险。内部人员威胁适用于 IaaS、PaaS 和 SaaS 模型。

7. 不安全的接口和 API

在云环境中，不安全的接口或 API 是一类特殊的威胁，因为从底层基础架构和管理，到大多数云应用程序的功能和设计，云服务都严重依赖于 API 和 Web 服务，以用于运行和操作云平台。接口和 API 构成了云环境和部署的主体。如果没有 API，自动伸缩和云资源调配等功能将无法在云基础架构下工作，身份验证、授权和云应用程序的实际操作等功能也将无法运行。许多云应用程序提供 API，以供公众使用或由依赖模型中的其他应用程序使用；一旦攻击方攻陷了接口和 API，则可能导致组织数据泄露、声誉受损。为了缓解这一威胁，云服务提供方和应用程序所有方都需要确保实施严格且强大的安全控制措施，包括使用强加密和授权以访问 API 和连接。不安全的接口和 API 的威胁适用于 IaaS、PaaS 和 SaaS 模型。

8. 控制平面薄弱

云环境中的控制平面(Control Plane)能够帮助管理员完全控制数据基础架构以及部署的

安全控制措施。如果没有一个强大的控制平面，则研发团队和管理员就无法对云端数据实施正确的安全控制措施，任何利益相关方也无法确信数据得到了妥善的安全保护。虽然这是公司策略的问题，但从责任角度而言，这是一个涉及监管要求的更高层面的问题。如果没有针对云端数据正确的控制措施，从监管角度而言，组织有可能面临罚款和违规处罚。控制平面薄弱的威胁适用于 IaaS、PaaS 和 SaaS 模型。

9. 元结构和应用程序结构失效

为了云环境能够运转起来，云服务提供方应向云客户公开一定程度的安全控制措施和配置文件。公开的安全控制措施和配置通常以 API 的形式出现，云客户使用管理类 API 执行编排和自动化、计费查询，以及从云环境中提取日志数据。随着管理类 API 的公开，云环境也将导致一系列固有风险。如果没有部署合理的安全机制，这些固有风险可能会成为云环境中的漏洞。API 的安全防护对于云环境和云客户系统的机密性、完整性和可用性至关重要。即使在安全问题不明显的情况下，也需要注意保护数据。例如，云客户通常会使用 API 和自动化流程从云服务提供方处获取日志。但是，日志可能包含高度敏感和受保护的数据，因此，必须视为敏感数据，并部署恰当的安全控制措施。元结构(Metastructure)和应用程序结构(Applistructure)失效威胁适用于 IaaS、PaaS 和 SaaS 模型。

10. 有限的云计算使用可见性

许多将计算资源迁移到云环境的组织缺乏足够的人员配备和专业知识，无法正确跟踪和确认云资源是否以适当的方式使用。人员配备和专业知识的缺乏可能导致在企业策略允许的范围之外且在没有任何监督的情况下，不安全地使用云资源。这类不安全的使用方式可以分为已批准或未经批准这两类。在未经批准的访问中，云服务在 IT 人员的监督之外调配和使用，或者没有适当的使用权限。大量的安全事故归因于未经批准的使用，如果组织跟踪和持续监测资源的使用情况，特别是可能包含或访问敏感数据的资源，则需要对这一类别执行尽职调查。当允许使用的应用程序以安全协议之外的方式使用时，就会发生已批准应用程序的不当使用。典型的例子就是 SQL 注入攻击和 DNS 攻击。在这两种情况下，对于组织的最佳保护都是实施恰当的持续监测和审计，检查资源的使用情况，确保在 IT 人员的适当保护和持续监测下，按照已批准的方式访问云资源。

11. 滥用和恶意使用云服务

云环境通常拥有海量的资源可供使用，能够处理大量云客户的负载和系统，云客户在云服务提供方的基础架构中托管应用程序和系统。滥用和恶意使用云资源的威胁对于云客户而言并不是一个特别值得关注的问题，可能仅导致服务水平降级，但滥用和恶意使用云资源事件对于云服务提供方而言，是一个非常现实的问题和威胁。通常，使用小型或单一系统作为攻击的跳板只能为攻击方提供有限的资源，而获得对云环境及庞大资源池的访问权则更具吸引力。因此，云环境将成为更加复杂和需要协调的攻击目标。云服务提供方有责任确保缓解威胁，并执行主动持续监测工作以检测攻击实例。滥用和恶意使用云服务威胁适用于 IaaS 和 PaaS 模型。

2.3.7 安全的健康因素

安全只有在遵循策略和最佳实践的情况下才能达到效果。在建立安全策略和最佳实践之后，组织不仅要确保正确运用，还要随着时间的推移维护安全策略和最佳实践。基线和补丁是确保组织持续满足安全需求的主要战略。基线和补丁两个主题将在知识域 5 中更为深入地探讨，但本节也会有所触及，因为基线和补丁两个主题对于应用程序安全原则的主要概念而言至关重要。

1. 基线

基线(Baseline)是在系统首次创建时配置于系统的一组标准和设置。基线本质上是为安全策略构建的模板和镜像，并基于用途可在任何系统上配置。组织可为所有服务器提供单一基线，也可为不同类型的服务器(例如，Web 服务器、应用程序服务器和数据库服务器)提供彼此相对独立的多套基线。成熟的安全计划将有助于确保新调配资源的系统在允许投产之前符合基线的规范。

2. 补丁

随着时间的推移，软件在增加新功能、更正错误和修复安全漏洞等方面不断更新。更新文件是由供应方或软件研发团队以补丁的形式发布的，补丁安装在已运行的软件系统上。当发现新的安全漏洞时，确保补丁的生效至关重要。

注意：

许多最常见的恶意软件攻击和系统攻击都是通过利用未修补漏洞的系统实现的。在许多场景下，修复安全问题的补丁已经发布了几个月甚至更长的时间，而未修补漏洞的系统仍在运行且遭受攻击。数据泄露或入侵都可能导致组织的声誉受损。一旦发生安全事故，那些原本可以轻易预防的事情可能变得非常棘手。

2.4 理解云计算的安全设计原则

许多传统数据中心模型使用的安全原则也同样适用于云计算环境，但云环境也需要一些额外的考虑和特性。云计算在数据安全和管理、业务持续和灾难恢复(Business Continuity and Disaster Recovery，BCDR)规划与战略等领域带来了独特的挑战和收益。此外，在执行成本效益分析(Cost-benefit Analysis)活动并确定云环境是否适合系统或应用程序时，组织需要采用不同的方法并考虑多项因素。

2.4.1　云安全数据生命周期

如前所述，数据保护始终是组织最为关注的问题。为了正确构建并遵守安全策略，组织必须深入掌握数据生命周期，同时也需要制定适当的步骤顺序。

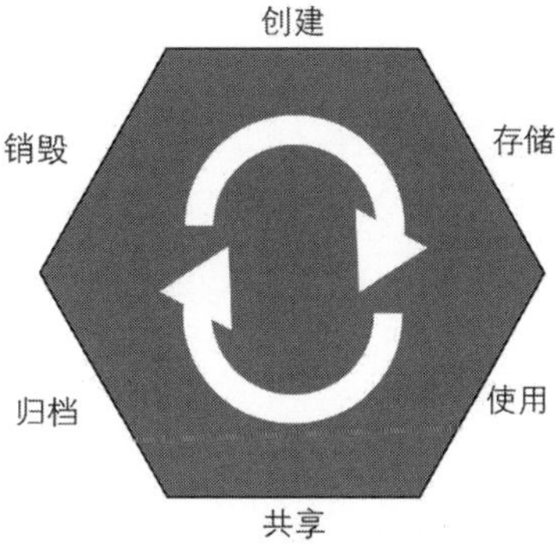

图 2-3　云安全数据生命周期

云安全数据生命周期如图 2-3 所示。

(1) **创建(Create)：** 数据从开始创建、生成、输入，或修改为新的形式和值。

(2) **存储(Store)：** 将数据放入存储系统。存储系统包括但不限于数据库、文件和电子表格。存储通常是作为前一项操作的组成部分，或者创建之后立即执行。

(3) **使用(Use)：** 应用程序或用户以某种方式使用数据，或从原始状态修改数据。

(4) **共享(Share)：** 数据在应用程序中使用，以供用户、客户和管理员等查看。

(5) **归档(Archive)：** 将数据从活动访问和使用中移除，并置于稳定状态以供长期保存。

(6) **销毁(Destroy)：** 通过前面讨论的流程永久移除(Remove)或脱敏数据，确保数据不可访问且不可使用。

尽管各个环节展示了数据生命周期中的事件序列，但仅是流程演示，并没有介绍流程的每个步骤所需的安全需求或策略，而具体的安全需求或策略取决于特定的数据性质以及法律法规监管合规要求。

第 3 章将更加深入地讨论数据生命周期。

提示：

在现代 Web 应用程序中，特别是在初始阶段，可能同时出现多个数据生命周期步骤。即使数据生命周期步骤看似是同时发生的，但也要确保云安全专家充分理解各阶段之间的明显差异。

2.4.2 基于云端的业务持续和灾难恢复规划

业务持续和灾难恢复(Business Continuity and Disaster Recovery，BCDR)本质上相似但也存在明显区别。业务持续包括所有可能的服务中断，以及组织如何最大限度地减少、缓解和响应服务中断，确保业务保持运营、持续可用和保障安全水平。灾难恢复也涉及业务活动的持续运营能力，但侧重于自然灾害或其他意外事件所引起的事件，意外事件可能立即造成业务运营的灾难性损失。BCDR 规划涉及如何基于管理层的优先级和期望，尽快帮助全部或部分关键业务恢复运营。

许多云客户迁移到云环境是出于服务的高可用性和冗余的考虑，这正符合云客户对于业务持续和灾难恢复的期望与规划。许多云环境，特别是大型公有云环境，设计和构建时都将地理多样性和高可用性作为主要卖点。虽然，迁移至云环境可能会使云安全专家的规划工作更加容易，但与传统数据中心相比较，需要保持同等程度的尽职(Diligence)和责任水平。

随着云客户对于云计算和可移植性的重视，适当规划和测试业务持续和灾难恢复的方案(Business Continuity and Disaster Recovery Plan，BCDR Plan)可能更加复杂。随着云服务在不同平台和云服务提供方之间移动，保持最新和有效的 BCDR 方案越来越困难。更重要的是，确保可用性的责任落在了云服务提供方及基础架构上。

在业务持续和灾难恢复规划方面，云环境与传统环境的主要区别在于充分理解云服务提供方和云客户的角色和责任。在多租户场景下，所有云客户都需要了解在发生重大情况时如何执行恢复操作，以及如何确定系统优先级。云客户需要非常全面地理解云服务提供方的 BCDR 方案，并定期执行审计和验证活动，以确保 BCDR 方案是最新的、可接受的，且符合云客户的需求。云客户应确保云服务提供方在发生灾难事件时的通信方案是响应迅速且全面的。因此，云客户需要基于业务需求和期望做出明智的决策，决定是否需要与另一家云服务提供方合作，无论是为了实现异地备份和冗余，还是为了灾难恢复操作。

云服务提供方和云客户应在 SLA 中明确定义和阐明业务持续和灾难恢复方案，作为性能和可接受的最低标准的另一个因素。SLA 应完整记录冗余要求，包括消除云环境中的全部单点故障。备份需求以及在未满足 SLA 中规定的可用性和 BCDR 要求时，云客户能否迁移到另一个家云服务提供方的能力也是一个关键方面。SLA 中应当明确定义定期审计和报告符合 SLA 要求的指标，并建立定期审计的时间表。

尽管不可能在所有托管环境中提前规划所有事件，但云环境的关键特性能够帮助组织从一开始就可以快速恢复并最小化灾难场景。通过适当的审计、SLA 和沟通方案，管理层才能够相信恢复将是快速且高效的。由于其他所有云客户也依赖于云服务提供方提供服务，强大的行业竞争将迫使云服务提供方构建非常稳健和可靠的系统。

2.4.3 业务影响分析

本章阐述云计算及其可采取的各种形式，并介绍云计算安全的多项主题，这些主题也将在后续章节中深入探讨。

1. 成本效益分析

任何考虑迁移到云环境的组织都应执行严格的成本效益分析，以确定云迁移是否适合特定的系统或应用程序，并应与云计算可提供和无法提供的功能相权衡。下面将讨论在成本效益分析中最为突出的几个因素。

- 资源池和周期性需求

如前所述，许多组织在某种程度上对于系统的需求是周期性的。对于传统数据中心而言，组织应保持足够资源以处理最高负载峰值，从而需要更多底层硬件和持续投入的支撑成本。在这种场景下，迁移到云环境对于组织而言大有裨益，因为云环境只在需要使用时产生成本，初始的前期成本将大大降低，组织不必从一开始就建立大规模的基础架构。然而，如果组织全年都有稳定的负载，且不易受到大规模突发事件或周期的影响，则系统迁移到云环境可能不会产生相同的收益水准。

- 数据中心成本与运营费用成本

一个组织的典型数据中心设置将承担基础设施(Facility)、公用设施(Utility)、系统人员、网络、存储以及从开始运营所需的所有组件的费用。在云环境中，所有组件在很大程度上或全部由云服务提供方负责，因此，组织的重点将转移到管理和监督(Oversight)，以及建设需求和持续审计的沟通。虽然通过云环境能够缓解传统数据中心的高额成本，但云客户将在云环境中的运营和监督方面花费更多预算。对于任何考虑迁移到云环境的组织而言，充分评估其现有的员工和人才能力，分析员工能否适应云环境中新的需求和角色的变化，以及员工是否愿意并能否通过培训或人员变动完成变革，这一点非常重要。

- 工作重点的转变

迁移到云环境将给组织带来巨大转变。许多组织的组织结构中都包含运营团队和研发团队。如前所述，随着云技术的发展，运营端将从根本上发生变化，工作重点从运营转向监督(Oversee)体系。组织需要评价(Evaluate)自身是否已准备妥当并能够完成工作重点的转变，因为组织的高层管理、策略和组织结构都是围绕工作职能重点而构建的。匆忙进入云环境可能会降低生产效率，引发内斗，甚至导致员工、人才和组织知识大量流失。

- 所有权和控制权(Ownership and Control)

当组织拥有私有的数据中心和所有硬件时，可以自行设置所有规则，并完全控制一切资源。然而，在向云环境迁移的过程中，组织放弃了对于运营工作程序、系统管理和维护以及升级方案与环境变更的直接控制权。尽管组织可制定强有力的合同和 SLA 要求，但组织对云环境依然没有在私有数据中心中所拥有的灵活性和控制权。组织必须衡量管理层的接受程度和期望边界，确定这种变化是可长期控制的，还是会引起更多风险或导致关系紧张。

- 成本结构

在传统数据中心，成本是可预测的。组织可为硬件和基础架构(Infrastructure)支出拨付资金，然后分配合适的人员和资源维护它们。在计量定价的云环境中，随着时间的推移，资源的添加和更改会导致成本增加。这种成本变化可能导致不可预测的成本方案。这种成本方案可能适用(也可能不适用)于公司和财务管理，成本模式变化是一个需要管理层审慎评价和理解的方面。组织可以使用不同的计费结构，或通过使用中间承包商提供长期定价的服务；但基于组织的需要和期望，服务会有很大的不同。

2. 投资回报率

组织衡量项目和计划成功与否的标准都是基于投资回报率(Return on Investment，ROI)。投资回报率仅是基于投入资源量对于利润和生产效率的增例。而对于云计算而言，无论是短期还是长期，任何业务都难以衡量投资回报率。

组织将通过不再拥有硬件和基础设施的实际所有权和责任而获得最大的投资回报率。构建、保护和维护物理环境的成本可能是巨大的，尤其是在组织的长期运营期间。然而，这并不是衡量成本节省的简单方法，因为企业的每项业务都是独一无二的，其计算(算力)需求也应如此。

云计算还能够帮助组织摆脱直接参与 IT 业务的困扰，将 IT 资源更多地集中在业务模式，而不是维护其基础架构和基础设施方面。这种转变可以极大地简化运营流程并节约资源，且允许组织以更加低廉的成本使用公有云中的服务、专业知识和资源的水平，云平台的专业能力远超大多数公司自身所能够维护的真实水平，而且成本更低。

投资回报率的主要规则是，组织必须制定明确的方案，定义希望利用云资源实现的目标，并制定适当的度量标准以确定是否实现了目标价值。评价活动必须一开始就与项目紧密结合并审慎观察，以最大限度地减少浪费，优化组织从财务投资中所获取的回报。

2.4.4 功能安全需求

功能安全需求(Functional Security Requirement)是指系统或部署必须能够完成的任务需求。功能安全需求是研发团队和管理员在规划新项目或部署时的基础。基于本章前述章节探讨的云共享注意事项，可移植性、互操作性和避免供应方锁定是适用于云部署的功能安全需求的三个关键示例。每一项对于组织确保云服务方法的灵活性和一致性都至关重要，并且这三项都能够在研发和部署阶段轻松地进行测试和确认。

2.4.5 不同云类别的安全考虑

由于云客户需要承担的责任不同以及典型部署的关键特性不同，每种云类别都有一些类似的但不同的安全考虑因素。

1. IaaS 模型的安全问题

IaaS 安全涉及几个关键且独特的安全问题，如本节所述。

- **多租户技术(Multitenancy)**：在传统数据中心模型中，组织的 IT 资源与其他组织或网络的 IT 资源在物理层面上是分离的。但在云环境中，资源托管在包含其他多个系统的云系统中。对于大型云服务提供方而言，这可能是成千上万套各类系统。组织应该更加关注云环境，并根据软件控制措施和合同要求，由云服务提供方负责系统的隔离工作。即使在只有单一组织能够访问的私有云中也是如此，因为不同部门的系统可能需要更高的安全水平，并且不希望本部门的系统暴露给其他部门。例如，财务部门和软件研发部门都不应该看到人力资源部门的系统和数据。为了实现这一目标，加密技术等工具的使用将比在物理数据中心更加重要；稍后将更加深入地分析加密技术和其他技术。

- **相同的物理位置(Co-Location)：**对于由同一物理硬件托管的多个虚拟机而言，云环境中存在虚拟机之间的攻击行为，以及从虚拟机到虚拟机管理程序的攻击行为。在虚拟环境中，需要特别关注的是虚拟主机镜像文件的状态。在物理环境中，如果关闭或禁用服务器电源，则可将服务器与攻击源完全隔离。然而，在虚拟环境中，由于镜像必须存在于存储设备中，因此，如果虚拟机管理程序受到破坏，则镜像也可能受到恶意软件和补丁程序的攻击，即使关闭或禁用系统时也会如此。
- **虚拟机管理程序的安全和攻击(Hypervisor Security and Attack)：**传统数据中心模型的服务器中，硬件和操作系统之间关系密切。在使用虚拟化技术的云环境中，物理硬件和成员服务器之间引入了虚拟机管理程序层，因此，除了物理安全和操作系统安全，还引入了一个不容忽视的安全层。如果攻击方成功攻破虚拟机管理程序，则所有托管在其上的虚拟服务器都将成为待攻击的对象。攻击方的这类恶意行为将导致虚拟机管理程序下的所有主机都很容易受到攻击，其范围跨越多个系统，还可能涉及多名云客户。
- **网络安全：**对于传统数据中心而言，组织可选择在整个网络中部署多种安全持续监测和审计工具，包括 IDS/IPS 系统、数据包捕获工具、应用程序防火墙，以及物理隔离网络交换机和防火墙(用于分离网络)。在软件研发系统和生产系统之间，或者网络架构中的不同区域(例如，在表示区、应用程序区和数据区)之间部署物理分离。在云环境中，这两类问题都需要谨慎考虑。大多数云服务提供方为托管云客户提供了一系列网络工具，但即使是最自由的云环境也不允许网络访问和持续监测，以及其他类似云客户在自有数据中心能够开展的各项工作。对于多租户和其他云客户而言，云服务提供方根本无法提供对于网络层的形式访问和感知。即使在一个服务于不同部门的私有云环境中，云管理员也应该限制各应用系统对网络层的了解程度以及云系统所需的抽象水平。在系统和区域之间没有物理隔离的情况下，多租户和其他云客户需要依靠云服务提供方的合理配置和测试，以实现在云环境中使用软件分离和访问控制技术。
- **虚拟机攻击(Virtual Machine Attack)：**虚拟机容易受到与物理服务器相同的传统安全攻击。但若一台虚拟机由于与其他多台虚拟机共享同一主机而受到危害，将增加跨虚拟机攻击的可能性。共享同一主机的其他虚拟机很可能来自不同的组织或服务，因此，这增加了一层抽象，即云客户完全依赖云服务提供方检测并缓解(Mitigate)此类攻击，因为单一云客户只能监测自己在云环境中的服务，多租户环境下的云客户完全无法感知云环境中已遭到攻击方攻陷的主机。

- **虚拟交换机攻击(Virtual Switch Attack)：** 虚拟交换机容易受到与物理交换机相同程度的攻击，特别是第二层的攻击类型，几乎与物理交换机面临同等威胁。在云环境中，由于虚拟交换机与其他服务和虚拟机共享了相同托管主机，因此，一旦恶意攻击方成功入侵主机，则运行在主机上面的所有虚拟交换机、服务和虚拟机也将一同沦陷。
- **拒绝服务(DoS)攻击：** 所有环境都可能受到 DoS 攻击，而云环境中会存在一些独特的挑战和问题。对于多租户而言，一台主机可能受到来自同一台云虚拟主机上的另一台主机的攻击。如果一台主机在外部受到 DoS 攻击，则攻击可能通过消耗处理器、内存或网络资源而影响虚拟机管理程序上的其他主机。尽管虚拟机管理程序有能力防止任何单一主机独占所有资源从而避免其他主机无法访问，但即使没有达到 100% 的利用率，仍会消耗足够多的资源，足以对性能和资源造成极大的负面影响。另一个潜在问题是来自云环境中其他主机的 DoS 攻击，可能形成内部横向攻击。

注意：

云环境中的许多大型应用程序使用前端缓存服务以提高性能和安全水平。组织使用前端缓存服务，基本上可消除来自外部的对真实应用程序的 DoS 攻击，因为流量在到达应用程序之前，将由前端缓存服务先行处理。

2. PaaS 模型的安全问题

由于 PaaS 是一种基于平台的模型，而不是基于基础架构的模型，因此，相较于 IaaS 模型而言，存在着略微不同的安全问题。

- **系统隔离(System Isolation)：** 在典型的 PaaS 环境中，如果云客户拥有访问权限，则云客户的系统级访问权限将非常少且受到严格限制。通常是在没有虚拟机管理权限的情况下，才授予系统级或 shell 访问权限，以防止云客户执行任何平台或基础架构级别的变更，从而保证云服务提供方能在云平台内保持 PaaS 实现所需的一致性级别，并严格控制环境的安全水平。如果云客户能够自行更改平台的底层配置，则云服务提供方将很难更新适用的补丁或安全控制措施。允许云客户更改配置将增加支持成本，来自一个云客户的安全事故也可能蔓延并影响云环境中的所有云客户。
- **用户权限(User Permission)：** 任何应用程序和系统，无论采用哪种部署模型，都需要特别注意正确建立用户访问权限以及角色和组。云环境与传统数据中心模型没有什么不同，但是用户权限也在 PaaS 实现中额外增加了一定的复杂性。对于云安全专家而言，随着系统资源的调配和扩展，确保角色和访问同时得到正确配置是至关重要的。组织不仅要确保软件研发人员和用户拥有正确的权限，还要确保权限不会随着时间的推移而扩展(或蔓延)，或因继承关系而变得混乱。当然，如果配置和持续监测机制得当，则自动伸缩特性是可能实现的，并且可以高效地实现 PaaS 的全部优势。

- **用户访问(User Access)：** 在任意应用程序中，用户访问对于业务运营和安全都极为重要。为了帮助用户正确且快速地访问工作、生产和研发所需的应用系统，组织应建立一套在高效云环境中快速正确地提供用户访问方式的模型。作为第一步，云安全专家需要分析用户访问的合理业务需求，设计一套适用于云环境工作的模型。当组织成功构建适用的用户访问模型时，用户访问与传统数据中心模型并无太大差异，仅增加了快速创建、禁用或丢弃系统的复杂程度。

一旦满足全部业务需求，工作重点将转移到正确实施身份验证和授权机制方面。在云环境中，充分利用弹性和自动伸缩的特性，实现用户访问管理的正确自动化调配变得至关重要。然而，如果用户访问模型在云环境中设计和实现得当，将有助于组织充分利用云环境的所有优势，并帮助用户在扩展和添加系统时快速获得适当的访问权限。

- **恶意软件、特洛伊木马、后门和管理难题(Malware, Trojans, Backdoors, and Administrative)：** 除了典型的恶意特洛伊木马和恶意软件威胁，许多软件研发人员经常在系统内嵌入后门，以便于管理，或者作为在正常访问方法不可用或失败时的备用方案。在 PaaS 模型中，后门可能会带来某些特殊风险，例如，导致云环境中的所有系统暴露在潜在的攻击下，攻击方还可能使用后门获取虚拟机的访问权，并用以攻击 PaaS 平台的虚拟机管理程序层。随着系统的扩展和自动伸缩，潜在后门的数量将随着系统的扩展而相应增加。由于自动伸缩流程是自动化的，且没有受到安全专家的积极监督，因此，潜在问题会不断蔓延。

3. SaaS 模型的安全问题

SaaS 模型是一个功能齐全的软件应用程序平台，SaaS 的大多数安全解决方案和问题都落在了云服务提供方这一边，但云安全专家仍然需要时刻关注这些问题。

- **Web 应用程序安全：** 托管在 SaaS 模型中的应用程序应具有高可用性，并且“永远在线，保证可用”。由于 SaaS 应用程序直接暴露在 Internet 上，并且有大量可预期的访问，这也意味着 SaaS 应用程序经常受到攻击和潜在的漏洞利用。在高可用性预期下，由于安全漏洞和漏洞利用而造成的任何中断，即使是轻微的中断，都将给依赖 SaaS 应用程序的云客户以及需要满足合同和 SLA 要求的云服务提供方带来重大问题。

尽管面向公众和面向 Internet 的所有应用程序都面临持续的扫描和攻击尝试，但许多 SaaS 实现都是知名的应用程序，规模庞大、易于发现且占用海量资源，也导致大型 SaaS 环境成为攻击方喜欢的有利可图、极度诱人的攻击目标，更不用说大型 SaaS 环境还拥有庞大用户群体所带来的潜在数据暴露。在 SaaS 环境中，为了实时捕获并阻止攻击，客户需要依赖云提供方来执行代码扫描、履行安全流程并维护日常安全活动等。SaaS 系统是独一无二的，一旦云客户决定使用某一 SaaS 系统，则客户群体就会牢牢锁定在与生产活动相关的系统中，逐渐失去相当程度的灵活性，无法像使用 IaaS 与 PaaS 模型的云客户那样，在出现安全事件或漏洞利用时迁移到不同的云服务提供方。在 SaaS 云环境中，可能无法实施传统数据中心模型中成熟的监控措施，例如，无法部署 IDS/IPS 系统和扫描工具等，因此，云安全专家在使用 SaaS 云环境中需要格外警觉。

- **数据策略(Data Policy)：**提供 SaaS 解决方案的云服务提供方必须谨慎地平衡数据策略和访问。SaaS 的数据策略和访问需要考虑单个云客户的需求，但不能过于苛刻以至于妨碍云服务提供方向多个云客户提供可用的多样化解决方案。云安全专家必须有能力审查现有的数据访问策略，并与云服务提供方提供的可定制化的、灵活的范式相结合。有时，云客户可能需要在一定程度上裁剪或修订策略，以适应云服务提供方提供的灵活性范例。当组织评价 SaaS 解决方案时，需要基于 SaaS 提供方的支持能力，权衡现有策略和可能赋予的灵活性。由于使用 SaaS 解决方案的是多个甚至是大量云客户，因此，组织可能允许实施某种程度的数据访问自定义，但肯定无法达到组织自行托管解决方案的灵活程度。云服务提供方不仅要确保云客户数据受到的保护不受同一 SaaS 实现平台中的其他云客户的影响，还要确保单个云客户可在自己的组织内提供访问粒度。这样用户的各个部门或受众(例如，人力资源部门与软件研发团队，经理与员工)只能看到适合其工作角色和职责的数据。
- **数据保护和机密性(Data Protection and Confidentiality)：**对于同一 SaaS 环境中的多名云客户而言，和前面提到的数据策略一样，做好数据隔离和保护非常重要。由于所有数据都在同一个应用程序和同一个数据存储区中，因此，防范 SQL 注入攻击和跨站脚本攻击(XSS)更加紧迫。如果 SaaS 实现平台中存在这两类漏洞中的任何一种，那么系统中每个云客户的数据都可能暴露并易受攻击。SaaS 提供方构建数据模型的方式，应有助于隔离任意云客户的数据，包括为每名云客户使用不同的数据存储，并提供严格的访问控制措施。开展代码扫描和渗透测试活动将非常重要，确保不存在类似 XSS 和 SQL 注入的意外暴露和漏洞，以及其他利用代码和暴露漏洞的标准攻击。云安全专家必须全面评价 SaaS 平台的安全策略和数据策略，并在应用程序审计和渗透测试工作方面定义严格的合同要求；云客户要验证是否符合合同要求。无论云服务提供方是谁，云客户最终都将为全部数据泄露或暴露、对于云客户声誉造成的负面影响，以及可能的法律后果承担最终责任。

2.4.6 云设计模式

除了整个 IT 行业关于云计算的最佳实践，一系列的框架和指引构成了 CCSP 考试的知识主体。其中的主要概念贯穿于考试的所有 6 个知识域。以下是每个框架和指引的介绍，以及框架和指引所包含的信息类型及重点。

1. 云安全联盟企业架构

CSA 企业架构(CSA Enterprise Architecture)指南为云计算工程师、安全架构师和管理人员提供了框架和方法论，定义特定组织的安全需求和控制措施，以及如何通过风险管理的方法实现这些控制措施。CSA 企业架构指南分为 4 个领域，涵盖了云部署所面临的主要安全问题。

- **业务运营支持服务(Business Operation Support Service，BOSS)：** BOSS 专注于组织中对云安全和云运营至关重要的非技术方面，包括法律、合规和人力资源方面的考虑。BOSS 的各个领域将实际的 IT 环境与组织的实际业务需求和要求相关联。当迁移至云架构时，传统 IT 环境考虑因素对于确定云环境的安全模型和多租户实际情况是否满足组织的数据安全要求至关重要，无论数据安全要求源于公司策略还是法律法规监管合规要求。
- **信息技术运营与支持(Information Technology Operation & Support，ITOS)：** ITOS 是组织的实际 IT 运营和管理，其重点是服务交付。许多“管理”(Management)概念都属于 ITOS 领域。例如，变更管理、项目管理、发布管理、配置管理和资产管理。ITOS 也是处理容量和可用性规划以及服务水平协议的专业领域。
- **技术解决方案服务(Technology Solution Service，TSS)：** TSS 侧重于应用程序的多层架构以及应用程序如何安全地协同运行：
- **表示层服务：** 表示层服务是指通过网站或应用程序与用户执行实际交互接口。
- **应用程序层服务：** 应用程序层服务位于表示层之后，为用户与底层数据执行操作。应用程序层是研发团队编写的代码实际部署和执行的实现层。
- **信息服务：** 信息服务是从应用程序层访问的、包含实际应用程序数据的数据库或文件。
- **基础架构服务(Infrastructure Service)：** 基础架构服务是所有应用程序和 IT 服务的底层硬件或所托管的基础架构。基础架构服务可以是虚拟机、应用程序、数据库和网络，也可以是承载基础架构组件的物理基础架构(Physical Infrastructure)或基础设施(Facility)。
- **安全和风险管理(Security and Risk Management，SRM)：** 当提及网络安全时，大多数人都会想到 SRM。SRM 包括身份验证和授权的数据，以及确保合规的持续审计系统和工具。SRM 还包括渗透测试、漏洞扫描和道德黑客(Ethical Hacking)测试。

(译者注：道德黑客，亦称灰帽黑客，是云计算安全防御体系中的重要技术组件，关于灰帽黑客攻防技术的详细内容，请参阅清华大学出版社出版的《灰帽黑客(第 6 版)》一书。)

2. SANS 的安全原则

SANS 组织发布了 CIS 控制措施集合作为安全规划和运营的框架。CIS 控制措施集合在很大程度上与其他安全控制措施系列(如 CSA 和 NIST)一致。CIS 控制措施集合的最新版本，即第 8 版，于 2021 年 05 月发布(https://www.sans.org/blog/cis-controls-v8/)。CIS 控制措施分为 18 个类别，安全专家应熟悉 CIS 框架内的控制措施：

1. 企业资产的清单和控制措施
2. 软件资产的清单和控制措施

3. 数据保护
4. 企业资产的安全配置
5. 账户管理
6. 访问控制管理
7. 持续的漏洞管理
8. 审计日志管理
9. 电子邮件和 Web 浏览器保护
10. 恶意软件防御
11. 数据恢复
12. 网络基础架构管理
13. 网络持续监测和防御
14. 安全意识宣贯和技能培训
15. 服务提供方管理
16. 应用程序软件安全
17. 事故响应管理
18. 渗透测试

3. Well-Architected 框架

Well-Architected(WA)框架提供了几个支柱，用于提高云环境中工作负载和服务的整体质量。AWS(https://aws.amazon.com/architecture/well-architected/) 和 Azure(https://docs.microsoft.com/en-us/azure/architecture/framework/)都提供了各自的 WA 框架版本。总体而言，两者是相同的，唯一区别是 AWS 增加了一个关于可持续性的额外支柱。

Well-Architected(WA)框架包含以下条目：

- **可靠性(Reliability)：**系统能够从故障中恢复并继续运行。
- **安全水平(Security)：**保护数据和应用程序免受威胁。
- **成本优化(Cost Optimization)：**从所花费的成本中获得最大的价值。
- **运营卓越(Operational Excellence)：**生产系统按预期运行并满足业务要求。
- **性能效率(Performance Efficiency)：**系统可适应工作负载中不断变化的需求。
- **可持续性(Sustainability)：**将计算资源对环境影响最小化。

4. 舍伍德业务应用安全架构(SABSA)

舍伍德业务应用安全架构(Sherwood Applied Business Security Architecture，SABSA)的官方网站是 www.sabsa.org。SABSA 提供了一组组件，这些组件可部分或全部用作任何应用系统的安全架构方法。如下：

- 业务需求工程框架(称为属性概况，Attributes Profiling)
- 风险和机遇管理框架

- 策略架构框架
- 面向安全服务(Security Services-Oriented)的架构框架
- 治理框架
- 安全领域框架
- 终身安全服务管理和绩效管理框架

5. IT 基础架构库(ITIL)

ITIL 是为 IT 服务管理(IT Service Management，ITSM)规划远景的文献和概念的集合。ITIL 本质上是最佳实践的集合，为各种规模的组织(但更针对大型组织)提供 IT 服务和用户支持框架。请参考 https://www.axelos.com/best-practice-solutions/itil。ITIL 的核心源于 5 本主要出版物(译者注：下面列出的出版物是 ITIL V3 的内容，最新版 ITIL4 有所差异)：

- ITIL 服务战略
- ITIL 服务设计
- ITIL 服务转化
- ITIL 服务运营
- ITIL 持续服务改进

注意：

除了 ITIL 在云安全领域的运用，学习 ITIL 并获取 ITIL 认证对于安全专家而言都是明智的选择。行业中的大量组织都严重依赖 ITIL 原则；因此，获取 ITIL 认证将为安全专家的职业生涯增加亮点。

6. The Open Group 架构框架(TOGAF)

TOGAF(The Open Group Architecture Frame)是一个开放的企业架构模型。TOGAF 提供一种高级设计方法，旨在为架构设计提供一套通用框架。组织可以利用 TOGAF 实现标准化方法，并在整个生命周期中使用 TOGAF 帮助避免常见问题和沟通问题。TOGAF 的相关内容，请参考 www.opengroup.org/subjectareas/enterprise/togaf，TOGAF 用于以下 4 个关键领域：

- 共同语言和交流
- 标准化开放方法和技术，避免私有技术锁定(Lock-in)
- 更有效地利用资源以节省资金
- 展示投资回报率(ROI)

7. NIST 云技术路线图

NISTSP500-293 中提出的 NIST 云技术路线图(NIST Cloud Technology Roadmap)是美国政府机构使用和迁移到云计算平台的综合指南。NIST SP500-293 并不是对联邦机构或承包商严格要求的集合，而是一套实用的框架，用于指导政府各 IT 部门为满足联邦 IT 安全标准，评价云计算技术、云技术对其 IT 运营的适用性和云框架内的安全模型。NIST SP500-293 的路线图列出了政府和承包商在将资源转移到云平台时应遵循的十个步骤。尽管这些步骤是针对联邦政府及其 IT 需求的，但组成部分和共同主题对于所有云安全专家都非常适用。

2.4.7 DevOps 安全

DevOps 结合了软件研发和 IT 运维，目标是缩短软件研发时间，提供最佳的正常运行时间和服务质量。由于云环境可以迅速调配新环境或修改已分配的资源级别，因此，DevOps 在云环境中得到了广泛运用。随着资源的快速创建和销毁，组织必须使用基线和其他安全控制措施，以确保所作所为符合公司策略或法律法规监管合规要求。资源的快速调配和变化是数据暴露风险的主要潜在漏洞之一。特别是虚拟机在完成资源调配，但在没有任何持续监测机制的情况下启用并运行期间。

2.5 评价云服务提供方

与所有计算平台和基础架构一样，组织可遵循一些认证标准和指导方针，对云安全和云服务提供方建立起可接受的信任和信心。

2.5.1 基于标准验证

安全计划(Security Program)的关键要素之一是能够对于安全标准、指南和最佳实践的合规水平执行审计和验证等实务活动。虽然云计算在过去十年中经历了爆炸式的增长，但由于云安全标准尚未达成共识，因此，仍然依赖于云环境中托管的应用程序和系统的多个标准，而不是特定于云技术的标准。

1. ISO/IEC 27001 和 27001:2013

安全行业广泛认为 ISO/IEC 27001 及其最新更新版本 27001:2013 是信息系统和数据安全的最佳标准。2013 更新版本与上一版类似，旨在建立与平台和供应方无关且纯粹关注 IT 安全的方法和最佳实践。虽然 ISO/IEC 27001 并不专注于云计算，也不是专门针对云风险而设计的，但由于 ISO/IEC 27001 的开放性和灵活性，ISO/IEC 27001 很容易应用于云计算平台，并成为安全合规和标准的适用框架。

2013 年修订版包含 114 个控制措施，分布在以下 14 个控制域：

- 信息安全方针和策略
- 信息安全组织
- 人力资源安全
- 资产管理
- 访问控制

- 密码术
- 物理和环境安全
- 运营安全
- 通信安全
- 系统购置、研发和维护
- 供应方关系
- 信息安全事故管理
- 业务持续管理的信息安全方面
- 合规

ISO/IEC 27001 和大多数其他安全标准一样，其主要缺点是，由于 ISO/IEC 27001 不是特地为云环境设计的，所以在跨越多个云环境并控制可移植性问题和需求方面存在不足。ISO/IEC 27001 框架在单个供应方的云环境中可能非常具有价值，且适用于云环境，但一旦系统采用混合模型或跨越多个云服务提供方，在考虑云服务提供方与安全策略的差异时，即使场景相似也可能更加棘手。

2. ISO/IEC 27017

在云计算首次出现时，缺乏与之相关的具体标准。起初，ISO/IEC 27001 和后来修订的 27001:2013 通常作为云计算的基本指引，但其缺乏对云环境的专用性。27017 标准是在早期版本的基础上，纳入了与云计算相关的特定元素，包括以下内容：

- 云服务提供方和云客户的责任范围
- 虚拟机的配置
- 云客户在云部署中监测其活动和资源的能力
- 云环境中虚拟网络的协同和配置
- 云环境中客户数据和系统的安全、保护和隔离程度
- 在服务期间或合同结束时，云客户从云服务提供方移除数据的能力

总体标准还涵盖了以下 18 个部分，这些部分更加深入地探讨了云服务：

1. 范围
2. 规范参考
3. 定义和缩写
4. 特定于云计算领域的概念
5. 信息安全方针和策略
6. 信息安全组织
7. 人力资源安全
8. 资产管理
9. 访问控制
10. 密码术

11. 物理和环境安全
12. 运营安全
13. 通信安全
14. 系统购置、研发和维护
15. 供应方关系
16. 信息安全事故管理
17. 业务持续管理的信息安全方面
18. 合规

考试提示：

CCSP 考生无需知道每一部分的具体编号或顺序。重要的是，要从全局上掌握标准中包括的主要概念和领域。

3. NIST SP 800-53

NIST 作为美国政府的组成部分，发布了联邦政府及其承包商使用系统的安全标准。需要注意，NIST 仅适用于那些不属于国家安全分级的系统。尽管 NIST 特别出版物(Special Publication，SP)SP800-53 是特地为那些与美国联邦政府和政府机构做生意的组织和企业而编写的，但 NIST SP 800-53 提供了强大的安全基线(Baseline)和认证(Certification)体系，对私营组织也具有一定价值。NIST SP 800-53 的缺点是其只关注美国联邦政府，因而 NIST SP 800-53 并不是云服务提供方必须遵循的标准，其中可能含有私有组织难以遵循的合规内容。

NIST SP 800-53 的最新修订版第 5 版于 2020 年 12 月更新。NIST SP 800-53 第 5 版带来了许多与云环境相关的新元素和更新，并与本书之前讨论过的概念重合。虽然下面罗列的不是一份详尽的修订清单，但 NIST SP 800-53 强调了云安全专家需要重视的内容：

- 内部人员威胁和恶意活动
- 软件应用程序安全，包括基于 Web 的应用程序和 API
- 社交网络
- 移动设备
- 云计算
- 持续威胁
- 隐私
- 访问控制
- 身份与身份验证

修订版 5 中还列出与 ISO27001 的相似性和重合区域，本书之前讨论过这部分内容。修订版 5 中还包含隐私控制措施和隐私与网络安全框架的映射。

4. 支付卡行业数据安全标准(PCI DSS)

PCI DSS 标准主要由信用卡组织品牌制定，所有接受信用卡组织品牌的商户都应遵守 PCI DSS 标准。PCI DSS 适用于主要信用卡组织品牌，例如，Visa、MasterCard、Discover、American Express 和 JCB，不适用于自有品牌卡片和商店品牌卡片。PCI DSS 标准是一个分层系统，根据供应方每年处理的交易数量以确定技术和非技术要求。

PCI DSS 标准包含 12 项合规要求：

- 安装并维护防火墙配置以保护持卡人数据安全。
- 不要使用供应方提供的系统口令和其他安全参数的默认值。
- 保护存储状态的持卡人数据安全。
- 通过开放的公共网络加密持卡人数据的传输线路。
- 在所有经常受到恶意软件影响的系统上使用并定期更新防病毒软件。
- 研发并维护安全用途的系统和应用程序。
- 基于业务需要限制对于持卡人数据的访问。
- 为所有拥有计算机访问权限的人员分配唯一的 ID。
- 限制对持卡人数据的物理访问。
- 跟踪和监测(Monitor)对网络资源与持卡人数据的所有访问行为。
- 定期测试安全系统和流程。
- 维护一套信息安全策略。

发卡组织强烈要求商家严格遵守 PCI DSS 标准。如果供应方未能保持其控制措施和标准，发卡组织可能处罚商家。处罚可能包括经济处罚、针对高级别商户更为严格的要求、更加频繁和深入的审计实务、可能禁止使用主要品牌的信用卡，甚至禁止接入发卡组织的网络。

尽管 PCI DSS 标准是发卡组织的私有要求，但已有许多其他行业和组织将其用作安全标准。目前，美国一些州已将 PCI DSS 标准的部分内容立法，成为州立数据安全监管要求。

5. SOC 1、SOC 2 和 SOC 3

服务组织控制(Service Organization Control，SOC)包括一系列标准，用于评价和审计服务行业组织财务信息的使用和控制。SOC 是基于 SSAE 16 和 ISAE 3402 的专业标准制定和发布的。

SOC 1 报告按照 SSAE16 中规定的标准执行；SSAE 的含义是认证业务标准声明(Statements on Standards for Attestation Engagement)。SOC 1 报告侧重于与组织的财务审计及财务报表相关的信息分类。SOC 1(SSAE 16)报告包括有关组织的管理结构、目标客户群体的信息，以及组织所受监管要求和验证合规水平的审计师团队的信息。

SOC 2 报告扩展到基本财务审计主题以外，包括 5 个领域。对于云安全专家而言，最重要的是安全原则(其他四项原则是可用性、处理完整性、机密性和隐私性)。安全原则包括 7 种类别：

- 组织和管理
- 沟通
- 风险管理以及控制措施的设计与实施
- 控制措施的持续监测
- 逻辑和物理的访问控制措施
- 系统运营
- 变更管理

基于已发布的指南，任何不符合隐私原则的评价(Evaluation)都应该将安全原则作为报告的组成部分。因此，如果评价是关于可用性、处理完整性、机密性或隐私性的，则必须包含安全原则。

2.5.2 系统/子系统产品认证

除了构成云部署和安全指引基础的标准，一些特定的认证也是适用的。

1. 通用准则

通用准则(Common Criteria)是用于计算机安全认证的 ISO/IEC 国际标准。通用准则又称 ISO/IEC 15408。通用准则允许组织对其安全实践和结果提出实质性主张，执行有效性评价活动，以向机构、用户或客户提供有关其安全实践的保证(Assurance)。

通用准则的工作方式是，组织通过一种称为保护概况(Protection Profile，PP)的机制提出安全功能需求(Security Functional Requirement，SFR)和安全保证要求(Security Assurance Requirement，SAR)。组织一旦建立 PP，供应方就可以针对组织的产品和服务提出要求，然后测试产品和服务的执行情况，确定产品和服务是否符合要求，从而为安全声明提供有效性和外部一致性。如果组织能够验证要求，将从独立角度为组织的安全强度与要求提供声誉和证明。

一旦组织完成评价工作，将收到评价保证级别(Evaluation Assurance Level，EAL)。EAL 是一套基于测试深度和有效性的数字评分。EAL 评分如下：

- **EAL1**：功能测试(Functionally Tested)
- **EAL2**：结构测试(Structurally Tested)
- **EAL3**：系统测试和检查(Methodically Tested and Checked)
- **EAL4**：系统地设计、测试和审查(Methodically Designed, Tested, and Reviewed)
- **EAL5**：半正式设计和测试(Semi-formally Designed and Tested)
- **EAL6**：半正式验证设计和测试(Semi-formally Verified Design and Tested)
- **EAL7**：正式验证设计和测试(Formally Verified Design and Tested)

有关通用准则的详细信息，请参阅 https://www.common criteriaportal.org/。

2. FIPS 140-2

FIPS140-2 也是由美国联邦政府的 NIST 提出的、与加密模块认证相关的标准。FIPS 的含义是联邦信息处理标准(Federal Information Processing Standard)。FIPS 140-2 标准的最新修订是在 2002 年(当时尚未出现云计算技术)。FIPS 140-2 标准涉及加密标准和实现，是一套适用于云通信和系统的相关标准。

FIPS 140-2 标准定义了 4 个安全级别，称为 1~4 级，FIPS 140-2 的要求和审查(Scrutiny)级别也越来越高：

- 1 级提供最低级别的安全水平。唯一要求基于所使用的加密模块，并且至少有一个加密模块在批准的列表中。1 级没有物理安全要求。
- 2 级需要基于角色的身份验证(Role-based Authentication)，其中加密模块用于实际身份验证流程。加密模块还应具有显示任何试图篡改证据的机制。
- 3 级要求采用物理保护方法，以确保任何篡改企图都能够获得高度确信度并予以检测。加密模块不仅需要对用户执行系统身份验证，还需要验证授权。
- 4 级提供最高级别的安全水平和篡改检测。第 4 级的标准是，任何篡改尝试都将受到检测并阻止。如果篡改成功，任何明文数据都将归零。4 级认证模块在缺乏物理安全保护、需要更多地依赖数据保护的系统中非常适用。

FIPS 140-2 标准分为 11 个部分，定义了安全要求：

- 加密模块规范(Cryptographic Module Specification)
- 加密模块端口和接口
- 角色、服务和身份验证
- 有限状态模型(Finite State Model)
- 物理安全
- 运行环境
- 加密密钥管理
- 电磁干扰/电磁兼容性(EMI/EMC)
- 自检
- 设计保证
- 缓解其他类型攻击

有关 FIPS 140-2 规范和要求的更多信息，请参阅 http://csrc.nist.gov/publications/fips/fips140-2/fips1402.pdf。

2.6 练习

Panda 作为一名云安全专家，刚刚受聘于一家大型组织的安全团队。该组织正在开始评价公有云平台，以确定在云环境下迁移部分主要生产系统的可行性。组织要求安全专家从安全角度制定方案用于评价生产系统。

1. 基于本章介绍的知识，安全专家将在本次评价活动中采取哪些初始步骤？
2. 安全专家将建议管理层和运营团队需要考虑和分析哪些方面？
3. 安全专家可能为组织的法律、合规和隐私团队提供哪些建议？

2.7 本章小结

本章阐述了云计算技术及其关键方面和组成部分，以及云计算技术面临的主要安全问题。此外，介绍了各种安全和云基础架构框架，CCSP 考试和许多行业都将安全框架作为安全计划和最佳实践的指南。云安全专家需要掌握所有概念，以便在考虑迁移到云平台时，就成本效益分析向管理层提供合理的建议，然后，在组织做出迁移决定时，能够编写一套与云平台和所选云服务提供方相适应的强大且可靠的安全计划。通过深入掌握云基础知识，云安全专家能够为组织的系统、应用程序和云环境的适用性提供可靠的风险管理评估(Risk Management Assessment)，以及在迁移到云环境之前，就组织的安全模型中的缺陷或对依赖于当前数据中心的安全问题提出建议。

第3章

云数据安全

本章涵盖知识域 2 中的以下主题：

- 云数据生命周期
- 不同云托管模型之间的存储系统差异
- 设计云环境数据保护的安全战略
- 数据探查(Data Discovery)流程与数据分类分级(Data Classification)的关系
- 隐私法案与云环境的关系
- 数据版权管理(Data Rights Management，DRM)与信息版权管理(Information Rights Management，IRM)的概念
- 在云环境中识别和收集事件数据，以及如何运用和分析事件数据以实现业务价值和满足法律法规监管合规要求

运行在应用程序(Application)或系统(System)中的数据(Data)至关重要；数据对于所有公司或组织而言，都是最具价值的资产。尽管云环境中的许多数据安全和保护原则与传统数据中心的数据安全和保护原则相同，但在云环境中仍存在一些独特的差异和安全挑战。

3.1 描述云数据概念

云数据生命周期(Cloud Data Lifecycle)在本知识域中起着至关重要的作用，数据管理和安全的所有方面都适用于某些或所有不同阶段。

3.1.1 云数据生命周期的各阶段

第 2 章曾简要介绍云数据生命周期的各个阶段(Phase)。云安全专家需要透彻地理解云数

据生命周期各阶段的各个方面、风险以及技术。本节快速回顾云数据生命周期的所有阶段，如图 3-1 所示。请注意，尽管云数据生命周期展示为一系列不同的步骤，但并不强制要求数据必须经过流程中的每一个步骤；云数据生命周期中的某些步骤可能会跳过、重复或无序执行。

图 3-1　数据生命周期

1. 创建阶段

虽然初始阶段称之为“创建”(Create)，但也可认为是“修改”(Modification)。本质上，任何认为是“新的”(New)数据都属于创建阶段。创建阶段可能是创建全新的数据、导入到系统中的数据和导入系统的新数据，或者是已经存在并修改为新形式或赋予新值的数据。创建阶段也是确定数据是否安全的最佳时间节点。当创建数据时，云安全专家将掌握数据的价值(Value)和敏感程度(Sensitivity)，并且从初始状态就开始合理地保护数据，而所有其他阶段都是在创建阶段基础之上建立起来的。创建阶段也是处理数据修改的最佳时机。修改后数据的分类分级应视为新流程，组织只需考虑修改后的数据状态而无需考虑修改前的数据状态，因为敏感程度水平在修改流程中可能已经发生很大变化。在创建流程中做出的数据分类分级决策将影响所有后续阶段，从数据的存储和保护方式开始立即生效。在数据创建阶段，组织可以先行通过安全套接字层(Secure Sockets Layer，SSL)和传输层安全(Transport Layer Security，TLS)等技术实施安全控制措施，以保护输入或导入(Imported)的数据。

2. 存储阶段

数据创建之后，组织必须以系统或应用程序能够使用的方式存储数据(在许多情况下，这几乎是同时执行且相辅相成的流程)。数据可以采用多种方式存储。存储(Store)方法包括文件系统上的文件、云端的远程对象存储以及写入数据库的数据。所有数据存储的要求应按照创建阶段所确定的数据分类分级标准执行。存储阶段是实施安全控制措施以保护静止状态数据(Data at Rest，DaR)的首个阶段，云安全专家必须确保所有存储方法采用其数据分类分级等级所要求的技术，包括使用访问控制技术(Access Control，AC)、加密技术(Encryption)和持续审计(Auditing)。在存储阶段，采用适当的冗余和备份方法也是保护数据的关键安全控制措施。

3. 使用阶段

使用(Use)阶段是应用程序或用户实际操作或处理数据的阶段。此时，由于应用程序或用户正在使用、查看或处理数据，导致数据更加容易暴露，且面临系统攻陷(Compromise)或数据泄露(Leak)的风险增加。在使用阶段，数据从静止状态 (Data at Rest，DaR)转换为处理状态(Data in Use，DiU)，在 Web 浏览器或其他客户端中显示，并在数据和应用层之间移动，或者在应用程序的表示层之间传输。由于应用程序或用户正在查看或处理数据，因此，数据应该以未加密状态公开而不是静态地保存在加密数据库或存储阶段的数据集中。一旦数据从官方存储系统中发布并暴露，组织应该允许未加密数据在客户端也可达到保护预期，即不可查看和存储。本书后续章节将介绍其他数据保护方法，但是公开数据需要在第一次访问数据时设置审计和日志记录机制。组织应假定使用阶段是纯粹的只读模式，因为使用阶段不包括修改场景；修改通常发生在云数据生命周期的创建阶段。

4. 共享阶段

共享(Share)阶段可以在显式创建数据的系统上或创建数据的系统之外使用数据。共享阶段对于系统(指发起数据共享的系统)而言是巨大的挑战，当数据离开系统并在外部共享时，组织要确保部署合理的安全保护措施。与使用阶段不同，在共享阶段，客户、合作伙伴、承包商和其他相关组织可以随意使用数据，数据一旦离开主系统，就不再处于主系统所采用的安全控制措施保护之下。话虽如此，单纯就保护数据而言，一旦数据离开环境，并非一切都会丢失。数据防丢失(Data Loss Prevention，DLP)和各种权限管理工具包等技术手段可用于检测额外的共享行为或试图阻止篡改操作。然而，上述两种方法都不是完全可靠或全面的安全控制措施。

5. 归档阶段

归档(Archive)阶段是指将数据移动到长期存储(Long-term Storage)中，帮助数据在系统中不再处于活动状态或“热”(Hot)状态。归档流程是将数据移动到一个较低的存储层，直到数据从活动系统中完全删除并将数据完全放置在不同的介质中。一般而言，归档数据的存储层速度较慢，且冗余性较低，但用户仍然可以从系统中访问数据。在后一种情况下，系统仍可恢复并再次读取数据，但通常需要花费更多的时间、精力或成本。在许多情况下，数据完全从活动系统中移除，但出于灾难恢复的考虑，也会存储在异地，有时甚至存储在数百或数千英里之外。组织更加容易忽视归档数据的一个方面是检索(Retrieve，指取回)和恢复数据的能力。

警告：

根据组织策略或者法律法规监管合规要求，特定数据可能需要归档并保存数年。随着技术的演变，备份和恢复系统也将随之更新。例如，如果组织要求将数据保留 7 年，而组织在 4 年后升级了新的备份系统，则组织必须保持从以前的系统中恢复旧数据的能力。很多时候，组织往往只关注转移到新系统上的数据，而忽视组织正在失去恢复历史数据的能力。尽管在必要时刻组织能够通过寻找第三方执行数据恢复，但无论是在费用上还是在人员时间上，成本都是极其巨大的。许多组织采用的策略是确定数据是否能够从专有格式导出到更加灵活且可互操作的通用格式。然而，通用格式策略在根据法律法规监管合规要求保护数据完整性方面也存在固有风险。因此，安全专家需要特别关注归档数据的可读性，并充分理解组织将要面临的安全以及法律法规监管合规要求。

6. 销毁阶段

在云数据生命周期的销毁(Destroy)阶段，通常是指设置数据不可访问或永久擦除并加以保护的流程，具体方法取决于数据的分类分级和敏感程度。多数云安全专家认为简单的数据删除(Delete)不是销毁阶段的组成部分之一，由于数据删除指令只是擦除数据指针，因此，非常容易恢复残留数据。因此，使用覆写技术(Overwriting)和加密擦除技术(Crypto-shredding 或 Cryptographic Erasure)等方法在云环境中更为普遍，许多法律法规监管合规要求都明确提出使用覆写技术和加密擦除技术等两种方法，特别是考虑到消磁(Degauss)和粉碎等物理破坏方法在云环境中无法实现的情形。同样的要求和方法也适用于长期归档解决方案。根据所涉及的云系统类型，组织还需要特别注意监督数据脱敏要求。在批量存储数据的情况下，基础架构即服务(Infrastructure as a Service，IaaS)模型和平台即服务(Platform as a Service，PaaS)模型通常在卷存储方面为单一云客户提供更多的专用存储空间，而软件即服务(Software as a Service，SaaS)模型则倾向于与整套平台的数据有更多的互联互通。云安全专家需要特别注意所有类型云平台的合同和 SLA 条款，尤其是 SaaS 平台。

3.1.2 数据分散

数据分散(Data Dispersion)是云架构的关键特性之一，也是决定云环境中云客户存储成本的主要因素。

云系统在数据中心之间高度分布，并且能够跨越很大的地理区域。根据特定云服务提供方的规模，云服务提供方能够实现全球范围内的系统分布，从而能够帮助云客户跨地理区域复制数据，缓解维护问题和灾难场景所导致的历史难题。

对于云客户而言，数据分散的程度和范围通常是决定服务和成本的因素之一。云服务提供方提供基础级别的服务，其中数据存储在单个数据中心或更为局部的存储中，然后提供额外的数据分散服务，涵盖更大的地理区域和更多的数据中心，并需要更加高昂的费用。数据分散服务是组织灾难恢复和持续应急规划的重要组成部分。

3.1.3 数据流

数据流(Data Flow)是通过云服务提供方提供的无服务器数据处理管理服务(Serverless

Data-processing Manage Service)。数据流通常可以支持各种不同的数据管道框架，并允许云客户上传管道代码和数据集(Data Set)，并执行操作。由于环境是完全托管的，因此，云客户可以快速执行数据处理，而不必建立(以及维护和保护)服务器或执行配置操作。

3.2　设计并实现云数据存储架构

云环境的 IaaS、PaaS 和 SaaS 三种托管模型都使用各自独特的存储方法，如图 3-2 所示。三种模型都有其独特的挑战和威胁。

- 基础架构即服务(IaaS)
  - 卷
  - 对象
- 平台即服务(PaaS)
  - 结构化
  - 非结构化
- 软件即服务(SaaS)
  - 信息存储与管理
  - 内容与文件存储

图 3-2　基于不同云托管模型的存储类型

3.2.1　存储类型

根据组织使用的云平台类型以及每种类型所需的特殊注意事项和支持模型，通常使用和提供不同的存储类型。

1. IaaS 模型的常用存储类型

虽然 IaaS 模型为云客户提供了最大的自由度和支持需求，但在存储方面，仍然需要遵循可计量服务和虚拟化技术的基本原则。存储类型是根据云客户的特定需求和要求所决定的，并由云服务提供方分配且维护。在 IaaS 模型中，存储分为两种基本类别：卷存储和对象存储。

- **卷存储(Volume Storage)**：卷存储是由云服务提供方分配并连接到虚拟主机的虚拟硬盘。操作系统通过与传统服务器模型相同的方式查看驱动器，并使用相同的方式与驱动器交互。驱动器可按照传统意义上的文件系统开展格式化和维护工作，并作为文件系统使用。大多数云服务提供方使用 IaaS 模型的卷存储方法分配和维护存储。

- **对象存储(Object Storage)**：对象存储是作为应用程序编程接口(Application Programming Interface，API)或 Web 服务调用运行的文件存储。文件不是位于文件树结构中，也不是作为传统的硬盘驱动器访问，而是作为对象存储在一个独立的系统中，并给出一个键值以供参考和检索。许多云系统将对象存储用于虚拟主机镜像和大文件。

2. PaaS 模型的常用存储类型

PaaS 模型的存储设计与 IaaS 模型差异较大，因为云服务提供方负责整个平台的运维，云客户只需负责应用程序。PaaS 模型将存储系统的责任交给了云服务提供方。使用 PaaS 模型，存储类型分为结构化存储和非结构化存储两种类别。

- **结构化(Structured)**：结构化数据是有条理且已归类的数据。结构化数据可以很容易地存放在按照规则集设计的规范化数据库或其他存储系统中。结构化数据结构允许应用程序研发团队轻松地从其他数据源或非生产环境导入数据，并将数据用于生产系统。结构化数据通常是经过规划和优化的，用于在无需定制或调整的情况下使用搜索技术，从而能够帮助云客户充分认识到云托管应用程序的能力和潜力。但是，应用程序研发人员和云安全专家需要特别注意规避供应方锁定(Lock-in)的风险。
- **非结构化(Unstructured)**：非结构化数据是在严格的和格式化数据库的数据结构中无法使用或者不易存储的信息。原因可能是文件的空间大小或文件的类型。非结构化类型的文件通常包括多媒体文件(视频、音频)、照片、文字处理和 Microsoft Office 产品生成的文件、网站文件或任何不适合数据库结构的文件。

考试提示：

几乎可以肯定的是，CCSP 考试中涉及关于特定存储类型属于哪种云服务类型的问题，这些问题要么是通过直接识别和匹配来提出，要么是通过询问服务模型内部的差异来提出(例如，在 IaaS 模型中，询问卷存储和对象存储之间的差异，或者询问结构化存储/非结构化存储属于哪种服务模型)。CCSP 考生应确保熟悉每种存储类型的特性以及存储类型与每种服务模型的关系。

3. SaaS 模型的常用存储类型

在 SaaS 服务模型中，云服务提供方全权负责全局基础架构和应用程序。因此，云客户除了能够将数据放入存储，在存储方面几乎无法实施任何控制措施。SaaS 模型最常见的两种存储类型是信息存储与管理以及内容与文件存储。

- **信息存储与管理(Information Storage and Management)**：这是在应用程序使用和维护的数据库中存储数据的经典形式。数据可以由应用程序生成，或使用接口通过应用程序导入并加载到数据库中。

- **内容与文件存储(Content and File Storage)：**内容与文件存储是指 SaaS 应用程序允许上传不属于底层数据库的数据。应用程序将文件与内容保存在另一种存储方式中，以供用户访问。

4. 长期存储

主要的公有云服务提供方提供各种存储层(Tiers of Storage)。这些存储层在性能、冗余和提供给云客户的功能集上有所不同，且直接关系到每个存储单元的价格。虽然，业务生产应用程序通常需要可用的最高性能存储，但云客户可以选择不同的长期和归档存储层。在许多情况下，云服务提供方所提供的存储层将允许更慢的访问速度和更少的冗余，并且有时在数据可用之前需要等待一段时间。云客户能够根据法律法规监管合规要求以及组织访问数据的频率或访问时间的要求，选择更加经济的存储方式。

提示：

云服务提供方在归档和长期存储的数据存储层方面使用不同的术语。通常使用的术语是“冻结”(Frozen)和“冷”(Cold)存储，但使用顺序和涉及的特定功能集在公有云服务提供方之间可能有所不同。

5. 临时存储

临时存储(Ephemeral Storage)本质上是短期的、非结构化的，并且仅在云服务实例需要时可用和存在。临时存储是在部署新节点或实例时分配的存储。一旦新节点关闭或删除，与之关联的存储也将销毁。临时存储永远不会用于写入数据或存储云客户后续可能需要的数据，通常临时存储只能通过自动化流程进行配置或访问。

3.2.2　云存储类型的威胁

最常见和最容易理解的云存储威胁是未授权访问或未授权使用数据。未授权操作可能是源于外部威胁，也可能是系统受到入侵，或者是恶意内部人员(Malicious Insider，亦称内鬼)持有访问数据的安全凭证(Credential)，但用于未授权的访问目的。尽管未授权操作类威胁往往集中在数据安全的机密性(Confidentiality)原则方面，但未授权操作类威胁同样也适用于数据的完整性(Integrity)原则。能够篡改或销毁应用程序数据的攻击行为将对组织的业务流程构成主要威胁，即使从监管合规角度而言，攻击行为可能不会面临与未授权披露机密数据相同的监管责任。

云环境的本质问题以及存储在大型系统中的分布方式(通常具有地理多样性)，导致数据泄露或暴露的可能性大大增加。在云环境中这种情况更为复杂，因为组织还必须考虑到云服务提供方的工作人员对于云环境内的系统具有管理和特权访问权限的情况。

云环境中的存储系统还面临来自网络和物理方面的威胁。从网络的角度来看，存储系统很容易受到DoS攻击，从而会破坏可用性的核心原则，这也是云计算的主要特征之一。尽管云环境存在多重冗余的系统，但仍然面临着数据损坏(Data Corruption)、物理销毁和故障等威胁。

当需要销毁数据时，主要的挑战是确保完全清除数据以符合安全策略和法律法规监管合规要求的相关指导方针。在云环境中，与传统的服务器模型相比，介质的物理销毁几乎是不可能的，因此，组织需要依赖使用覆写技术或加密擦除技术的软件机制。

3.3 设计并实施数据安全策略

数据安全策略通常使用如下几种工具集和技术：

- 加密技术(Encryption)
- 哈希技术(Hashing)
- 密钥管理(Key Management)
- 数据标记化技术(Data Tokenization)
- 数据防丢失(Data Loss Prevention，DLP)
- 数据去标识化技术(Data De-identification)
- 技术应用场景
- 新兴技术

常用的数据安全技术包括数据加密、防止未授权访问，以及在预防数据泄露或非授权访问时对数据使用遮蔽技术(Masking)和标记化技术(Tokenization)。

3.3.1 加密技术

由于传统数据中心模型中常见的物理分隔和隔离保护在云环境中不可用或不适用，且多租户和资源池作为云环境的核心概念，使用加密技术保护数据是必然手段。加密系统架构有三个基本组件：数据本身、负责所有加密活动的加密引擎(Encryption Engine)，以及在实际加密和数据使用中所使用的加密密钥。

1. 数据不同状态的加密技术

加密技术(Encryption)以多种方式通过不同技术方法实现，具体取决于数据在某一时刻的状态：使用中、静止中或传输中。对于使用中的数据(Data in Use，DiU)而言，系统主动访问和处理数据。由于数据处理大都从主机系统中移除且独立于主机系统，因此，数据版权管理(Data Rights Management，DRM)和信息版权管理(Information Rights Management，IRM)等技术是目前最有效和最成熟的方法(这两种方法将在稍后深入讨论)。传输中的数据(Data in Transit，DiT)与跨网络的数据主动传输有关，因此，在云环境中组织可以使用典型的安全协议和技术(例如，TLS/SSL、VPN、IPSec 和 HTTPS)。对于静止数据(Data at Rest，DaR)而言，当数据在环境和存储系统中处于闲置状态时，将根据数据的物理位置和状态采用文件级和存储级加密机制；文件系统中的文件与数据库或其他存储架构中的文件相比，可能需要不同类型的加密引擎和技术，根据所用系统的特定需要保护文件。云安全专家必须特别注意涉及数据分类分级规则的特定法律法规监管合规要求，并确保选择的加密方法满足所有相关标准和法律法规监管合规的最低要求。

2. 加密技术所面临的挑战

实现加密技术可能面临着无数的挑战。有些挑战适用于数据存放的任何物理位置，而另一些则涉及云环境的特定问题。实现加密技术的一个主要挑战是依赖于密钥集处理的实际加密和解密流程。如果加密密钥安全水平较低，或暴露给外部各方(例如，云服务提供方)，则整套加密方案可能脆弱不堪且不再安全。关于密钥管理的更多具体问题将在 3.3.3 节介绍。对于任何基于软件的加密方案而言，处理器和内存等核心算力组件都至关重要，特别是在云环境中，核心算力组件共享于所有托管云客户之间。算力组件共享将导致系统(例如，内存)更加容易暴露，从而破坏加密体系的运转。需要注意的是，所有正在进入云托管环境的应用程序最初并不是为了与加密体系结合而设计的。从技术和性能两方面而言，集成加密技术后，代码变更或不可接受的性能水平降级问题将更为明显。最后一个主要问题是，加密技术无法保护数据完整性(Data Integrity)，只能确保环境的机密性(Confidentiality)。对于那些迫切需要关注完整性的环境而言，还需要综合使用其他方法。

考试提示：

请确保 CCSP 考生理解并牢记，加密技术无法为确保完整性(Integrity)提供任何保护，加密技术只能提供机密性保护。在完整性需求迫切或至关重要的节点，组织需要综合使用其他方法，例如，本书其他章节介绍的校验和技术(Checksum)。

3. 部署加密技术

加密技术的部署过程及其运用方式在很大程度上取决于云环境所采用的存储类型。

在数据库存储系统中，通常使用两层加密技术。首先，数据库系统将驻留在卷存储系统之上，类似于服务器模型的典型文件系统。组织能够通过文件系统级别的加密方法保护数据库文件；这也有助于保护静止状态数据。在数据库系统本身内部，组织可以使用加密方法保护数据集，无论是整体还是细粒度方面，都能够加密特定的表或数据字段。数据库应用程序本身能够处理数据表或字段类型的加密工作，或者软件应用程序可以负责处理加密并将数据存储在静止状态。

对于对象存储而言，除了文件级别的加密(由云服务提供方处理)外，加密还可由应用程序完成。最普遍的方法是通过 IRM 技术或由申请方自行加密。使用 IRM(稍后将介绍)技术，可加密特定对象，用于在对象离开系统后控制使用行为。通过应用程序级加密，应用程序可有效地充当用户和对象存储之间的代理，并确保在交易(Transaction)处理过程中完成加密操作。但是，一旦对象离开应用程序框架，则不会再提供任何保护能力。

最后，使用卷存储，传统服务器模型上使用的许多典型加密系统都可在云框架中使用。卷存储加密技术在 DaR 类型场景中最为有效。由于应用程序本身能够读取卷上的加密数据，因此，在保护卷数据时，对应用程序的任何破坏都将导致文件系统加密无效。

3.3.2 哈希技术

哈希技术(Hashing)包括获取任意类型、长度或大小的数据，并通过函数映射为固定大小的值。哈希技术可用于几乎任何类型的数据对象，例如，文本字符串、文档、图像、二进制数据以及虚拟机镜像。

哈希技术的主要价值在于快速验证数据对象的完整性。在云环境中，哈希技术对于虚拟机镜像和分散于云环境中的大量数据的物理位置更加有价值。由于文件的多份副本可能存储在许多不同的物理位置，云安全专家可以使用哈希技术快速验证副本文件的组成是否相同，以及副本文件的完整性是否受到损害。供应方以类似的方式广泛使用哈希技术，特别是在开源软件分发中，哈希技术可用于管理员验证文件在镜像站点上是否以某种方式受到篡改，确保文件是发布者实际分发版本的纯净副本。这个验证流程通常称为校验和(Checksum)、摘要(Digest)或指纹(Fingerprint)。

通常，组织可以使用和支持多种哈希函数。绝大多数组织都能够使用免费或多种可用的选项满足数据完整性和对比的需求。所有组织都可选择自行实现哈希系统，或者出于特定的内部目的使用自己的值填充种子。无论组织选择使用免费可用的哈希函数，还是选择内部处理，整体操作和价值仍然是相同的。

3.3.3 密钥管理

密钥管理(Key Management)用于保护加密密钥及访问。在云环境中，密钥管理是一项至关重要的任务，同时也极度复杂。对于云安全专家而言，这是云环境托管诸多工作中最为重要的一个方面。

密钥管理的两个重要的安全考虑因素是关于密钥的访问和存储。在传统环境和云环境中，密钥访问都是极其重要和关键的安全场景。但在云服务提供方员工的职责分离(Segregation of Duties，SoD)和控制方面，在使用多租户技术(Multitenancy)的云环境中要比在传统数据中心中考虑更多的问题，云服务提供方员工对于系统拥有更加宽泛的管理访问权限。当然，IaaS 和 PaaS 模型之间的密钥管理也可能存在较大差异，以及云服务提供方员工需要的参与和访问级别也有所不同。在云环境中，密钥的存储位置也是一个重要的考虑因素。在传统数据中心配置中，密钥管理系统通常位于专用硬件和系统上，与环境的其他部分隔离。相反，在云环境中，密钥管理系统可以部署在自有的虚拟机内部，但这无助于减轻对多租户和云服务提供方员工非授权访问或滥用的担忧。对于任何关键的管理、访问和存储要求，云安全专家始终需要关注相应的监管机构，并确定云服务提供方能否满足现有法律法规监管合规要求。

无论组织使用哪种托管模型，密钥管理的基本原则都同样重要。无论是在传统数据中心还是云环境中，密钥管理应该始终只在可信系统和可信进程上执行。组织应该仔细考虑可在云服务提供方环境中建立的信任级别，以及能否满足管理和法律法规监管合规要求。虽然保密和安全始终是密钥管理的首要问题，但对于整套系统中大量使用加密技术的云环境而言，密钥管理系统的可用性问题也至关重要。如果密钥管理系统处于不可用状态，则整套系统和应用程序在中断期间也将处于不可用状态。减少云服务提供方员工访问环境中使用密钥可能性的方法之一是在云服务提供方之外托管密钥管理系统。虽然这种做法能够实现职责分离(Separation of Duty，SoD)原则，且可在这一特定领域提供更高的安全水平，但也增加了整套系统的复杂程度，并引入了可用性问题。换而言之，如果无法使用或无法访问外部托管的密钥管理系统，无论是蓄意(内外部恶意攻击活动)还是疏忽(例如，防火墙或ACL的变更疏漏之类的安全事故)造成的，整体环境的密钥托管系统都将无法访问。

密钥存储可通过三种方法在云环境中实现。第一种方法是内部存储，即密钥的存储和访问与加密服务或引擎位于相同的虚拟机中。内部存储是最简单的实现方法，内部存储将全局安全加密处理集成在一起，并且适用于某些存储类型，例如，加密数据库和备份系统。然而，内部存储也将系统和密钥紧密联系在一起，尽管内部存储确实减轻了外部可用性和连接问题，但系统一旦沦陷则可能导致潜在的密钥泄露。第二种方法是外部存储，将密钥与系统和安全加密处理分开维护。外部主机可在任何物理位置，只要外部主机不在执行加密功能的同一个系统上即可。所以，外部主机通常是同一环境中的专用主机，但也可以完全是外部的主机。在外部存储类型的实现中，可用性方面非常重要。第三种方法是让外部独立的服务或系统托管密钥存储。这通常会以广泛接受的方式增加安全预防措施和安全措施，因为密钥存储是由专门负责维护特定范围内的系统的组织处理的，第三类密钥存储系统具有良好的安全配置文件、策略和日常操作文档。

3.3.4 数据标记化技术

数据标记化技术(Data Tokenization)利用数据中随机的和不透明的“标记”(Token)值替换敏感或受保护的数据对象。标记值通常由应用程序生成，并映射到实际敏感数据值，然后将标记值放在与实际数据值的格式和要求相同的数据集中，用于继续运行应用程序而无需执行不同的修改或代码变更。标记化技术代表了组织从应用程序中移除敏感数据而不必引入更复杂的流程(例如，加密技术等)，以满足法律法规或组织安全策略要求的方法。与用于补偿应用程序的其他技术一样(特别是在数据安全方面)，组织需要妥善保护用于标记化技术的系统和进程。如果未能对标记化流程部署合理的安全控制措施，将导致与加密或其他数据保护故障的不安全密钥管理相同的漏洞和问题。组织应仔细审查代表云服务提供方提供的标记化流程，确保安全水平和治理水平，并控制任何可能发生的供应方锁定(Vendor lock-in)行为。

3.3.5 数据防丢失

云环境中用于保护数据的主要概念和方法称为数据防丢失(Data Loss Prevention，DLP)，有时也称为数据防泄露 (Data Leakage Prevention，DLP)。DLP 是一套用于控制和实践的手段，旨在确保数据只可由已授权且拥有数据的用户和系统访问或发布。组织 DLP 策略的目标是管理和最小化风险，保持符合法律法规监管合规的要求，并展示应用程序和数据所有方的适度勤勉(或尽职，Due Diligence)。然而，对于任何组织而言，能否从整体上统筹 DLP 而不是关注单个系统或托管环境至关重要。DLP 策略应涉及整个组织，尤其是混合云环境，或者是将云环境与传统数据中心安装结合的环境。

1. DLP 组件

所有 DLP 实现都由三个常见组件组成：数据探查和分类分级、持续监测(Monitoring)以及策略执行。

数据探查(Discovery)和分类分级(Classification)阶段是 DLP 实施的第一个阶段，侧重于查找与 DLP 策略相关的数据，确保所有实例都是已知的，且能够体现在 DLP 解决方案中，并在探查数据后确定数据分类分级的安全分级和要求。数据探查和分类分级阶段还需要将环境中的数据与所有法律法规监管合规要求相匹配。

一旦执行探查并完成数据分类分级活动，则组织可使用 DLP 执行监测数据工作。持续监测(Monitoring)阶段包括 DLP 战略的核心功能和目的。持续监测阶段涉及在各种使用状态下持续观察数据的真实处理流程，确保系统以适当和受控的方式使用数据。持续监测阶段还要确保访问和使用数据的人员已得到授权，并以合规方式处理数据。

DLP 实施的最后一个阶段是执行策略，以及作为持续监测阶段一部分发现的任何潜在违规行为。根据 DLP 的策略执行情况，如果管理层能够确定各种违反策略的行为，则可自动采取多种安全措施，从简单地记录潜在的违规行为和告警到阻止和暂停首次检测到的潜在违规行为。

2. DLP 数据状态

在静止状态数据(Data at Rest，DaR)场景中，DLP 解决方案安装在存有数据的系统上，这些系统可能是服务器、台式机、工作站或移动设备。许多情况下，可能涉及归档数据和长期存储数据。DaR 场景可能是在整个组织中部署的最简单 DLP 解决方案，但 DaR 场景解决方案可能还需要与网络集成才能达到最佳效果。

在传输状态数据(Data in Transit，DiT)场景中，DLP 解决方案部署在网络外围附近，通过各种协议(如 HTTP、HTTPS 和 SMTP)捕获离开网络的流量。DiT 场景解决方案查找正在离开或试图离开不符合安全策略的区域的数据(无论是主体还是格式)。需要注意，如果离开环境的流量已经加密，则 DLP 解决方案将需要能读取和处理加密的流量才能正常工作，这可能需要密钥管理和加密技术协同工作。

实际上，在处理状态数据(Data in Use，DiU)场景中，DLP 解决方案部署在用户的工作站或设备上，用于从终端上监测数据的访问和使用。DiU 场景的 DLP 实现方式的最大挑战是覆盖范围和覆盖所有接入点的复杂性。在用户地理位置分散并使用大量客户机访问系统和应用程序的云环境中尤其如此。

警告：

对于任何云应用程序而言，最终用户设备上的 DLP 都是一项特别挑战。因为终端 DLP 方案需要最终用户安装应用程序或插件才能工作，所以云安全专家们需要确保完全了解用户将要使用的设备类型，以及与使用 DLP 技术相关的任何成本和要求。许多组织中自携设备(Bring Your Own Device，BYOD)的增长也将对 DLP 战略产生深远影响，并应该体现在策略中。

3. DLP 的云端实现与实践

与传统数据中心的 DLP 部署挑战相比，云环境也给 DLP 带来了新挑战。与其他类型的 DLP 实现或策略非常相似，最大的区别和挑战在于云环境存储数据的方式。云环境中的数据分布在大型存储系统中，具有不同程度的复制和冗余，通常数据的存储和访问的物理位置是不可预测的。对于 DLP 策略而言，可能构成特殊挑战，因为这种情况导致更加难以准确探查和持续监测系统或应用程序使用的所有数据，特别是因为数据会随着时间的推移而改变物理位置，从而成为真正的移动目标。使用计量资源成本模型和 DLP 的云系统会给系统增加额外的负载和资源消耗，可能会产生高于 DLP 解决方案成本的费用，这是一个非常现实的问题。

3.3.6　数据去标识化技术

数据去标识化技术(Data De-identification)涉及使用数据遮蔽(Masking)、数据混淆(Obfuscation)或数据匿名(Anonymization)等技术。遮蔽或混淆处理背后的理论基础是替换、隐藏或移除数据集中的敏感数据。遮蔽技术最常见的用途是为非生产和研发环境提供可用的测试数据集。通过使用随机或替代数据替换敏感数据字段，这些非生产环境可以快速使用与生产环境类似的数据集开展测试和研发工作，而不会将敏感信息暴露给安全控制措施较少、监督较差的系统。许多监管体系和行业认证计划都不允许在非生产环境中使用敏感或真实的数据，而遮蔽通常是满足此类法律法规监管合规要求的最简单和最佳的方法。

通常，遮蔽是通过将数据值完全替换为新值或通过向数据字段添加附加字符而实现的，可以是对全部或部分字段批量处理。例如，在信用卡字段中，大多数曾在 Internet 上购买过商品的消费方都会发现，整个信用卡号码都将使用同一个字符(例如，替换每个数字的星号)实现遮蔽，但最后 4 个数字将保持可见以辅助识别和确认。另一种常见方法是根据算法(可以从随机或预先确定的角度)将值移位，无论是将全部数据集还是将字段中的特定值移位。最后一种主要方法是批量删除数据或仅从字段中删除部分数据，或者用覆盖的空指针或值替换数据。

数据遮蔽的两种主要策略或方法是静态遮蔽和动态遮蔽。使用静态遮蔽(Static Masking)时，将创建一个单独且不同的数据副本，并且执行遮蔽。静态遮蔽通常通过脚本或其他进程完成，采用一个标准数据集并遮蔽适当的预定义字段，然后在完成遮蔽后将数据集作为新的数据集输出。静态遮蔽方法最适合用于为非生产环境创建的数据集，在这些环境中，测试是必要的，并且拥有与生产环境在大小和结构上非常相似的数据集尤为重要。使用静态遮蔽技术就可在不向这些环境或软件研发人员公开敏感数据的情况下完成测试工作。使用动态遮蔽，实现生产环境受到应用程序和应用程序数据层之间实现的遮蔽流程的保护，动态遮蔽允许在系统中实时执行遮蔽转换，并在数据的正常应用程序处理期间完成。

注意：

动态遮蔽技术通常用于系统需要拥有完整且未遮蔽的数据，但不同用户不应具有相同访问权限的情况。本章的示例是医疗健康数据，后端系统需要有完整的数据，但注册助理和客户服务代表等用户只需要数据的一个子集，或者只需要若干数据字段而不必查看整个数据字段，就可以验证代码或个人信息。

数据匿名技术(Data Anonymization)以某种方式操作数据，以防通过多种数据对象识别到具体的个人。数据匿名经常与其他概念(例如，数据遮蔽)结合使用。数据通常有直接和间接识别码(Direct&Indirect Identifier)，直接识别码是真实的个人和私人数据，而间接识别码是人口统计和位置数据等属性。如果所有属性一起使用，可能导致泄露个人身份数据。数据匿名是删除间接识别码以预防个人身份标识发生泄露的流程。

3.3.7 技术应用场景

当选择将在环境中使用哪些技术开展数据保护工作时，云安全专家必须正确评价系统和应用程序框架，以及其中使用的数据特性和数据所遵循的法律法规监管合规框架。在云环境中，除了传统数据中心模型外，还应评价更多的需求。

第一步是掌握需要保护的数据特性。如果数据是个人信息、医疗健康数据或者金融交易数据等，那么将涉及特定的法律法规监管合规要求。这一步骤还包括深入理解数据结构以及如何在应用程序中展示数据，例如，数据库系统、对象存储、卷存储、结构化存储和非结构化存储。

下一步是了解托管环境的本质和细节。对于云环境而言，这涉及确定所使用的是 IaaS、PaaS 或 SaaS 模型，然后使用获取的信息理解当前使用的存储系统类型和云服务提供方提供的存储系统类型。每种类型的托管模型都使用不同的存储类型，深入掌握特定云服务提供方如何构建特定存储系统类型的信息，对于规划安全技术而言至关重要。云安全专家还需要确定云环境中支持或允许的技术类型。不应该假设所有的技术和软件包都会在所有环境中自动工作；即使从一家云服务提供方到另一家云服务提供方，也可能存在策略和控制措施上的差异，从而导致部分技术无法正常运行。

在了解数据和托管环境后，云安全专家接下来需要确定数据所有权和数据分类分级要求。这将在很大程度上推动技术的实施，并确保选用技术能够满足所有组织策略和法律法规监管合规要求，同时输出数据访问和数据使用要求的具体描述。法律法规监管合规要求可能会设定最低加密级别和数据留存时间周期，从而逐步形成强大的安全基础，用于比较相对可行的技术，确定技术是否满足组织的当前需求(和可能的未来需求)，并预测未来法律法规监管合规要求的变动。

最后，与任何技术的实施一样，在产品推出之前，组织需要规划和测试适当的持续监测和持续审计，包括数据的备份和留存模型。组织应积极监测所有系统和流程，确保按预期或要求运行，同时执行更为广泛的定期审查和审计工作，以全面测试实施情况。此外，作为定期审查的组成部分，组织还应执行恢复测试工作，以确保满足法律法规监管合规要求，并增强管理层对于使用特定技术及在管理或缓解风险方面成功的信心。

3.3.8 新兴技术

与任何技术领域一样，数据安全方面的变化和进步都是快速且持续的。云安全专家应及时掌握这些快速的变化和进步，评价组织系统中数据安全控制措施的适用性至关重要。许多进步也是法律法规监管合规变化的驱动因素或对法律法规监管合规要求变化的响应。

领先的云服务提供方往往都拥有非常高产且创新的研发团队，研发团队将不断添加和扩展新技术并增强功能。从添加扩展特性和管理功能的新 API，到自动伸缩性和快速资源调配(Provisioning)的新方法，再到存储方法和虚拟机镜像安全和托管的新服务。在功能和安全方面，云计算是一个快速变化的环境，组织应确保云安全专家们始终处于领先地位。

尤其是加密技术，无论是在加密强度还是在应用程序中使用加密的速度和效率方面，都在继续快速发展和改进。尽管新兴加密技术仍处于软件研发和测试的早期阶段，但同态加密(Homomorphic Encryption)等技术一旦更加成熟并大量普及可用，则可在云环境中提供巨大收益。同态加密技术允许用户在没有实际解密的情况下操作密文数据。

当然，还有许多其他新兴和快速发展的技术。因此，请确保云安全专家们始终掌握新兴技术，并阅读大量不同的 IT 安全出版物和网站内容，及时掌握新兴技术的迭代和发展。

考试提示：

随着新技术的出现并在云环境中的广泛使用，考试问题可能会特别针对这些新技术。对于加密、协作工具和代码库的持续普及使用，以及用于持续监测、扫描和数据分析的大量实用工具，这一点尤其适用。CCSP 考生应该意识到这种可能性，并确保对这些新兴的趋势和技术有深入且全面的理解。这样，如果考试真的出现了新兴技术相关问题，就不会感到惊讶。

3.4 实施数据探查

数据探查(Data Discovery)是由商业智能运营和用户驱动的流程。在这个流程中，数据完成分析和可视化展示，并寻找特定模式或特殊属性。数据探查与许多数据分析运营有所不同，因为数据探查严重依赖用户的专业知识、经验解释和探究有意义的推论。数据探查是一个迭代流程，在数据探查流程中，通过不断发现影响参数，更加深入地研究数据并继续将范围扩大到所需的目标。

组织可以使用多种主要的工具集和方法完成数据探查工作，这些工具和方法也与云环境特别相关。大数据的实现非常普遍，特别是在大型公有云环境中，随之而来的是庞大数据量和实施海量数据探查的能力。不过，这些实现并非没有问题，因为海量数据需要高效的工具处理，而且可能变得非常繁重。任何打算在大数据实施中成功执行数据探查的组织都需要确保具有非常明确的范围和目标，并结合适当的工具和应用程序协助完成这一流程。与许多云环境和现代应用程序框架一样，实时分析是一整套功能强大的工具集，许多应用程序已经发布，而且将继续研发，以帮助组织实现实时分析工具。这些类型的方法可用于数据探查，但完成的方式需要针对其特定方法和应用程序开展优化；否则，潜在的过长响应时间和大量的无效结果将是此类方法的最终命运。

对于任意数量的数据，掌握数据的组织形式和访问方式对于执行任何类型的分析或数据探查活动而言都至关重要。数据探查工具通常扫描数据库和数据集，查找有价值的信息或与用户正在执行的确切数据探查工作相关的信息。

尽管用于数据探查的工具和流程越来越先进且高效，但几乎所有环境都面临着挑战。当涉及数据探查时，主要的问题是正在执行分析的数据的质量。分析工具很难用于格式错误、存储或标记错误以及不完整的数据。通过使用强大的内部策略和控制创建、结构化和存储数据，组织能够在很大程度上缓解上述挑战。如果数据存在缺陷和不完整的情况，则根据缺陷数据创建的报告、警告和仪表盘也会产生相同的错误结果，从而可能导致管理层得到不准确或不正确的数据，甚至可能导致基于缺陷数据做出错误决策，造成潜在的客户损失、资金损失，甚至是研发团队或负责缺陷数据团队失去工作。数据探查的另一个巨大挑战是处理海量数据以及读取和处理所有数据所需的系统资源。组织将需要拥有大量资源的强大平台，以快速高效的方式处理海量数据，从而导致巨大的成本和投资。

建立完善的数据探查计划(Data Discovery Program)和战略的另一个主要收益是，可用于帮助组织识别需要部署安全控制措施的数据。虽然，数据分类分级和安全控制措施通常使用在数据生命周期的早期阶段，但持续执行数据探查和审查流程将确保数据在其生命周期内得到更为合理的分类分级和维护。

在云环境中实施数据探查也可能面临一些特殊挑战。最重要的挑战是组织需要确切掌握所有数据的物理位置(Location)和使用情况。由于云基础架构分布在众多资源和多个地理位置，以及高可用性要求和处理能力的变化，数据在不断迁移，并在许多地点同时存储和使用。

在许多已知场景中，云安全专家需要特别注意这些方面，而数据探查无疑是其中的一个重要部分。根据正在使用的云计算模型，组织可通过多种方式访问数据。在传统数据中心，工作人员能完全访问并全面掌握数据和数据存储机制。但在云环境中，存储系统可能从云客户中完全抽象。云租户想要掌握所有数据物理位置，甚至对数据拥有足够的访问权限，可能是一个非常现实的挑战和担忧。最后一个主要问题是数据保存(Preservation)和数据留存(Retention)问题。在云环境中，需要为数据留存制定适当的 SLA 和合同要求至关重要，确保数据留存至少遵守组织策略或法律法规监管合规要求。数据留存问题不仅适用于数据本身，也适用于元数据(Metadata)和标签(Label)。

3.4.1　结构化数据

结构化数据包含具有已知格式和内容类型的所有数据类型。结构化数据最常出现在关系型数据库中。对于这些类型的系统，数据存放在具有已知的数据结构和潜在数据值的特定字段中，并且几乎总在将数据提交到存储之前，通过特定控制措施完成验证并清洗数据值。数据由一定的结构和大小规则管理和约束，帮助结构化数据的搜索和分析变得非常容易。结构化数据可以是由人工或机器创建的，只要数据值符合指定的数据规则并存储在定义的结构中即可。

3.4.2　非结构化数据

非结构化数据本质上是所有不符合结构化数据规范的数据集合。非结构化数据可以通过人工输入或机器输入生成，但不符合已定义的数据结构或格式。非结构化数据可以是文本数据，也可以是二进制数据。非结构化数据的示例包括文档或文本文件、电子邮件、图片、视频、办公室文档、科学数据、感官或图像智能数据以及天气数据。

3.4.3　隐私角色与责任

在云环境中，云服务提供方和云客户在数据隐私方面拥有不同的角色和责任，这些角色取决于 IaaS、PaaS 或 SaaS 托管模型的使用物理位置：

- **物理环境(Physical Environment)**：云服务提供方对所有云模型全权负责。
- **基础架构(Infrastructure)**：在 PaaS 和 SaaS 模型下，云服务提供方承担唯一责任。在 IaaS 模型下，云服务提供方和云客户共担责任(Shared Responsibility)。
- **平台(Platform)**：在 SaaS 模型下，云服务提供方承担唯一责任。在 PaaS 模型下，云服务提供方和云客户共担责任。在 IaaS 模型下，则由云客户承担责任。
- **应用程序(Application)**：在 SaaS 模型下共担责任，云客户对 IaaS 和 PaaS 模型都负有唯一责任。
- **数据(Data)**：云客户全权承担所有云模型的责任。
- **治理(Governance)**：云客户对所有云模型全权负责。

3.4.4 实施数据探查

数据探查是应用程序或系统所有方展示并确保满足数据隐私法律法规监管合规要求的主要方法。由于应用程序所有方负责满足监管合规要求和隐私法案，因此，在监管合规方面，制定一套强大的数据探查流程作为适度勤勉(或尽职，Due Diligence)的指标，有助于向审计师或监督审查提供帮助。从云服务提供方的角度而言，支持和协助云客户实施数据探查流程也有助于显示云服务提供方在遵守数据隐私法规和法律法规方面的适度勤勉。

数据隐私法律的一个方面是要求在发生数据泄露或侵权事件时，必须及时向可能受到数据泄露影响的个体报告。对于某些强监管类型的数据，也可能需要上报监管机构。随着数据探查工作的展开，结合 DLP 策略和部署，可以近乎实时地检测和探查潜在的泄露事故，并且可能在数据泄露之前通知或停止正在发生的泄露事件。云环境中的数据探查流程也非常重要，因为数据探查流程公开了整个环境中的数据物理位置。这有助于确保隐私要求的司法管辖权范围，并就报告或发现涉及所有适用数据源和存储库知识的需求提供帮助。

3.4.5 对已探查的敏感数据执行分类分级活动

前面讨论过数据探查和数据分类分级的适用性，因为这与组织的安全控制措施的策略密切相关。在数据隐私法案的范围内也可扩展同样的流程，确保满足来自法律监管合规领域的监管控制措施。

考虑到隐私法案对数据保护的要求，受保护和敏感信息的额外级别或类别可扩展到分类方案已涵盖的部分。尽管许多法律法规监管合规要求可能侧重于特定类型的数据，例如，医疗健康和财务数据，但隐私法案可能会增加额外的关注点和要求。例如，人口统计数据可作为关于用户的应用程序的一部分收集，例如，种族、宗教、性取向、政治倾向或任何其他类似类型的信息。尽管人口数据项可能与 PCI DSS 等法律法规监管合规要求无关，但可能是隐私法案的核心和重要部分，而隐私法案仅关注个人数据的保护。随着隐私法案要求与分类分级系统的整合，这些重要的个人数据项将得到更有效的保护、监测和报告。云安全专家还必须能够充分掌握隐私法案是否对于数据的留存和安全销毁提出特殊要求。

3.4.6 控制措施的映射与定义

基于隐私法案中列出的各种要求，云安全专家的核心角色之一是将法律法规监管合规要求与实际的安全控制措施和流程相匹配，同时负责云服务提供方的应用程序和云环境。对于可能跨越多个司法管辖权区域和隐私法案的大型应用程序而言尤为重要。云客户和云服务提供方需要通过适当的合同或 SLA 要求开展合作，确保双方满足监管机构或适用隐私法案的要求。

3.4.7　使用已定义的控制措施

由于大型云环境的复杂程度较高，有时很难确保云客户和云服务提供方双方都能符合且正在满足所有适用的隐私法案要求。从一开始，合同和 SLA 都必须明确定义云服务提供方和云客户的角色，以及隐私法案所有方面的要求和责任。对于跨越多个司法管辖权区域的大型云环境而言，可能需要部署多套协议和框架以确保满足所有适用的法律法规监管合规要求。

云安全联盟的云控制矩阵(Cloud Controls Matrix，CCM)在云环境中提供了一套强大的框架和适用的安全控制域。CCM 封装了隐私法案以及各种行业认证和监管机构的各项要求。云安全专家可以将 CCM 各领域作为实现总体控制定义的基础，确保解决和覆盖所有领域。CCM 可在 https://cloudsecurityalliance.org/group/cloud-controls-matrix/中找到。

以下是 CSA CCM 提供和概述的安全知识域：

- 应用程序和接口安全
- 审计保证与合规
- 业务持续管理和运营韧性(Resilience)
- 变更控制管理和配置管理
- 数据安全和信息生命周期管理
- 数据中心安全
- 加密技术和密钥管理
- 治理和风险管理
- 人力资源
- 身份和访问管理
- 基础架构和虚拟化安全
- 互操作性和可移植性
- 移动安全
- 安全事故管理、电子取证和云计算
- 供应链管理、透明度(Transparency)和可问责性
- 威胁和漏洞管理

注意：

并非所有的控制措施都适用于所有的法律法规监管合规或隐私法案的要求，但 CCM 作为一种整体的控制方法，具有更广泛的应用场景。尽管如此，在不同的物理位置，组织应调整隐私法案框架的部分要求。

3.5 实施数据分类分级

分类分级(Classification)是分析特定数据的属性，然后确定需要实施的合理策略和控制措施以保障数据安全的流程。数据属性可包括数据的创建方、数据的类型、数据的存储物理位置和访问方式、已部署于数据的安全控制措施以及保护数据的全部法律法规监管合规要求。大多数主要的监管机构和认证机构都有自己的分类分级要求或准则，供成员组织遵循，而且许多法律法规监管合规要求也有关于如何对数据执行分类分级和处理的附件。最著名的行业认证(包括 PCI DSS 和 ISO 27001)将数据分类分级作为其核心概念和要求之一。

根据数据的属性和从中派生的分类分级，组织可将数据分类分级映射到安全控制措施和策略，通常是采用自动化的方式。自动化意味着数据将自动受到特定的安全控制措施、存储机制、加密技术、访问控制以及特定的管理要求(例如，留存周期和销毁方法)的约束。虽然，理想的做法是以自动方式完成数据分类分级和标记工作。但在很多情况下，这是一个手动流程，在数据的创建阶段完成。在创建阶段，数据托管方(Data Custodian)或内容研发人员必须在此时决定应该如何分类分级数据。很多时候，当为特殊目的或为满足超出正常运营工作程序和惯例的特定有限请求而创建数据集时，需要执行手动分类分级。

在云环境中，数据分类分级工作甚至比传统数据中心更关键。由于多名云客户和多台主机位于同一套多租户环境中，不合理的数据分类分级或控制措施可能导致更高、更加直接且不可接受的风险水平。云安全专家需要确保数据分类分级在数据创建或修改阶段后立即生效，并立即关联对应的安全控制措施。很多时候，云安全专家可以通过文件附加的元数据，或者基于文件的创建位置、创建的进程或用户，以及拥有数据的部门和单位的信息完成。一旦确定分类分级流程，则组织可立即在云环境中运用合理的加密技术或其他数据保护控制措施。

3.5.1 映射

在扫描数据源时，数据探查工具可使用一些有效属性，这些属性能够为处理海量数据提升不同程度的效率。一种有效方法是使用元数据。简而言之，元数据是关于数据的数据。元数据包含有关数据类型、如何存储和组织数据或有关其创建和使用的信息。例如，元数据可能包括数据库或电子表格中的文件名或标题和列名。如果云安全专家能够以有意义的方式正确命名和标记数据，则能够快速分析数据集或字段中存在的数据类型，以及数据探查流程的适用性。

组织应建立一套完善的映射策略，以帮助组织掌握数据在应用程序内以及更多存储范围内的所有物理位置。如果没有上述二者的信息，组织将无法正确构建和实施关于数据的安全策略和协议。

3.5.2 标签

与元数据类似的是标签(Label)，标签可用于将数据元素组合在一起，并提供关于元素的信息。元数据是数据的正式组成部分，因为元数据在官方数据存储库中用于分类(Categorize)和管理数据，而标签则较为非正式化，由用户或流程根据主观和定性分析创建数据类别(Category)。然而，与元数据不同，标签的作用完全取决于标签的使用方式以及标签在数据集中的一致性和广泛性。如果标签只用于特定领域，而不可用于其他所有领域，即使数据应该包含相同的标签，其有效性和有用性也将降低。

最后一种方法是分析数据的具体内容，通常认为是内容分析。这包括查看具体的数据项，并使用各种校验和、启发式、统计或其他类型的分析方法确定数据是什么以及对数据探查的适用性。随着工具和流程越来越先进和复杂，内容分析将在实用性和效率上继续扩大，成为一种主要方法。

3.5.3 敏感数据

本书将深入介绍敏感数据(Sensitive Data)类别和保护要求，特别是在第 7 章讨论的知识域 6。然而，在进一步深入介绍细节之前，首先需要了解三种类别的个人和消费方数据，通常三种数据需要特殊处理与考虑，以具备基本的理解水平。

1. 受保护健康信息

受保护健康信息(Protected Health Information，PHI)是包含与个人及其医疗历史和特定条件有关的数据分类。PHI 可包括人口统计信息、身心健康的病史、测试和实验室结果、检查记录、与医生的沟通以及与个人的健康保险相关的信息。在美国，《健康保险流通与责任法案》(Health Insurance Portability and Accountability Act of 1996，HIPAA)规定了如何处理和保护 PHI 数据、在什么情况下可以与其他提供方、保险公司或其他个人共享数据，以及可收集和留存的数据。

2. 个人身份信息

个人身份信息(Personally Identifiable Information，PII)可能是最广为人知和使用的隐私和安全范围内的数据分类。PII 适用于任何可用于识别某人和他人的数据。PII 分为敏感和非敏感两类。敏感的 PII 包括无法公开获取的个人具体信息。例如，社会保险或国家身份证号码、护照号码和财务信息等。非敏感的 PII 包括与个人相关但以其他方式公开的数据。例如，出现在网上、公共记录中或众所周知的信息。在 PII 中，直接身份信息和间接身份信息之间存在进一步的划分。直接识别码(Direct Identifier)可自行识别特定的个人(例如，社会保险号和国家识别号)。间接识别码(Indirect Identifier)可以缩小个体的范围，但不一定能够识别特定个体；间接识别码的实例有出生日期、邮政编码或性别。然而，间接识别码高度依赖于所涉及的人口规模。

3. 持卡人数据

持卡人数据(Cardholder Data，CD)是专门与持有信用卡或借记卡的个人相关的个人身份信息(PII)；包括卡号、有效日期、CVV 安全码以及与个人相关的任何信息。

3.6 设计与实现信息版权管理(IRM)

数据版权管理(Data Rights Management，DRM)是常规数据保护的深化应用场景。DRM 在需要额外权限或条件才能够访问和使用的数据集上增加了额外的控制措施和 ACL，超出了简单和传统的安全控制措施范畴。数据版权管理概念涵盖在信息版权管理(Information Right Management，IRM)概念中。

注意：

许多安全专家都熟悉数据版权管理(DRM)的常见含义。DRM 适用于保护消费方介质，例如，音乐、出版物、视频和电影等。在这种场景下，信息版权管理(IRM)常用于组织端保护信息和隐私，而 DRM 常部署在分发端用于保护知识产权和控制分发范围。

3.6.1 数据版权目标

有几个主要概念对于云安全专家掌握信息版权管理(IRM)而言至关重要。在典型环境中，访问控制(Access Control)放在数据对象(例如，文件)上，用于确定系统上谁可以读取或修改对象(文件)。在服务器上也可存在一个或多个实例的管理权限。另外，向文件提供读取权限本身允许用户执行其他操作，例如，复制、重命名、打印和发送等。在 IRM 中，将附加的控制层运用到目标文件上，控制允许对目标文件做哪些操作、实现更细致和更强的控制。通过 IRM 可进一步控制和限制上述提到的所有功能，为文档提供强大的安全水平和控制层，超出了常规文件系统权限所能实现的能力范围。IRM 也有助于将数据存储从数据消费行为后删除，并有助于组织更加灵活地选择托管平台和云服务提供方。

IRM 还可用作数据分类分级和控制措施的手段。IRM 的控制措施和 ACL 可在创建数据阶段立即部署。这实际上，可以基于与创建流程(甚至用户)有关的任何属性，包括数据的创建位置、创建时间和创建方。IRM 允许从数据生命周期的最初阶段开始执行细粒度分析工作，并帮助组织保持非常严格的数据控制权和控制措施。IRM 能够有效地维护组织策略的安全基线(Security Baseline)，并可作为持续审计(Auditing)和合规(Compliance)流程的组成部分。

3.6.2 常见工具

本书将重点关注工具集的典型属性和功能，以及工具集可为 IRM 和安全提供什么能力，而不是特定的IRM软件技术或实施解决方案。

- **持续审计(Auditing)：** IRM技术允许对信息访问者执行可靠的审计活动，并提供证据，说明访问者在何时何地以何种方式访问数据。当组织需要确保适当的受众已经阅读了新的策略或文档，或者需要提供确凿的证据证明有权访问数据的人员已经完成操作时，持续审计能够极大帮助组织满足法律法规监管合规要求。
- **失效期(Expiration)：** IRM技术允许设置数据的访问最长有效时间。失效期功能能够帮助组织设置数据的生命周期，并实施策略控制措施，控制用户无法永远访问数据；避免像大多数系统中的情况一样，无限期地将数据提供给用户。
- **策略控制(Policy Control)：** IRM技术允许组织对数据的访问和使用方式执行粒度极小的精细控制活动。用于控制谁能够复制、保存、打印、转发或访问数据，与传统数据安全机制提供的功能相比要强大得多。IRM实施还能够帮助组织随时更改策略，并在必要时撤销或禁用数据。策略控制帮助组织能够确保用户总是查看数据或策略的最新副本，并在新副本可用时禁用过期的旧副本。
- **保护(Protection)：** 随着IRM技术和控制措施的实施，受其保护的信息在任何时候都是安全的。与需要对静止状态数据和传输状态数据使用不同做法和技术的系统不同，IRM始终提供与数据集成的持久保护，而不管数据当前访问状态如何。
- **支持多种应用程序和格式：** 大多数IRM技术支持一系列的数据格式，并支持与组织内常用的应用程序包(例如，电子邮件和各种办公套件)集成。IRM系统能够和现有流程无缝集成，而组织不需要对其当前日常操作实践做出重大变更。

3.7　规划与实施数据留存、删除和归档策略

为了保证数据策略有效并确保遵守法律法规监管合规要求，数据的留存、删除和归档三者的概念至关重要。虽然，其他数据策略和实践侧重于数据的安全保护和生产使用，但这三个概念是履行监管合规义务的典型概念，可以满足自行认证或行业监管机构的法律法规要求或其他强制要求。

3.7.1　数据留存策略

数据留存(Data Retention)包括在一段时间内保存和维护数据，以及用于完成特定任务的方法。通常情况下，数据留存要求是为了满足法律法规监管合规要求，并为其规定了最低时限。组织的数据留存策略可能需要较长的时间，但监管机构的要求将作为数据留存的最低基础。数据留存策略还提供了基于各种原因(包括法律法规监管合规要求、组织历史或处理以及司法电子取证要求)访问数据时的存储方式和能力。数据留存策略如果不关注数据的可访问性和可用性，就会错过数据保存的要点，因为超期数据实际上是无用的，或者造成访问数据的成本过高。

数据留存策略不仅是针对时间和访问的要求。作为策略的一部分，组织还必须考虑格式和存储方法，以及保存决策(Preservation Decision)的安全水平。数据留存策略的所有决策将首先由法律法规监管合规要求所驱动，这也代表了组织必须履行的最基本且最低要求的法律义务。监管机构要求将始终关注留存时间，也可能规定适用的特定方法和最低安全标准。数据留存策略可用于帮助组织确定留存数据的数据分类分级流程，并将分类分级映射到安全需求和方法。数据分类分级基于留存所需的全部数据和数据集的敏感程度。如果组织将更高安全等级和更有价值的数据与敏感程度较低的数据混合使用，则更高安全等级和更严格的分类分级要求将始终适用于整个数据集。

警告：

虽然，法律法规监管合规要求和政府政策决定了数据留存的强制时间期限，但对于保存时间超过规定策略的数据，也需要谨慎对待。数据留存期在电子取证(eDiscovery)对于证据保存和搜索的要求中尤为有效。许多组织都声明将数据留存一段时间，并据此定义电子取证监管合规的范围。如果数据满足策略要求且搜索参数限制在策略要求的范围之内，但没有适当的系统用于帮助组织安全地移除数据，则可能导致无法披露或无法满足电子取证指令等后果。

3.7.2 数据删除工作程序和机制

虽然，数据删除(Data Deletion)似乎是云数据生命周期中的最后一步，但从安全的角度而言，数据删除与数据保护的其他阶段同等重要。当组织不再需要系统中的数据时，必须以安全方式移除数据，确保删除的数据将来不可再次访问或无法再度恢复。在许多情况下，法律法规监管合规要求和行业要求规定了组织应该如何执行数据删除活动，从而确保实际的数据销毁流程符合标准。

在传统数据中心环境中，组织能够采用多种方法销毁数据。考虑到云基础架构设计和实现的技术现状，传统环境的数据销毁方法无法直接在云环境中使用。在传统数据中心和服务器模型中，消磁和销毁物理介质是可行的方法。但在具有共享基础架构和多租户的云环境中，适用于传统数据中心的数据销毁方法对于云客户并不适用。在大型公有云基础架构中，数据通常可能跨越多个大型数据存储系统写入，并且几乎不可能隔离数据存储的物理位置或曾经存在过的物理位置，因此，组织无法执行物理介质销毁或消磁，因为物理介质销毁或消磁可能影响整个云环境，要确保在删除时有一个可接受的置信度(Degree of Confidence)(译者注：置信度也称为可靠度，或置信水平、置信系数)。

在云环境中，云客户可用的主要方法是覆写技术(Overwriting)和加密擦除技术(Crypto-Shredding 或 Cryptographic Erasure)。覆写技术是使用随机数据或空指针重写以前包含敏感或专有信息的数据扇区的流程。大多数监管机构和行业标准要求都规定了可接受的、详细的覆写方法，以及在获得与删除相关的可接受置信度之前，覆写流程必须完成的次数。然而，由于前面提到的云计算在大范围的存储中写入数据，而没有真正的方法跟踪或定位数据，因此，覆写技术并不是一种可以在云环境中高度可靠的方法，原因就是云客户不太可能知道覆写技术所覆盖数据的所有物理位置。

在云环境中，最重要和最有效销毁数据的方法是加密擦除技术。加密擦除技术的原理是通过首先使用加密技术对数据执行加密操作，然后永久销毁加密密钥的方式，一劳永逸，从而确保永远无法恢复数据。

无论数据删除和脱敏(Sanitation)处理使用哪种办法，都应在云客户和云服务提供方之间的合同中明确定义及阐述角色、责任和工作程序(Procedure)。这些约定通常列于合同的数据销毁条款中。

3.7.3　数据归档工作程序和机制

尽管数据归档(Data Archive)流程将数据从生产或易于访问的系统中移除，但这并不意味着对数据归档的安全要求就不那么严格或全面。数据归档通常涉及从生产系统中移除数据，并将数据放置到其他系统中，用于归档数据的系统通常是比较经济的存储选项，可扩展和配置为长期存储(通常是异地存储和从常规系统中移除)。

▶ 格式
▶ 数据是如何展示和存储的?
▶ 技术
▶ 哪些特定的软件应用程序用于创建和维护归档数据?
▶ 法律法规监管合规要求
▶ 数据必须留存的最短周期，对于保存期间有什么其他要求?
▶ 测试
▶ 确保备份可以在需要时正常工作

图 3-3　数据归档的概念和要求

这不仅为数据提供了更便宜和更专业的存储，而且允许优化生产系统，并在其数据集中包含更少的数据，从而允许更快地搜索和访问。

为了能够正确地实施数据归档和留存策略，图 3-3 列出的关键概念尤为重要。

1. 格式

归档策略需要确定归档数据的格式。由于数据归档的长期性，数据格式非常重要。随着多年后平台、软件和技术的变化，组织最终可能会遇到数据归档无法检索(取回)的状态，或者可能必须借助外部供应方以更加高昂的成本访问数据。随着归档数据在多种情况下存储多年，在必要时恢复归档数据的能力成为一个非常值得考虑和关注的问题。组织必须确保长期存储的数据有至少一种恢复手段，但随着时间推移和技术变化，最初的供应方可能退出数据归档业务或放弃现有归档产品线，从而可能导致情况更为复杂。

2. 技术

除了数据留存策略和数据格式决策，数据归档将依赖于特定技术或标准维护和存储数据。这通常是在备份系统中，并涉及磁带系统和异地存储。大多数情况下，组织通过周期性运转的自动化功能，传输达到一定规模或时间要求的数据，并将归档数据从生产系统迁移到归档系统中。迁移过程可能涵盖或不涵盖数据集的加密和压缩等其他操作，或者在全局层面对介质本身(而不是针对特定的数据集和文件)实现加密或压缩功能。正如前面提到的格式问题那样，实际上，归档技术最重要的方面是未来多年间对系统的维护风险。许多供应方定期更新产品，甚至随着时间的推移逐步淘汰旧系统或软件包。对于云安全专家而言，确保 IT 组织在公司策略或法律法规监管合规要求的必要时间内保证恢复数据的能力非常必要。组织可通过在内部维护软件或系统以在需要的时间内读取介质，或者组织可与外部供应方商定协议或合同，以用于在必要时执行恢复活动。如果不能在需要时保证恢复和读取归档的能力，组织可能面临监管处罚、声誉损失或与在短时间内恢复数据的与合同服务相关的额外成本。(译者注：关于数据保护的相关内容，请参阅清华大学出版社出版的《数据保护权威指南》一书。)

注意：

确保读取归档数据所需技术的可用性是非常重要的。随着多年的技术演变，组织往往忽视了保持系统能够读取归档数据的必要性，只有在发生灾难需要恢复数据时才意识到可读取问题，然而那时已经为时已晚。当发生这种情况时，组织必须在早期阶段与外部服务方签订合同，否则系统在意外发生后读取旧数据的成本将非常高昂。

3. 法律法规监管合规要求

大多数法律法规监管合规要求都会规定数据归档的最短持续时间。法律法规监管合规要求通常还规定了所需的最低加密等级或技术，甚至是要使用的特定格式、标准或技术。在司法要求下，电子取证的概念开始发挥作用。这种情况下，组织可以要求通过数据检索履行协助刑事或民事法律诉讼的义务。云安全专家需要特别注意电子取证(eDiscovery)的法律法规监管合规要求，因为电子取证监管合规要求通常规定了检索和复现数据的时间要求。因此，在选择用于数据归档的技术和工具时，管理层应有信心能够满足监管合规要求；否则，组织可能面临处罚或罚款。

4. 测试

虽然数据格式、技术和法律法规监管合规的要求构成了数据归档计划的核心工作，但是，如果没有适当的测试验证和审计策略与工作程序，组织将无法确保数据归档计划工作程序在需要时是有效且可用的。组织应该对归档数据定期执行恢复测试，测试所用的流程和技术，从而确保组织可读取和处理归档数据格式，并验证所使用的加密技术仍然可以解密，确认密钥管理策略是健全且可用的。测试工作程序应确保从远程场所取回存储源开始，一直到恢复后读取和验证实际数据的全部流程，从开始到结束都正常工作。

3.7.4　法定保留

法定保留(Legal Hold)是指与司法诉讼相关的一种特定类型的数据归档和留存。组织和个人可以收到关于民事或刑事诉讼的官方司法或执法要求，司法要求将概述必须留存内容的范围和需要。法定保留可能涉及特定的保存要求或格式，并且通常需要一直保留数据，直至诉讼程序结束为止。

在常规情况下，组织应自行保管和保护数据，但在其他情况下，可能需要由第三方保管或独立保管数据。

3.8　设计与实现数据事件的可审计性、可追溯性和可问责性

通过对数据类型以及处理和保存数据的策略的深入了解，云安全专家可以识别、收集和分析实际的数据事件，用于在极具价值的场景中使用数据。开放式 Web 应用程序安全项目(Open Web Application Security Project，OWASP)为识别、标记和收集与应用程序和安全相关的数据事件(无论是在云端还是在传统数据中心)提供了一套完善且全面的定义和准则。OWASP 的相关信息在 https://www.owasp.org 以及本节中广泛使用，并为每个参考提供适当和直接的链接。

3.8.1　事件源(Event Source)的定义

哪类事件是重要的且可用于捕获的日志，将基于所选用的特定云服务模型类别而有所差异。

1. IaaS 事件源

在 IaaS 环境中，云客户可对任何云服务模型的系统和基础架构日志拥有最大的访问权和可见性。因为云客户可以完全控制包括操作系统和网络功能在内的整个环境，因此，几乎所有的日志和数据事件都应公开并可用于捕获日志。然而，一些超出云客户典型权限的日志也可能具有很高的价值，云服务提供方和云客户之间的合同和 SLA 条款中应明确定义关于日志的访问权内容。日志包括虚拟机管理程序日志、DNS 日志、门户日志、云客户视图范围之外

的网络边界日志，以及云客户用于发放与管理其服务和计费记录的管理和自助服务门户的日志。

2. PaaS 事件源

PaaS 环境无法提供或公开与 IaaS 环境相同级别的云客户对基础架构和系统日志的访问权限，但在应用程序级别可获得与 IaaS 环境相同级别的日志和事件细节。大多数情况下，应用程序公开的事件基于所使用的技术和平台的标准日志记录和应用程序研发人员提供的特定日志组合。下面的 OWASP 指南表明了可以记录和处理哪些类型的事件(https://github.com/OWASP/CheatSheetSeries)：

- 输入验证失败(例如，协议冲突、不可接受的编码方式、无效的参数名称和值)
- 输出验证失败(例如，数据库记录集不匹配和数据编码无效)
- 身份验证成功与失败
- 授权(访问控制)失败
- 会话管理失败(例如，Cookie 会话标识值修改）
- 应用程序错误和系统事件(例如，语法和运行时错误、连接问题、性能问题、第三方服务错误消息、文件系统错误、文件上传病毒检测和配置文件变化)
- 应用程序和相关系统的启动和关闭以及日志初始化(启动、停止或暂停)
- 使用高风险功能(例如，连接网络、添加或删除用户、变更权限、分配用户标记、添加或删除标记、使用系统管理权限、应用程序管理员访问、具有管理权限的用户的所有操作、访问支付卡持卡人数据，使用数据加密密钥、更改密钥、创建和删除系统级对象、导入和导出数据和提交用户生成的内容)
- 法律法规监管合规要求和其他选项(例如，移动电话功能许可、使用条款、条款和条件、个人数据使用许可和接收营销信件的许可)

同样的模型还会延伸到其他事件，这些事件可能是可用的或者必要的，并且可能对应用程序或安全团队更具有价值：

- 序列化失败
- 过度使用
- 数据变化
- 欺诈和其他犯罪活动
- 可疑、不可接受的行为或意外行为
- 修改配置文件参数
- 应用程序代码文件和/或内存变化

(译者注：在平台即服务(PaaS)事件源中，“Sequencing failure”可以理解为“顺序失败”或“序列化失败”。通常指的是事件处理序列中发生的错误，导致事件流的处理或消息排序出现问题，进而影响整个事件流程的正常处理。)

3. SaaS 事件源

考虑到 SaaS 环境的本质，以及云服务提供方负责整个云基础架构和应用程序，云客户可用的日志数据量通常是最小的，而且受到高度限制。对日志数据的任何访问，无论是以原始格式还是通过云服务提供方工具，都需要在云服务提供方和云客户之间的合同和 SLA 要求中明确说明。通常，云服务提供方明确地限定在云客户需要的范围内提供的日志数据，并根据应用程序使用情况定制。SaaS 环境中云客户最重要的日志通常是应用程序日志(Web、应用程序和数据库)、利用率日志、访问日志和计费记录等。

3.8.2　身份属性要求

OWASP 还提供了以下功能强大且详细的模型，用于捕获和记录事件属性(https://github.com/OWASP/CheatSheetSeries)。

时间(When)：

- 日志日期和时间(国际格式)
- 事件日期和时间，事件时间戳可能与日志记录时间不同(例如，服务器日志记录，其中客户端应用程序托管在仅定期或间歇在线的远程设备上)。
- 交互识别码(InteractionIdentifier)

地点(Where)：

- 应用程序识别码(例如，名称和版本)。
- 应用程序地址(例如，集群/主机名或服务器 IPv4 或 IPv6 地址和端口号、工作站身份识别或本地设备识别码)。
- 服务(例如，名称和协议)。
- 地理物理位置(Geolocation)。
- 窗口/窗体/页面(例如，Web 应用程序或对话框名称的入口点 URL 和 HTTP 方法)。
- 代码物理位置(例如，脚本名或模块名)。

谁(Who，人类或机器用户)：

- 源地址(例如，用户的设备/机器识别码、用户的 IP 地址、小区/RF 塔 ID 或移动电话号码)。
- 用户身份(例如，用户数据库表的主键值、用户名或许可证号)。

事情(What)：

- 事件类型。
- 事件的严重程度(例如，{0=紧急情况、1=告警、……7=调试}或{致命、错误、警告、信息、调试和跟踪})。
- 安全相关事件标志(如果日志也包含非安全事件数据)。
- 说明

OWASP 还列出了在记录日志时应强烈考虑的以下事件属性：

- 第二时间源(例如，GPS)事件日期和时间。
- 操作请求的原始目的(例如，登录、刷新会话 ID、注销或更新配置文件)。
- 对象或受影响的组件，例如，用户账户、数据资源或文件(例如，URL、会话 ID、用户账户或文件名)。
- 结果状态，表明对象的操作是否成功(例如，成功、失败或延迟)。
- 原因，表明为什么出现该状态(例如，在数据库检查中用户未通过身份验证，或不正确的凭证)。
- HTTP 状态代码(仅限 Web 应用程序)，用户返回状态代码(通常为 200 或 301)。
- 请求 HTTP 头或 HTTP 用户代理(仅限 Web 应用程序)。
- 用户类型分类分级(例如，公共用户、认证用户、CMS 用户、搜索引擎、授权渗透测试设备或正常运行时间监测器)。
- 事件检测的分析置信度(例如，低、中、高或数值)。
- 用户看到或应用程序采取的响应(例如，状态代码、自定义文本消息、会话终止和管理员警告)。
- 扩展的详细信息(例如，堆栈跟踪、系统错误消息、调试信息、HTTP 请求正文以及 HTTP 响应头和正文)。
- 内部分类分级(例如，责任和合规参考)
- 外部分类分级(例如，NIST 的安全内容自动化协议[SCAP]或 MITRE 的通用攻击模式枚举和分类分级[CAPEC])

然而，尽管全面而详细的日志记录对于正确的应用程序安全水平和持续监测非常重要，但是永远不应该保存或记录某些数据。OWASP 提供了以下数据排除指南(https://github.com/OWASP/CheatSheetSeries)：

- 应用程序源代码
- 会话标识值(如有必要跟踪会话特定事件，请考虑替换为哈希值)
- 访问标记
- 敏感的个人数据和某些形式的个人身份信息(例如，健康、政府标识和弱势人群)
- 身份验证口令
- 数据库连接字符串
- 加密密钥和其他主密钥
- 银行账户或支付卡持有人数据
- 安全等级高于日志系统允许存储的数据
- 商业敏感信息
- 在相关司法管辖权区域收集非法信息
- 用户选择退出收集或未同意收集的信息(例如，使用“请勿跟踪”或“同意收集”已过期的情况)

3.8.3 数据事件日志

一旦由管理人员、安全人员和应用程序团队确定并定义属性和事件类型的类别，则流程的下一步就是收集和验证真实的事件数据和日志记录功能。OWASP 为事件收集提供了如下框架(https://github.com/OWASP/CheatSheetSeries)：

- 对来自其他信任区域的事件数据执行输入验证并确保格式正确(如果输入验证失败，请考虑发出告警而不是执行日志记录)。
- 对所有事件数据执行清除操作，以防止日志注入攻击，例如，回车符(CR)、换行符(LF)和分隔符字符，还可选择删除敏感数据。
- 正确编码输出(记录)格式的数据。
- 如果写入数据库，请阅读、理解和使用 SQL 注入备忘录。
- 确保日志记录流程/系统中的故障不会阻止应用程序以其他方式运行，或不允许信息泄露。
- 确保所有服务器和设备的时间同步。

当然，数据收集的一个组成部分(特别在涉及归档和记录保存的法律法规监管合规要求时)是验证数据和数据事件是否以预期的方式收集，以及是否有完整的数据集。下面的验证框架(来自 OWASP)为数据事件收集验证提供了一份可靠的方法和指南(https://github.com/OWASP/CheatSheetSeries/blob/master/cheatsheets/Logging_Cheat_Sheet.md)：

- 确保日志记录按指定的方式正常工作。
- 检查事件分类分级是否一致，字段名称、类型和长度是否按照商定的标准正确定义。
- 确保在应用程序安全测试、模糊测试(Fuzz Testing)、渗透测试和性能测试期间实现并启用日志记录。
- 测试机构不易受到注入攻击。
- 确保日志记录发生时没有不必要的副作用。
- 检查外部网络连接丢失时对日志记录机制的影响(如有必要)。
- 确保日志记录不能用于耗尽系统资源(例如，通过填充磁盘空间或超出数据库事务日志空间，从而导致拒绝服务攻击)。
- 测试日志记录失败对应用程序的影响。例如，模拟的数据库连接丢失、缺少文件系统空间、缺少对文件系统的写入权限以及日志模块本身的运行时错误。
- 验证事件日志数据的访问控制措施。
- 如果在针对用户的任何操作中使用了日志数据(例如，阻止访问或账户锁定)，请确保不会导致拒绝服务(Denial of Service，DoS)。

3.8.4 数据事件的存储与分析

对于为任何系统或应用程序创建和收集的大量日志，需要一种方法或技术编目并使事件可搜索和报告。如果没有一个适当的系统来综合和处理事件数据，那么收集到的大量数据基本上就没有任何有用或有意义的用途，也无法满足审计和监管合规要求。

用于事件数据操作的主要技术称为安全和信息事件管理(Security and Information Event Management，SIEM)系统。SIEM 系统从环境中的几乎任何源收集日志并编制索引，索引使数据源实现可搜索并可向组织及其用户报告。业界著名的 SIEM 解决方案的示例有 Splunk、HPE ArcSight 和 LogRhythm。根据 SIEM 解决方案的不同，SIEM 系统可安装在数据中心或云环境中并由客户维护，也可作为供应方的 SaaS 云实现运行，并将日志数据从环境和应用程序转发给 SIEM 系统。

许多组织以各种方式使用 SIEM 解决方案，以实现各项功能和目标，包括以下内容：

- 聚合
- 关联
- 告警
- 报告
- 合规
- 仪表盘

1. 聚合与关联

SIEM 解决方案将来自各种源的数据聚合到单个索引系统中。聚合带来了明显的好处，即能从单个位置搜索数据，而不必登录到每台服务器。在部署大型应用程序时，环境中可能有几十台或数百台服务器，因此，研发人员或安全人员与重复登录不同服务器相比，只需通过一个搜索位置就可采用更加快速的方式搜索数据。SIEM 解决方案还倾向于提供比操作系统内置的本机工具集更强大的搜索工具，而且这些工具通常使用的语法与知名搜索引擎更一致，而不是使用命令行或内置工具集。

SIEM 除了将日志数据聚合到单个物理位置外，不仅为应用程序数据建立了索引并使之可用，而且也帮助来自全局环境的数据能够自由利用。环境数据通常包括操作系统数据、网络数据、安全扫描和入侵系统数据、DNS 数据以及身份验证和授权系统数据。由于所有数据都在同一个物理位置，SIEM 就成为在整个环境中关联事件和数据的一个非常强大的工具。例如，如果有可疑的恶意 IP 地址向应用程序发送数据，则安全团队不仅可从应用程序级别查看日志条目，而且可查看来自网络和入侵系统的、与同一 IP 地址相关的全部日志；无论是实时日志还是历史数据，在 SIEM 解决方案中都是如此。得益于此，安全团队能立即高效地搜索数据，而安全团队如果在单个服务器和设备级别执行搜索，则所需时间将大大延长，而且很可能涉及负责每项技术的所有不同团队的大量员工。SIEM 的一个巨大收益是：允许安全团队访问全局环境中的日志数据，而无需访问真实服务器和设备，从而保证了职责分离。一旦日志发送到 SIEM 解决方案，还将提供防止恶意攻击的保护控制措施，即攻击方无法篡改沦陷主机上的日志，因为日志已经发送到外部 SIEM 系统中。

2. 告警

通过在 SIEM 解决方案中索引所有日志数据，能够对可搜索和已定义的任何类型的事件发出告警。告警类型可包括搜索特定的错误代码、监视特定的 IP 地址或用户，甚至可以监视应用程序中的缓慢响应时间或错误率。告警功能通常在任何时候都持续运行，快速捕获事件并向接收告警的人员报告异常行为。

警告：

云安全专家需要知晓和监测的一个情况是 SIEM 解决方案中使用告警的数量和复杂程度。由于告警或多或少以“实时”(Live)方式运行，因此，添加到系统中的任何其他告警将始终消耗一定数量的资源，具体取决于系统监测和告警的日志数据的复杂程度和数量。云安全专家需要确保系统有足够的存储容量以适用于处理告警的负载，满足报告和搜索需求，还需要考虑系统本身的索引开销。

3. 报告与合规

SIEM 解决方案能够帮助组织很容易地出具多种类型的报告，报告既可用于内部目的，也可用于合规目的。报告可以是从使用情况报告到用户登录、错误和配置更改报告的任何内容。报告还可作为汇总日志数据以供长期留存的一种方式，而不必在资源紧张的位置留存原始日志文件，不需要留存原始日志文件所需的存储量。在合规方面，许多监管机构要求定期检查登录失败、用户账户创建和修改以及配置更改等日志。拥有 SIEM 解决方案提供一种从整个应用程序环境中捕获报告的简单而有效的方法，则编写报告语法、更改报告的频率或运行临时报告将非常简单。

4. 仪表盘

仪表盘通常是单个屏幕，向用户显示各种报告和告警。仪表盘允许用户通过一个屏幕，就能够即时查看各种项目，而不必在多个位置点击应用程序查找信息。对于研发人员和安全专家而言，使用仪表盘也是一种简单有效的方法，可管理系统及其各个方面的实时视图，同时隐藏底层机制和细节。通过在一个 SIEM 解决方案中编写各种告警和报告，大多数系统都提供了一个易于使用(通常还可以自由拖放)的功能构建仪表盘。许多公司还在已经构建的报告和告警的基础上提供自定义方案，用于构建更为适用的仪表盘，或者以直观的方式限制或排序数据。

5. 留存与合规

通过在 SIEM 解决方案中聚合日志，许多组织选择使用 SIEM 解决方案实现长期日志留存和合规。许多组织在实施了 SIEM 解决方案后，在服务器上部署较为活跃的日志轮换和清理机制，然后将 SIEM 解决方案作为一个用于日志留存和合规的存储库。SIEM 解决方案中有多个数据层，从最活跃和最可搜索的层，到设计用于更廉价的存储并根据较低的访问发生率和可用性需求为长期留存开展优化的层。组织使用 SIEM 解决方案开展长期留存，能够专注于单一的解决方案，并且不必从组织控制的大量系统中执行日志留存和备份。

3.8.5 持续优化

为了成功实现所有的事件收集和分析工作，组织必须随着时间的推移不断优化和调整。应用程序和系统处于不断变化和不稳定的状态，如果没有一个灵活且响应迅速的程序，事件将开始陆续丢失，从而导致不准确的报告和安全持续监测信息，并可能无法满足法律法规监管合规要求。

日志和事件收集最重要的方面是审计日志记录。日志分析将查找已经发生的可能预示威胁和漏洞的事件，从而为组织提供采取纠正措施的能力。在可能出现攻击的情况下，组织可以立即开始调查，确定破坏的程度，然后开始缓解和补救流程。

为了帮助组织的审计日志记录长期成功运行，组织需要建立系统和流程，以确保探查到新的事件类型。应用程序处于持续的变化状态，随着时间的推移，附加的功能和更新将引入新类型的事件和日志记录。如果一个静态应用程序无法检测到新的事件类型，系统将面临攻击和危害，并且无论在攻击发生之前还是之后都无法检测到。结合理解和检测新事件的能力，组织需要更新规则以查找新事件。任何日志记录和告警方案中的规则都需要根据所属系统或应用程序的当前运行状态不断调整和更新。对于任何应用程序变更而言，尤其是任何主要的平台或设计变更，规则应该是发布和变更管理流程中不可或缺的组成部分。持续不断的规则调整有效地减少了误报和告警。如果没有正确地排除误报，在最好的情况下，这意味着安全和运营团队浪费时间去追查一些虚无缥缈、毫无头绪的问题；在最坏的情况下，工作人员将忽略告警并错过合法的告警。

云安全专家还需要意识到法律法规监管合规要求的变化，无论是法律监管来源还是行业认证和规范的变化。变化通常涉及由于技术的变化、新的威胁和新的立法而改变的指导方针，并且通常涉及对系统或应用程序中事件数据的审计和收集的更改。法律法规监管合规要求可以是安全数据销毁要求的更改，也可以是数据探查和留存策略的变化。大多数情况下，法律法规监管合规要求的变化将赋予组织一个特定的时间框架，在这个时间段内必须实施变更以保持合规水平。这是云安全专家需要确保与管理层和研发人员讨论的内容，以便在内部合理安排时间，并将必要的变更纳入设计生命周期中，满足法律法规监管合规要求变更所提出的时间表。

3.8.6 证据保管链和抗抵赖性

证据保管链(Chain of Custody)的核心是文档化的数据和证据的持有及保存，从数据和证据的创建到保存或输入正式记录为止，通常用于法庭诉讼中。对于证据而言，证据保管链都非常重要。如果没有证据保管链，则无法确认证据的有效性和完整性，因此，法庭通常不会采纳证据。证据保管链记录包括从数据创建到处置或最终形式的全面历史，涉及全部操作、所有权变更、修改、物理位置、格式、存储技术和访问的记录。

在传统数据中心托管模式中，维护适当的证据保管链通常非常简单，因为公司或组织将完全控制传统环境的资源、服务器、存储系统和备份系统。然而，在云环境中，由于大多数云平台(特别是大型公有云)将数据和托管资源分散到大量资源池中，证据保管链的维护可能要复杂得多。大多数情况下，通过云服务提供方和云客户之间的合同和 SLA 最大限度地确保这一流程的合规水平，合同和 SLA 条款要求云服务提供方尽力维护证据保管链，确保所有数据项都是已知的，并在必要时予以保存。许多大型公有云服务提供方已经建立了数据保障机制。数据保障机制是默认产品的一部分，还是通过额外的成本和合同获得的，供应方之间可能也将有所不同。

抗抵赖性(Non-repudiation)是高度确定数据来源或真实性的能力，通常通过数字签名和哈希技术实现，以确保不会非授权篡改数据的原始形式。抗抵赖性概念直接作用于证据保管链，是对证据保管链的补充，可用于确保数据的有效性和完整性。

3.9　练习

云安全专家受雇于一家在欧盟司法管辖区范围内开展业务的组织，任务是在云环境中为处理在线金融交易的应用程序提供数据保护。

1. 云安全专家需要满足哪些隐私法案和法律法规监管合规要求？

2. 云安全专家可以使用哪些工具集和技术来满足法律法规监管合规要求，以确保组织满足法律法规监管合规要求？

3. 如果云安全专家任职的组织决定采用 IaaS 实现而非 PaaS 模型实现，云安全专家将面临哪些挑战？

3.10　本章小结

本章首先讨论了云环境中可用的多种类型的存储(取决于所选的云托管模型)。然后，介绍了在云环境中保护数据和隐私的各种可用技术、管理策略的监管机构以及这些要求如何与云环境相关联。最后讨论了云环境中事件的收集、审计和报告。

第 4 章

云平台与基础架构安全

本章涵盖知识域 3 中的以下主题：

- 云环境的物理(Physical)方面
- 构成云环境的关键组件
- 云数据中心的设计考虑因素和标准
- 云计算相关风险
- 设计与规划基于云环境的安全控制措施
- 云环境中的审计
- 云环境中的业务持续和灾难恢复(BCDR)

云计算平台通常能够帮助组织获得特殊收益，并具备多种卓越能力，包括性能和可伸缩性(Scalability)、消除硬件依赖、帮助组织将工作重点聚焦于业务运营需求，以及可计量服务(Measured Service)——所有特性都可能比组织运营自有数据中心的总体成本和投资更低。然而，基于同样的因素，云平台也面临特定的风险和挑战，有时成本节约效果并不像设想的那样好，或未达到预期的规模。本章将讨论云平台的相关风险和挑战，分析应对与缓解风险和挑战的方式，介绍云环境中业务持续和灾难恢复(Business Continuity and Disaster Recovery，BCDR)的要求和收益。

4.1 理解云基础架构和平台组件

云基础架构(Infrastructure)由许多与传统数据中心相同的组件组成，差别只是从云环境的角度加以运用。云基础架构还添加了一些特有的组件，如图 4-1 所示。

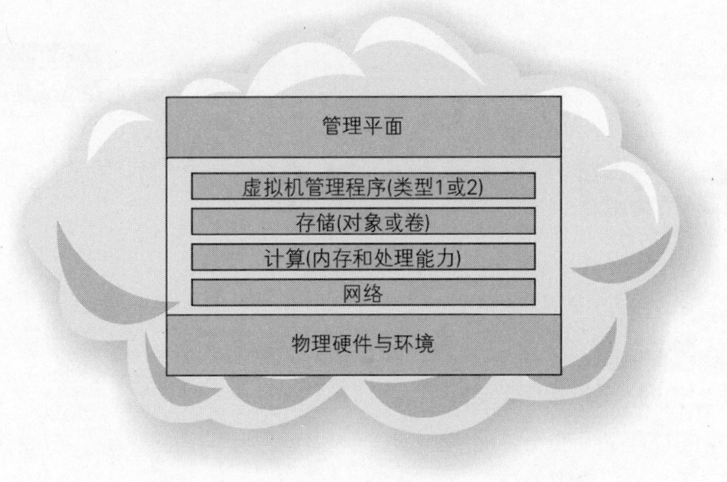

图 4-1 云基础架构组件

4.1.1 物理硬件和环境

虽然云计算模型已经成为组织托管系统和应用程序的一项革命性技术，但是在云环境模型中的底层架构和需求与传统数据中心模型中的并无太大差异；云环境只是从云客户中抽象出关注程度较高的组件和细节。然而，特别是对于大型公有云系统而言，云环境中所需的规模效应和协调工作要复杂得多。

传统的企业数据中心，尤其是对于大型公司而言，通常拥有成千上万台计算机，并且需要大量的制冷和公用设施。在主流云环境中，云安全专家经常能看到成千上万甚至数十万台服务器，分布在多个(有时是数十个)物理位置(Location)。

拥有如此大规模的数据中心需要大量电力和冷却资源。在具备高可用性(Availability)和韧性(Resiliency)的云环境中，所有系统应是高度冗余的，并以一种不会导致任何停机或在任何维护期间产生单点故障的方式执行维护工作。由于云环境大多承载着大量的云客户，任何时间段处于停机状态都将产生巨大影响，并严重影响云客户和云服务提供方。积极的一面是，由于如此多的云客户汇集资源，云服务提供方专注于为云产品构建专用基础架构，而非托管具有不同需求的众多不同类型的系统，因此，规模经济效益是组织托管自有数据中心时所无法做到的。

在内部，数据中心需要冗余的电源和冷却设施，而实际物理环境可能存在额外的冗余问题。云服务提供方需要多条独立的电力线路供给，此外，通常还需要在过渡期间或在电力供应不可用时提供发电和电池备份服务。云平台冗余的关键需求如图 4-2 所示。

外部冗余

- 电力供给/线路
- 变电站
- 发电机
- 发电机燃料箱
- 网络线路
- 建筑物接入点
- 制冷/冷却基础架构

内部冗余

- 配电装置
- 机架供电
- 冷却器和装置
- 网络
- 存储单元
- 物理接入点

图 4-2　云冗余的重点领域

云服务提供方为了将环境和自然灾害所引发的风险降至最低，应为数据中心寻找合适的物理位置，而不必像传统组织那样在地理上与总部或办公地点绑定。根据定义，云环境是通过网络(而不是物理访问)访问的，只要云服务提供方拥有充足的网络带宽，云环境的物理位置可位于国家或世界的任何地方，以供采用更廉价的基础设施(Facilities)、土地(Land)和公用设施(Utilities)。云环境的另一个物理安全优势来自大型数据中心的规模经济以及租用数据中心的云客户数量。对于数据中心而言，构建复杂和冗余的安全等级可能非常昂贵，但当成本可分摊到所有云客户时，每个云客户都可享受到远超自身经济承受能力的、技术更为先进的安全保障措施。

4.1.2　网络

网络(Network)对于云环境至关重要，因为网络是为云客户和用户提供访问系统、应用程序和软件工具的唯一途径。从云服务的意义而言，网络完全是云服务提供方的责任，云客户和用户通常希望网络能够持续工作，永远不会出现网络无法访问的问题。

1. 网络硬件

当构建一套网络环境时，通常涉及多个层面的工作。即便云客户和用户实际并未意识到各项工作，但每一层都有各自的问题和挑战。基本层是物理网络组件，例如，物理线缆和布线。特别是在大型数据中心，布线的工作量非常大，通常需要专业团队负责组织的物理布线(Physical Wiring)。

一旦完成物理布线，组织就应该将各类线缆连接到设备和机器上。从而构成数据中心网络的下一层，即由交换机、路由器和网络安全设备所组成的大型网络。这一层通常在分层系统中构建，网络层系统在物理上将网络分段，实现多层的隔离和安全。通过将不同层次的服务器分离或限制特定区域内的流量，能够在物理层面分段网络，以提供额外的安全能力。如果攻击方成功渗透到数据中心的网络层，物理分离可最小化漏洞和访问的范围。

除了在物理上将网络分段，通过虚拟局域网(Virtual Local Area Network，VLAN)等机制实现了软件/虚拟分离。VLAN 技术允许为同一类别或属于同一应用程序或客户端的服务器提供专用的 IP 地址空间，从而在网络级别增强了安全水平并与其他系统隔离。VLAN 不依赖于物理网络设备，因此，无论硬件物理位置在哪里，都可以跨越数据中心；服务器不需要位于相同的机架甚至连接到相同的交换机或路由器。

2. 软件定义网络

云计算的重要方面之一是使用软件定义网络(Software-Defined Networking，SDN)。在 SDN 环境中，关于流量过滤或发送的决策与流量的实际转发是完全独立的。在云计算环境中，分离(Separation)至关重要，因为分离允许云网络管理员根据云客户当前的需求和要求，快速、动态地调整网络流量和资源。通过与实际网络组件的分离，云服务提供方可以构建管理工具，以帮助员工通过 Web 门户或云管理界面更改网络配置，而无需登录实际网络组件或无需具备网络管理员相关知识技能。鉴于组织所提供的访问级别和可控制资源的类型，任何 SDN 实现都需要提高安全措施等级，严格控制并定期监测访问权限。

4.1.3 计算

与传统数据中心模型一样，云计算是围绕处理能力而构建的。简而言之，计算和处理能力通常可定义为系统与环境的 CPU 和内存(RAM)。在使用物理服务器的传统服务器设置中，组织很容易定义并管理 CPU 和内存两类资源，因为每台服务器都代表一个能力有限且唯一的单元，无论是在配置还是在运行指标和观察趋势方面。在云环境中，考虑到资源池和多租户的因素，计算能力在规划和管理方面将更加复杂。在大型虚拟环境中，云服务提供方需要构建大量的资源，用于在所有系统、应用程序和云客户之间共享全部资源，并以特定方式实施：每个系统、应用程序和云客户在任何特定的时间节点都能够拥有所需的资源，以满足高可用性、性能和可伸缩性需求。

1. 预留

预留(Reservation)是云环境中向云客户保证的最小资源。预留功能涉及计算的两个主要方面：内存和处理(Processing)。通过预留功能，云服务提供方能够保证云客户始终至少拥有必要的可用资源，可以用于启动和运行任何服务。在拥有大量云客户的大型云环境中，预留功能尤为重要，因为预留为所有云客户提供了最低水平的运营保证，应对拒绝服务攻击(DoS)或其他使用大量云资源的高利用率服务。

2. 限制

与预留相反，限制(Limit)是为了强制云客户最大化利用内存或处理能力。限制功能可在虚拟机级别或云客户的综合级别实施，旨在确保庞大的云资源不会由单台主机或单一云客户分配或消耗殆尽，从而损害其他虚拟主机和云客户的利益。限制功能取决于云计算的特性，例如，自动伸缩和按需自助服务，限制既能够是“硬性的”(Hard)或“固定的”(Fixed)，也可以是灵活的，允许动态变化。对于动态调整限制条件，通常是通过“借用”(Borrowing)额外资源而不是实际更改限制本身完成的。

3. 共享

在云环境中，共享(Share)功能用于减轻和控制云客户对资源分配的请求，前提是当前云环境没有能力提供足够资源。共享功能是通过云服务提供方定义的权重体系(Weighting System)对云环境中的主机实行优先级(Priority)排序来实现的。判断哪些主机可以访问有限的剩余资源。特定主机的权重值越高，主机可使用的资源就越多。

4.1.4　存储

从硬件的角度来看，云环境中的海量存储与传统数据中心或服务器模型并无太大区别。存储通常由独立冗余磁盘阵列(Redundant Array of Inexpensive Disk，RAID)实现或存储区域网络(Storage Area Network，SAN)组成，然后连接到虚拟化服务器基础架构。

1. 卷存储

如第 3 章所述，卷存储(Volume Storage)是指将存储分配给虚拟机，并在服务器上配置为典型的硬盘驱动器和文件系统。尽管存储来自集中式存储系统或已连接的网络，但对于服务器而言，卷存储将作为专用资源，类似于其他计算和基础架构服务对虚拟化操作系统的呈现方式。使用卷存储系统，主要的基础架构存储分割为一种称作逻辑单元(Logical Unit，LUN)的片段，由虚拟机管理程序分配给特定的虚拟机，然后根据主机的操作系统通过特定方法加载。从存储分配的角度来看，这只是分配给虚拟机存储的预留片段。所有参数配置文件、格式化、使用率和文件系统级安全水平都由主机虚拟机的特定操作系统和管理员处理。

2. 对象存储

从第 3 章可知，对象存储(Object Storage)是指将数据存储在与应用程序分离的系统上，用户可通过 API、网络请求或 Web 界面访问数据。通常，组织实施对象存储是作为额外的冗余步骤和性能度量。云服务提供方通过将对象存储从实际的主机实例中移除，可将专用资源集中在管理对象存储的系统上，从而优化存储性能和安全能力。对象存储具有独立于主机的冗余和可伸缩系统，还可优化特定功能或任务。

对象存储与具有目录和树状结构的传统文件系统不同，对象存储使用平面系统(Flat System)，并为文件和对象分配一对键值(Key Value)，然后通过调用键值访问文件和对象。对象存储的不同实现可能导致键值命名为不同的名称，但最终概念是相同的——使用唯一的键值(通常是密文)访问数据，而非传统的文件名命名法。许多云服务提供方使用对象存储作为基础架构的核心部分，例如，虚拟主机镜像库(Library of Virtual Host Image)。

考试提示：

CCSP 考生确保理解在基础架构即服务(Infrastructure as a Service，IaaS)中使用的对象存储与卷存储类型之间的区别。考试中很有可能会遇到如何以及何时使用对象存储和卷存储的问题。特别需要记住，在云环境中，对象存储常用于存放虚拟主机的镜像。

4.1.5 虚拟化技术

如前所述，虚拟化技术是云环境及其所有托管模型的主体。虚拟化(Virtualization)能够帮助云环境为客户提供最大的收益，特别是资源池、按需自服务和可伸缩性。使用虚拟化技术打破了单一服务器的旧有模式和限制，即传统主机需要与服务器绑定在一起。与之相反，虚拟化技术允许在多台主机和应用程序之间利用海量资源池。虚拟化技术还允许通过虚拟机管理程序(Hypervisor)完成硬件抽象工作。

1. 虚拟机管理程序

正如第 2 章讨论的“云概念、架构与设计”(Cloud Concepts，Architecture，and Design)知识域所述，虚拟化中存在两种类型的虚拟机管理程序：类型 1 和类型 2。图 4-3 显示了两种虚拟机管理程序类型的概述。

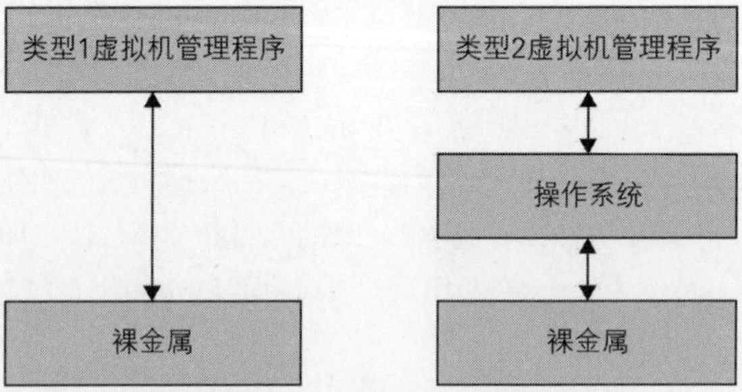

图 4-3 类型 1 和类型 2 虚拟机管理程序

译者注：在计算领域，“Bare Metal”(裸金属，亦称‘裸机’)指的是在没有虚拟化或操作系统层的情况下直接访问硬件的状态。

- **类型 1 虚拟机管理程序：**如第 2 章所述，类型 1 虚拟机管理程序通过直接与底层硬件绑定运行的本机实现。换言之，类型 1 虚拟机管理程序直接运行在本地硬件上，可直接访问硬件组件和资源。类型 1 虚拟机管理程序经过专门的编写和优化，可在裸机上运行并提供托管环境；正因为如此，类型 1 虚拟机管理程序编写的代码非常紧凑，总体上较精简，不需要满足任何额外的需求。因此，类型 1 虚拟机管理程序还可确保更为严格的安全水平和控制措施，因为除了用于完成预期任务的应用程序或实用工具(Utility)，类型 1 虚拟机管理程序中没有运行其他应用程序或实用程序。因此，与设计为高度灵活的传统操作系统相比，类型 1 虚拟机管理程序潜在的攻击向量和漏洞要少得多。

- **类型 2 虚拟机管理程序：**由第 2 章可知，类型 2 虚拟机管理程序与类型 1 虚拟机管理程序的不同之处在于：类型 2 虚拟机管理程序在传统主机操作系统上运行，而不是直接绑定到虚拟主机服务器的底层硬件上。在类型 2 的实现中，当操作系统和虚拟机管理程序之间的交互成为关键环节时，组织通常需要考虑额外的安全和架构问题。类型 2 虚拟机管理程序不再直接控制底层硬件，也不再直接与底层硬件交互。采用类型 2 虚拟机管理程序意味着位于中间位置的操作系统需要自己的资源、补丁需求和运营监督，并可能损失部分性能。类型 2 虚拟机管理程序也意味着底层操作系统中的任何安全问题都将影响虚拟机管理程序。

提示：

由于类型 2 虚拟机管理程序的特性，以及对底层操作系统的依赖性，导致类型 2 虚拟机管理程序产生了额外的复杂问题，云安全专家需要特别警惕虚拟机管理程序和主机的安全加固。即使云服务提供方在虚拟机管理程序的安全方面具有强大的保护措施，但在主机安全方面存在缺陷，那么云平台依然是脆弱的且暴露于风险之下。然而，绝大多数的大型公有云都不会使用类型 2 虚拟机管理程序，因此，这类问题并不会轻易发生。不过，云安全专家依然需要了解云服务提供方使用了哪一种类型的虚拟机管理程序。

4.1.6 管理平面

云计算环境中“管理平面”(Management Plane)的概念与传统网络管理平面的定义尽管总体概念非常相似，但略有不同。在云环境中，管理平面集中于环境和其中所有主机的管理。无需利用云环境中的单个主机，就可从一台独立服务器上执行某个物理位置的管理任务。管理平面通常运行在专用服务器上，并通过物理连接与底层硬件相连，以便将功能和依赖关系与环境的任何其他方面(包括虚拟机管理程序)分离。

管理平面可用于执行大部分任务，帮助云计算成为独特的技术。通过管理平面，组织可以帮助虚拟服务器配置适当的资源，例如，网络配置、处理、内存和存储。除了配置和分配资源，管理平面还可以启动和停止虚拟主机和服务。

管理平面的功能通常为一系列公开的远程调用和功能执行，或者公开为一组 API。API 通常是通过客户端或更为常见的 Web 门户调用。Web 门户通常在每个云环境实现中都是专有的，配有适合对应环境的底层脚本和函数，以及云服务提供方希望通过管理平面提供适当的可访问水平。

考虑到管理平面操作的访问权限和特权，组织通常高度关注管理平面的安全问题。因为管理平面控制多个虚拟机管理程序，一旦管理平面受到攻击，将导致恶意攻击方完全控制全局云环境，并导致全局云环境脆弱不堪，管理平面的安全风险远远高于受损的虚拟机管理程序可能导致的风险和威胁。只有经过严格审查和行为受限的管理人员才能够访问管理平面，组织应该定期严格审计并审查所有用户的访问行为和系统功能。

4.2 设计安全的数据中心

尽管传统数据中心和云数据中心存在很多相似之处，但是也有很多不同，因为云计算(Cloud Computing)的实际需求和现实、云服务(Cloud Service)的使用和部署方式都将成为数据中心设计的考虑因素。传统数据中心设计通常侧重于支持隔离区和客户最终选择部署的硬件配置所需的基础架构，而云数据中心通常需要考虑云模型(Model)、类型(Type)、云环境的潜在目标客户、监管控制措施要求和司法管辖权(Jurisdiction)等因素。云服务提供方从早期规划(Planning)阶段就要决定关注或愿意托管哪些类型的法律法规监管合规要求或数据分类分级(Data Classification)标准，因为以上二者将对数据中心的多项具体的物理(Physical)和逻辑设计产生深远影响。

4.2.1 逻辑设计

逻辑设计领域是传统数据中心和云数据中心之间包含最深刻差异的地方。云计算的许多关键方面将推动关键的数据中心设计决策，无论是实际设计数据中心还是选择物理位置(Location)。

1. 虚拟化

虚拟化(Virtualization)是云环境的关键推动力和核心技术。在设计和构建云数据中心时，虚拟化技术的使用和特定的安全需求是设计和建设数据中心的主要考虑问题。管理平面(Management Plane)是虚拟化安全问题最为重要的组件，因为管理平面一旦遭到破坏(Compromise)，就意味着所有的虚拟机管理程序(Hypervisor)和托管系统也都受到了破坏。因此，在管理平面的物理层面做好使用安全通讯、网络分离(Separation)和物理隔离(Isolation)的考虑非常重要。

在设计阶段，虚拟化的另一个重要考虑因素是系统如何处理存储问题，特别是关于虚拟机镜像(Virtual Machine Image)的存储，即与镜像相关的大量数据的实际存储，以及存储中的安全水平。通常，虚拟机镜像不论是否处于运行状态都十分容易受到攻击，存储镜像的存储系统的安全水平以及镜像访问的方法是至关重要的。

此外，与传统数据中心和硬件模型不同，组织需要以不同方式考虑云数据中心的业务持续和灾难恢复(BCDR)，包括备份系统。虚拟化系统在数据备份和复制以及系统配置方面与标准服务器环境有所不同，因此，在数据中心规划(Planning)开始时，组织就需要考虑与之相关的适当和具体问题。

2. 多租户技术

云计算的关键方面之一是在云环境中托管许多不同的租户(Tenant)，但多个租户共享云环境也可能引发安全问题，与传统数据中心相比，云环境中无法物理隔离网络和基础架构(Infrastructure)组件。由于云数据中心无法做到物理隔离，云客户和云服务提供方必须依赖并使用逻辑网络分离(Separation)，以实现系统和应用程序(Application)的隔离。虽然云数据中心的物理网络是同质的，但是通过使用虚拟网络和逻辑网络能够帮助云服务提供方分离和隔离各个系统与应用程序，保证云客户仅能看到自己在网络上的资产，却无法感知或看到其他系统与网络流量。逻辑网络分离能够帮助用户与客户隔离并保护在云环境中的数据，同时最大程度地减少了意外暴露或修改的可能性。

3. 访问控制

从逻辑角度而言，在数据中心设计方面，组织需要考虑几个非常重要的访问控制(Access Control)领域。在云环境中，组织不仅需要考虑实际的虚拟机，还需要考虑管理平面和虚拟机管理程序层。云数据中心与传统数据中心有所不同，因为组织不仅需要规划访问物理机器的方式，还需要考虑具有监督和管理其他系统控制措施的层。从早期阶段开始规划，以保持各个层之间的隔离，从而帮助虚拟机管理程序层和管理平面层完全与系统和客户访问隔离，实现更加强大的安全控制措施(Security Controls)。此外，组织至少应规划实施身份验证和授权控制措施，包括多因素身份验证(Multifactor Authentication，MFA)和强制确认(Verification)要求，以确保在管理访问方面具备更高的安全水平。

从安全角度而言，除了强大的访问控制设计，从设计的早期阶段开始规划强健的日志记录、持续监测(Monitoring)和持续审计访问控制系统与机制是必不可少的。

4. 应用程序编程接口(API)

在云环境中，应用程序的基本功能和整个云基础架构的管理都是基于应用程序编程接口(Application Programming Interface，API)的。API 必须以安全的方式部署，同时还需要具备可伸缩性和高度可访问性，以实现有效的利用和信赖。安全的方式包括使用适当的网络限制访问 API，如果可行，组织也应该在 API 通信中使用 SSL 或 TLS。除了 API 访问和通信的实际安全水平，云安全专家还需要确保记录 API 调用的日志，并为 API 的安全审计和合理使用提供足够的细节。API 调用日志还需要考虑日志的详尽程度和所需留存期限的法律法规监管合规要求。

4.2.2 物理设计

与系统和服务器类似，数据中心由一组通用组件和设备组成。物理设计的不同是由于需求的不同，以及组织建设和维护数据中心目标的不同所决定的。很多数据中心的外观和功能与其他数据中心非常相似，但是每个数据中心都存在各自独特的问题和关注点。

1. 物理位置

物理位置(Location)是数据中心的第一项主要物理考虑因素，并可能影响到多个不同的问题。关于云数据中心物理位置的一个主要问题是数据中心所在的司法管辖权问题，包括特定司法管辖权所适用的法律和法规。司法管辖权要求可能最终引发很多设计考量，特别是数据保护、隐私(Privacy)的物理安全要求，以及数据的留存与备份要求，以上的各个方面都将直接影响到为了满足合规(Compliance)而投入的资源、空间，以及环境需求。

数据中心的物理位置也将根据来自物理环境的威胁情况驱动许多设计要求。数据中心是否位于易受洪水、地震、龙卷风和飓风影响的地区？许多物理位置可能面临其中一些潜在灾害的威胁，从多方面影响到数据中心的物理设计和防护要求。虽然，自然灾害的可能性对于数据中心的物理位置而言并非理想选择，事实上几乎难以发现一个风险极小的物理位置。因此，数据中心设计和建设的重点在于如何处理物理位置的现实情况，尤其是当其他物理位置的情况和组织目标已经决定了选择当前物理位置的必要性或可取性时更是如此。每一种自然灾害发生的可能性都会影响数据中心的设计，以及业务持续和灾难恢复(Business Continuity and Disaster Recovery，BCDR)规划和测试的紧迫性和重要程度。很多技术都可用于降低或缓解自然灾害威胁，例如，堤坝、加固墙壁和振动控制技术。

数据中心也需要海量的环境和公共设施(Utility)资源需求。包括能够满足数据中心需求的电网接入、水源供应、人员物理访问以及电信网络和数据中心所需带宽的接入。与获取关键物理资源需求同样重要的是具备冗余资源。理想情况下的数据中心通常将为每个组件提供冗余连接和可用性(Availability)，例如，电力和网络，因为电力和网络对于数据中心运营而言是至关重要的。冷却是所有数据中心的重要问题，因此，获得安全、可靠且易于访问的水源也是必不可少的。

关于物理访问，如果数据中心所在物理位置只有一个访问入口，那么当数据中心发生事故(Incident)并且关键员工无法进入数据中心时，将可能引发重大问题。单一入口其实是一个需要权衡(Trade-off)的问题。虽然单一入口阻断可能导致访问问题，但确实能够简化安全管控工作，因为组织仅需要保护和监测一个出入口。如同物理位置一样，优势和缺陷总是相生相伴。

对于任何数据中心，物理安全是一个重要的问题。数据中心应该遵循物理安全和访问的最佳实践(Best Practice)。也就是说边界安全(围栏、大门、墙壁等)是按照层次化(Layering)防御的方式部署并具有持续监测能力。数据中心物理位置将显著影响可用的物理安全防护类型和层次。如果数据中心位于开放区域，则在周边实施多层物理安全以及在层次之间部署必要的持续监测措施将十分便利。与之相反，如果数据中心位于市区，则可能无法阻止车辆和人员靠近建筑物，而导致数据中心容易受到爆炸物等潜在攻击的影响。在市区，数据中心受到附近建筑火灾影响的可能性大大提高。

2. 采购还是自建

当一个组织需要新的数据中心时，主要的两种选择是建造新的结构或采购已存在的成品。为了便于讨论，下文将购买和租用数据中心看作同一类型的选项，无论是涉及一定数量的空间还是全局数据中心。对于组织而言，每项选择都有独特的优势和劣势。无论利益相关方(Stakeholder)和管理层(Management)最终选择哪个选项，数据中心的安全水平、隐私保护、监管合规要求，以及技术能力的要求都是相同的。

在监管要求或组织可用预算的限制范围内，构建数据中心的组织能够在设置(Setup)、安全机制、物理位置和所有其他物理环境因素的所有方面做出最多的输入和拥有最大的控制权。组织对于数据中心的意图和用途驱动着组织决策数据中心的物理位置、空间大小和功能，组织能够自由地、完全地控制决策。自建数据中心可确保从设计的最初阶段起，完全符合所有适用的法律法规监管合规要求。组织可从概念和规划的早期阶段就确保所有的利益相关方、管理人员、运营(Operation)人员和安全人员充分参与数据中心设计。尽管新建数据中心存在着诸多优点，组织能够完全控制数据中心的所有方面和相关规划，但是新建数据中心也存在很大的缺点。组织最应该关注的是，新建数据中心投入的巨大成本。而且，从规划到建造，尤其对于快速变化和发展的 IT 行业而言，所需的时间可能很长，组织有可能失去最佳的业务机会。

通常，组织购买或租赁数据中心空间是一项更加快捷、更为容易的选择，因为购买或租赁能够避免在规划并建设数据中心时投入大量的时间和金钱。购买或租赁数据中心空间的主要缺点(Drawback)是缺乏对于数据中心设计和特性的控制权。从安全的角度来看，购买或租赁数据中心空间也可能带来合规方面的挑战。在购买或者租赁空间时，对安全需求的重点将转移到执行合同和 SLA 相关要求，以确保满足合规要求。虽然购买或租用数据中心增加了额外的挑战，因为与受托管应用程序和数据相关的合规责任将由组织自行承担。很多商业数据中心建造数据中心用于租借或售卖给其他组织，商业数据中必须要确保组织符合主要的法律法规监管合规要求，例如，《支付卡行业数据安全标准》(Payment Card Industry Data Security Standard，PCI-DSS)。如果租赁的数据中心是按照监管要求的规范建造完成的，就相当于完成了底层基础架构和配置的认证工作，也帮助组织将软硬件部署的合规责任留给数据中心一方。

注意：

在某些情况下，选择购买或者租用数据中心空间的组织可以从早期规划阶段就作为关键伙伴或利益相关方参与其中。也就是说，类似情况的组织可以共同参与到“社区”(Community)模型。共同参与允许组织能够更多地影响和参与数据中心设计，但同时也要承诺投入更多的时间和金钱。

4.2.3 环境设计

所有的数据中心都需要考虑一些关键的环境因素，包括电力、冷却、加热、通风，以及系统冗余能力和网络连接。

1. 加热、通风和空调

为了保持数据中心中的最佳温度和湿度水平，通常使用以下指南，指南是由美国供暖、制冷和空调工程师协会(American Society of Heating，Refrigeration，and Air Conditioning Engineers，ASHRAE)所制定的：

- Temperature 64.4～80.6 degrees F (18～27 degrees C)
- 温度：华氏 64.4° F 至 80.6° F(摄氏 18° C 至 27° C)
- Humidity40～60 percent relative humidity
- 湿度：40%～60%相对湿度

考试提示：

确保 CCSP 考生记住温度和湿度的数值。相关记忆型题目经常出现在认证考试中，得分并不困难。

在所有的数据中心之中，运行状态下的电子设备将产生大量热量，因此，对于任何数据中心而言，充分且冗余的制冷是绝对必不可少的。配备充分且冗余的制冷设备也代表着数据中心的最大开支。数据中心所需的能源和制冷量与部署的物理系统数量直接相关，以及是否使用了空气流动的最佳设计。非常常见的做法是交替摆放物理机架，以部署冷热通道，并优化空气流向，避免一排机架排出的热空气直接进入另一排机架。制冷系统也高度依赖于数据中心的物理位置和周围环境；处于气候较温暖的地区将需要更广泛的制冷设备来保持数据中心内部的温度。为了保护数据中心的物理资产，组织在制冷系统和供电系统中都配备冗余措施是至关重要的。在计算资源释放热量的情况下，特别是在数据中心的高密度部署环境中，制冷系统出现故障将迅速导致系统强制关机。

2. 多供应方路径连通性

在数据中心的众多冗余类型中，网络连接在重要性方面位列前茅。无论数据中心设计得多么具备韧性和冗余性，如果从数据中心到 Internet 的网络连接不正常，那么系统和服务都将无法使用。数据中心将始终包括至少两个独立的网络连接，而在许多情况下可能会更多。每个连接将使用完全独立的布线、路径和边界交换机。理想情况下，网络连接将来自不同的 Internet 服务提供方(Internet Service Provider)，以缓解单个服务中所出现的任何问题。

4.2.4 设计韧性

除了监管要求可能最终决定数据中心的许多设计方面，还有涵盖物理设计、布局、和运营设置的行业设计标准。许多标准在全球范围内是通用的，涵盖数据中心的具体设计方面。虽然未必详尽和全面，但以下是一些最常见的数据中心设计标准：

- **国际建筑行业咨询服务(Building Industry Consulting Service International，BICSI)：** BICSI 发布了数据中心复合布线认证，并且制定了相关标准。BICSI 成立于 1977 年，目前拥有来自 100 多个国家的会员。

BICSI 最重要的标准是《ANSI/BICSI 002-2014：数据中心设计和实施的最佳实践》，专注于布线设计与安装，也包括电力、能源效率，冷热通道设置等方面的规范(Specification)。想要了解 BICSI 相关的信息，请访问 https://www.bicsi.org/。

- **国际数据中心管理局(International Data Center Authority，IDCA)：** IDCA 发布了无限范式(Infinity Paradigm)，作为一套全面的数据中心设计和运营框架(Framework)，IDCA 涵盖了数据中心设计的所有方面，包括物理位置、布线、公共设施、安全、网络连接，甚至还包括照明和标识等方面。除了实际的物理设计和组件，IDCA 框架也涵盖了所有数据中心运营的许多方面，例如，存储、备份、恢复(Recovery)、镜像、韧性(Resiliency)、持续监测、网络和安全运营中心(Security Operations Center，SOC)等。无限范式的主要重点之一也是从依赖于数据中心分层架构的多个模型中演变而来的，分层架构模型中的每个后续层级都增加了冗余，并专注于一种在宏观层面上处理数据中心的范式，而不是特定和孤立地关注某些方面，以实现分层状态。关于 IDCA 无限范式的详细信息，请参考 https://idc-a.org/data-center-standards。
- **美国消防协会(National Fire Protection Association，NFPA)：** NFPA 出版了大量的消防标准集用于各类基础设施(Facility)——例如，数据中心、工业公司、办公室或车辆等。即使是其他没有特定标准的设施，NFPA 也发布了通用消防安全(Safety)和设计标准，其中有一些是与 IT 设施和数据中心相关的具体标准。NFPA 75 和 76 是特别重要的数据中心设计标准。以上两个标准分别称为《信息技术设备防火标准》(Standard for the Fire Protection of Information Technology Equipment)和《通信基础设施防火标准》(Standard for the Fire Protection of Telecommunications Facilities)。另一个重要的数据中心设计标准是 NFPA 70，也称作《国家电气守则》(National Electrical Code)，NFPA 70 涵盖了数据中心内的总体电气系统，以及类似于紧急电力切断等关键事项，尤其是适用于拥有大量电子设备需求和全时负载的基础设施。关于 NFPA 的信息和标准，请访问 https://www.nfpa.org/。

- **Uptime 协会(Uptime Institute)：**Uptime 协会发布的关于数据中心层和拓扑的最常用和广为人知的标准。Uptime 协会标准基于 4 个层级，每个层级的递增代表着在安全、连接、容错、冗余和冷却等方面更加严格、可靠和冗余的系统。Uptime 协会标准还结合了合规测试，确保数据中心设计遵守每一层的要求，并为数据中心所有方或运营人员(Operator)提供了一种衡量和评价配置参数和设计的方法。关于分层拓扑标准，请参阅 https://uptimeinstitute.com/research-publications/asset/tier-standard-topology。

注意：

由于 Uptime 协会的层次化方法论非常流行和普及，本书建议云安全专家掌握这一层次化方法论，或者至少了解方法论的几个最重要方面。就数据中心设计和运营管理而言，正常 Uptime 协会层级方法论中的原则是安全专家们的行业常识。

4.3 分析云基础架构和平台的相关风险

通常情况下，对于组织而言，云环境的系统与其他托管模型具有同等级别的风险，但也增加了特定于云托管的风险。基于云环境的系统应该与任何其他外包平台一样处理和管理，具有与外部托管环境相同的关注点、风险和审计/治理要求。

4.3.1 风险评估和分析

云托管环境具有与所有系统和应用程序相同的风险领域，其中特定于云计算的风险位于特定风险之上，或者是在风险之上延伸的关键方面。

从组织和监管的角度来看，云托管环境存在与锁定(Lock-in)、治理、数据安全、隐私、系统或应用程序所需的任何法律法规监管合规要求的控制措施和报告相关的风险。云托管模型的最大优点是可移植性，以及不受限制地在云服务提供方之间迁移的能力。如果组织选择一家存在很多专有要求的特定云服务提供方时，很有可能面临供应方锁定的窘境，并在以后决定迁移时产生大量成本。

在签署任何外部托管合约后，组织可能失去对自有系统和治理的实质控制权。虽然组织可通过签订严格的合同和 SLA 要求进而保障控制权，但是组织的控制权和访问等级也将远低于在私有数据中心内的水平。根据应用程序和数据类型的法律法规监管合规要求，云服务提供方的选择可能会受到限制，甚至根本行不通。云服务提供方必须以各自的业务模式为大量云客户提供服务，这也可能导致遵守多种类型的认证和要求更为困难。对于任何组织而言，首要问题是组织的数据将存储在哪里，以及是否有足够的保护措施确保组织数据的机密性和完整性。云环境对组织治理和合规需求提出了诸多挑战，根据数据的性质和类型，可能发生的电子取证(eDiscovery)要求进一步加剧了上述挑战的复杂程度，许多云服务提供方可能无法甚至不愿满足所有错综复杂的治理和合规要求。在做出云托管决策之前，组织需要仔细评价和权衡以上所有方面。

注意：

电子取证(eDiscovery)是法律实体请求或要求在刑事或民事诉讼中提供电子数据的流程。应用程序或系统所有方有责任彻底分析和搜索范围内与官方要求相关的数据，然后向法律实体提供证据完整且安全的证明。

除了在任何托管环境中发挥作用的风险因素，在本质上，云环境还将面临其他一些独特因素。云环境中的主要风险之一是确保组织在必要时能够从系统中完全移除(Remove)数据。如第 2 章所述，在传统数据中心环境内，组织可采用毁坏(Destroy)物理介质的方式确保数据销毁(Destruction)，但在云环境中无法实现。因此，组织将在云环境中大量使用加密擦除技术(Cryptographic Erasure)和覆写技术(Overwriting)等。与数据保护相同的是云环境中系统镜像的安全风险。因为镜像本身只是文件系统上的文件，并没有与任何服务器在物理层面予以隔离；此外，即使镜像未处于运行状态，攻击方也可能向镜像中注入恶意软件。因此，在云环境中，镜像安全问题至关重要。在云环境中，云服务提供方对保证镜像安全负有唯一责任。

在云计算的自助服务方面，管理运营云环境需要大量的软件，包括镜像的创建和部署、审计与报告工具、用户管理和密钥管理等。从完整的应用程序套件到小型实用程序脚本，环境中的所有软件都可能存在潜在的风险和漏洞。云环境的软件也脱离了云客户的视线和检查范围，确保由云服务提供方完全负责保障软件的安全水平。由于软件通常部署在云系统的运行环境之外，在多数情况下，审计和持续监测活动可能忽略软件。云安全专家在选择云服务提供方时应执行尽职调查(Due Diligence)，确保云服务提供方意识到与软件相关的风险，并建立强大的审计能力以及持续监测策略和制度。此外，运行实际虚拟主机的底层软件也遭受破坏和漏洞的影响，下一节将介绍相关风险。但是，如果没有合理地实施和监测安全控制措施，可能导致其他系统的安全水平降低和访问中断。

4.3.2　虚拟化技术风险

随着虚拟化技术的层次和复杂程度的增加，导致了传统服务器模型面临前所未有的额外风险。

如果攻击方已入侵虚拟机管理程序，那么虚拟机管理程序所托管的底层虚拟机也可能受到攻击。因为虚拟机管理程序能够控制主机并访问计算资源，所以在虚拟机管理程序托管或控制下的任何虚拟机都可能显著增加恶意软件注入和开放攻击向量的可能性。

除了连接到虚拟机管理程序的虚拟机，由于虚拟机管理程序在云基础架构(Infrastructure)中发挥着核心作用，所以遭受破坏的虚拟机管理程序也可能用于攻击同一云环境中的其他虚拟机管理程序或组件。受到入侵的虚拟机管理程序也可用来发动攻击，破坏云环境中可访问的其他虚拟机管理程序托管的虚拟机。

虚拟化技术的另一重大风险涉及网络流量的处理、监测和记录方式。在具有物理服务器的传统数据中心之中，服务器之间的通信必须通过物理网络设备(例如，交换机)传输，即使是在同一物理机架空间内的服务器也是如此。在传输过程中，组织可以记录和分析网络流量，如有必要，还可以使用入侵检测系统(Intrusion Detection System，IDS)，并在实际网络流量和安全措施方面部署更多的控制措施。在虚拟化环境中，在同一虚拟机管理程序下的虚拟主机之间，可能不会存在流量传输过程中执行分析或日志记录的活动。如果在虚拟化环境中出现上述情况，则应视为一种已接受的风险，或者需要设计和实施其他方法，以保持相同水平的分析和安全持续监测。随着云计算和虚拟化环境的普及和使用，特别是在大型和可见的生产系统中，大多数主要供应方都将提供传统物理网络设备的虚拟化版本，例如，交换机、防火墙和 IDS 等。

与传统服务器模型相比，虚拟化环境的一个显著区别和潜在缺点是镜像和虚拟机的存储和操作方式。对于传统服务器模型而言，操作系统部署在底层硬件上，并与底层硬件直接交互。但在虚拟化环境中，“服务器”(Server)只是以某种方式驻留在实际文件系统上的磁盘镜像文件。虚拟主机在运行时可能受到与物理主机相同类型的攻击和漏洞威胁，具体取决于操作系统和补偿性安全控制措施。然而，由于环境中存在的磁盘镜像的本质，如果磁盘镜像本身受到来自虚拟机管理程序和文件系统端的攻击，则存在额外的漏洞。从攻击向量而言，没有任何补偿安全控制措施或持续监测能够有效地缓解攻击，主要原因是因为上述方法不依赖于镜像的实时运行。

提示：

作为一名云安全专家，应该将大部分注意力集中在实际(生产)运行环境和数据保护方面。然而，不要忽略尽职调查，云安全专家应该确保云服务提供方采用了实质性的措施保护虚拟化环境，并妥善保护虚拟机管理程序层，同时建立强大的安全控制措施和持续监测机制，确保虚拟镜像在活动或非活动状态时无法从文件系统层面修改。

4.3.3 风险缓解策略

虽然云计算的独特挑战和额外风险是众所周知的，但是许多缓解策略也已成为常见的最佳实践。

云平台在资源调配和报告之间提供的高度自动化，也可运用于实现安全控制措施。随着系统自动伸缩和扩展，通过对已加固和扫描的虚拟主机使用基本镜像，组织能够确保新主机在联机时，已经采用与基线完全相同的保护措施。该方法也可运用于云框架中打补丁和更新。相较于执行升级和大规模自动化部署补丁，后续通常还需要执行扫描和审计工作，以确保正确、全面地使用所有内容。云服务提供方可以选择使用已经部署补丁并经过测试的新基线镜像来重新镜像主机。这样，就不需要在成千上万的主机上部署补丁和测试，而是可以集中精力处理单个主机，然后再将主机镜像部署到云中的所有其他主机上。

云环境设计具有冗余、自动伸缩、快速弹性和高可用性的特点。云环境架构设计有助于在发生安全漏洞时，更加易于加固、维护和隔离(Isolation)主机，云主机可随时从生产池中移除。云环境架构还允许在不影响正在使用系统或应用程序的云客户和云用户的情况下执行更新、扫描以及完成配置变更等任务，从而进一步降低可用性风险。

4.4　规划和实施安全控制措施

为确保实现完善的安全策略和全局化的治理工作，云安全专家应专注于几个不同的领域，本节将详细介绍以下领域。

4.4.1　物理和环境保护

物理和环境保护涉及所有物理设备和基础架构组件。虽然云基础架构所使用的访问和技术为客户提供了一套独特的服务，但云基础架构背后仍是一套传统的数据中心模型，尽管大多数情况下云基础架构规模要大得多。然而，由于云计算的定义是可通过广泛的网络(例如，公共 Internet)类型所访问的系统，物理保护也必须扩展到用于访问云平台的系统。

数据中心内的物理资产通常包括服务器、制冷装置、配电装置、网络设备、物理机架和长达数英里的电缆，以及实际的物理基础设施和位于场所内的辅助系统，例如，备用电池、电源管道、发电机、燃料箱和周围的外围设备。在数据中心外，还有更多的物理设备和基础架构对云安全专家而言也非常重要，包括数据中心所依赖的电力供给和网络管道，以及用户和客户访问的终端，例如，移动设备、工作站、笔记本电脑、平板电脑和其他任何客户端系统。

从物理的角度而言，安全的方法与任何其他系统没有什么不同，分层防御是指导原则。在数据中心大楼外，存在典型的安全措施，例如，围栏、摄像头、灯光、车辆出入控制和障碍物，以及驻扎在不同物理位置的安保人员。进入建筑物内部，应严格控制人员、门、钥匙卡访问、身份验证和其他类似于获取 IT 系统访问权限的各方面要素，包括使用徽章、访问码(Code)和生物识别技术等形式的多因素身份验证技术。一旦进入系统所在的实际楼层空间，组织应该通过使用围栏和分区，以及采用不同级别的访问控制和持续监测措施，实现进一步的控制和限制。某些情况下，组织可能存在合同或法律法规监管合规要求，即根据系统类型、对其拥有权限的司法管辖权区域以及存储和使用的数据类型，从物理围栏中分段隔离出不同类型的系统。

数据中心所依赖的公用设施和基础设施(尤其在电力供给和制冷方面)，都应该在数据中心内外具备冗余性。从外部而言，数据中心应该有多个独立的电源供应源。在数据中心内部，向机架和服务器供电的配电单元也应该是冗余的。这样，无论内部或外部发生电力故障，都应具备独立的冗余电源。网络也是如此，在内部和外部都应该具有独立的网络供给和冗余配置。

对于允许以任何身份进入数据中心的人员而言，组织应多次执行严格的背景调查。在系统安全方面，根据最小特权(Least Privilege)原则授予人员物理访问权限。对于员工而言，重要的是执行合理的持续监测和审查，以及持续的培训，提醒员工注意策略、工作程序(Procedure)和保障措施。

4.4.2 系统、存储和通信保护

尽管云基础架构是通过虚拟化呈现给客户的，但底层是与传统数据中心相同的真实硬件和系统。根据所采用的云托管模型的类型，客户的暴露程度和责任各不相同。

尽管云服务提供方负责底层硬件和网络，无论云服务模型如何，其余的服务和安全责任要么由云客户承担，要么由云客户和云服务提供方共同承担。云安全专家有责任清楚地了解云客户和云服务提供方之间的责任界限，且相关责任应在合同和 SLA 条款中明确阐明并记录。

与任何应用程序一样，数据保护是首要问题，不同的数据状态需要不同的方法：

- **静止状态数据(Data at Rest)：** 加密技术(Encryption)是静止状态数据的主要保护点之一。
- **传输状态数据(Data in Transit)：** 对于传输状态数据，主要的保护方法是执行网络隔离(Network Isolation)和使用 TLS 等加密传输机制。
- **处理状态数据(Data in Use)：** 处理状态数据可以通过加密技术、数字签名技术(Digital Signature)或专用网络路径的安全 API 调用和 Web 服务加以保护。

4.4.3 虚拟化系统保护

如前所述，虚拟化构成了所有云基础架构的主干，并支持多种特性，用于帮助云环境成为独特且流行的技术和平台。鉴于虚拟化所扮演的可见且重要的角色，构成虚拟化基础架构的组件和系统是恶意攻击方最关注和最具吸引力的目标。

管理平面拥有对环境的完全控制权，允许用户通过公开的 API 执行管理任务，管理平面是需要充分保护的最显著和最重要的方面。管理平面由一系列 API、公开的函数调用和服务组成，同时还包括 Web 门户或其他允许使用的客户端访问接口。所有组件都可能存在潜在的漏洞。云安全专家需要针对管理平面的每个层级和每项组件绘制一张威胁和漏洞的全局图景。与任何系统一样，基于角色的访问控制措施在管理平面和虚拟化基础架构中至关重要。组织需要严格控制所有的管理访问行为，并定期执行全面审计工作。组织不仅应该记录在每个虚拟化基础架构部分的详细日志，还应该记录 Web 门户或客户端访问管理平面的任何位置的日志。如果云安全专家没有将每个组件拆分以识别特定的漏洞和威胁，然后将漏洞与威胁合并为综合视图，那么整套系统可能因为遗漏的弱点而受到影响。

与任何系统一样，基于角色的访问控制(Role-based Access Control)在管理平面和虚拟化基础架构中极为重要。组织必须严格控制所有管理访问，并定期执行全面审计工作。组织不仅应该详细且全面地记录虚拟化基础架构的日志，还应记录出自于 Web 门户级别或者客户端访

问管理平面的所有组件日志。所有日志的捕获方式都应该是从实际系统本身移除、索引和评价的，从而允许在实际组件受到损害时保存日志，并具有足够的管理访问权限修改或删除本质上属于本地的日志。

除了维护自动伸缩和韧性等云计算特性，虚拟化环境和基础架构的主要功能之一是促进和维护多租户特性。多租户技术并不是在创建和实施方面的主要挑战。从本质上而言，多租户技术是一项管理任务，而不是一项技术任务。从虚拟化的角度而言，虚拟机只是主机，虚拟机所包含的客户类型或合同要求类型并不重要。在多租户环境中，控制措施的重要性体现在需要保持租户之间相互分离(Separate)和相互保护的要求上，包括保持租户之间的系统交互和安全隔离(Isolated)，以及管理资源和利用率，确保所有租户都拥有特定系统和应用程序所需的资产，以满足合同和 SLA 条款要求。

虽然日志记录和审计对安全能力非常重要，但两者都是相对被动的机制，并不能防止漏洞的早期利用。传统数据中心系统级别使用的许多相同方法和策略也适用于云环境中的虚拟化基础架构。主要示例包括建立信任区域(Trust Zone)；以同样的方式，通过分层防御策略实现服务器和系统之间的网络分离。根据云环境或云客户合同的特殊需要，组织能够以多种方式划分信任区域。在划分信任区域之前，云服务提供方应该实施严格的威胁和漏洞评估，确定基础架构漏洞在哪里，以及信任区域在哪些方面可能获益。在不了解和不理解采购云环境的情况下，组织不希望采取基于其他云服务提供方实践的方法。继续这样走下去，组织可能会出现虚假的安全感，增加不必要的复杂因素，甚至可能导致由于添加不必要的组件和机制而出现的新风险和新漏洞。

信任区域可使用多种不同的战略建立和分段。最为常见的方式是将系统架构的不同层次执行分离(例如，将基础架构的 Web/表示层、应用程序和数据区域分离)。这使得每个区域都能够利用与实际需要和功能相关的、具体的工具和战略，获得自己的保护和持续监测能力。信任区域允许应用程序和数据域能够与外部网络访问和流量隔离，从而进一步提升安全控制措施并加强保护措施。

通过使用隔离(Isolation)和分段(Segmentation)技术，系统管理人员需要的访问权限将超出运行应用程序所需的范围。虽然为了应用程序能够正常运行各项功能，内部通信通道将保持开放状态，但这并不满足管理团队获取访问权限的需求，而且从安全角度而言，云安全专家在任何情况下，都不应开放外部连接用于管理访问。在常见的配置中，允许管理员访问的最常见方式是使用虚拟专用网络(Virtual Private Network，VPN)或跳板服务器(Jump Server)。通过 VPN 连接，管理员可使用大多数本地方法和协议访问主机，因为从设备到云环境内部，主机都将受到安全保护，因此，不会暴露在公共 Internet 上。VPN 连接通常具有一套身份验证和授权机制，并将使用加密的通信隧道，从而增加额外的安全层。使用跳板服务器的概念，是在环境中配置一台面向公共 Internet 开放和暴露的服务器，管理员可连接到跳板服务器，并在内部访问相应的资源。后者允许将安全重点集中在跳板服务器上，而不是所有业务服务器上，并且允许在更小规模、更专业化的范围内实施适当的访问控制、持续监测和日志记录。跳板服务器的安全水平至关重要，但跳板服务器确实直接消除了主机本身的安全问题，并且允许管理员在无需 VPN 软件和配置文件的情况下访问系统。另一个经常使用的概念是堡垒机(Bastion Host)。堡垒机是一台完全暴露在公共 Internet 上的服务器；通常，堡垒机将经过多次加固以防止攻击，通常专注于特定应用程序或仅限于特定用途。由于堡垒机的单一性，从而能够执行更为严格的安全加固和持续监测。然而，组织可结合使用多种实现措施，以增加额外的安全水平。

4.4.4 云基础架构的身份标识、身份验证和授权

与应用程序一样，云系统也需要身份标识(Identification)、身份验证(Authentication)和授权(Authorization)等技术。然而，云端的需求也扩展到包括非个人实体，例如，设备、客户端和其他应用程序。联合身份(Federation Identity)是云计算的另一个重要方面，尤其是对于拥有大量云客户和云用户的公有云。联合身份允许使用“原生”(Native)系统提供身份标识和身份验证，而无需用户基础与云服务提供方建立凭证。

1. 联合身份

联合身份涉及不同组织采用一套标准的基础策略和技术，以帮助各个组织能够加入身份系统，并允许应用程序在保持自主性的同时接受凭证。通过构建每个成员组织必须遵守的策略和指导原则，以建立信任关系。在每个成员组织提供的身份获得认可后，所有接受身份的应用程序都能够了解，成员组织已经通过身份提供方要求的背景调查和验证。当属于联合身份的系统或用户需要访问接受来自联合身份凭证的应用程序时，该系统或用户必须通过自己的身份验证流程获取本地令牌，然后将令牌传递给应用程序以完成接受和访问。参与的成员运行各自的“身份提供方”(Identity Provider，IdP)，接受该凭证的系统称为“依赖方”(Relying Party)。用户、身份提供方和依赖方之间的典型关系流程如图 4-4 所示。

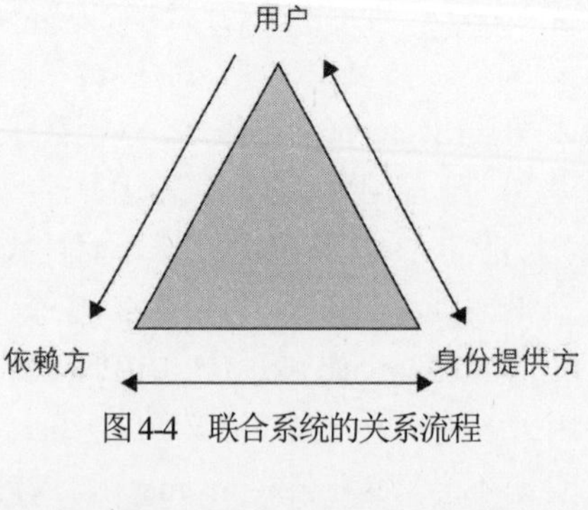

图 4-4 联合系统的关系流程

2. 身份标识

如第 2 章所述，身份标识指以某种方式将实体(个人或系统/应用程序)与任何其他身份区分开来的流程。几乎所有组织都已建立了一套身份标识系统，通常基于某种形式的轻量级目录访问协议(Lightweight Directory Access Protocol，LDAP)。许多组织(例如，学术机构、小型企业和非营利组织)倾向于使用开源或其他类似的身份系统，而在企业界，私有和商业支持的

系统往往占据主导地位，例如，活动目录(Active Directory)。随着大型公有云系统的出现，许多组织和云服务提供方都转向了 OpenID 和 OAuth 标准。无论组织使用哪种特定风格的身份提供方，绝大多数都使用安全声明标记语言(Security Assertion Markup Language，SAML)和 WS-Federation 标准传递身份信息。

注意：

由于许多大公司和著名的云服务提供方已经转向 OpenID，因此，投入时间学习更多的 OpenID 知识是非常值得的，CCSP 专家能够更好地理解 OpenID 的工作原理。更多信息请参阅 http://openid.net/。

3. 身份验证

身份标识建立了一个实体或个人的独特存在形式，但身份验证是一套可确定所提供的身份标识真实性的流程。根据策略，身份验证流程是在系统可正确信任访问请求的程度上完成的。如前所述，身份验证可通过多种方法实现，从用于较低安全级别的基本用户 ID/口令组合，到强大的多因素身份验证(应该在所有可能的实例中使用，但始终用于管理和特权访问)。身份提供方处理身份验证流程。

考试提示：

请安全专家们记住，应确保在执行身份验证的所有实例中都使用多因素身份验证技术，特别是对于管理账户和特权账户用户时，这一点尤其重要。安全专家们应掌握什么是多因素身份验证、在何处使用多因素身份验证，并了解为什么多因素身份验证对于促进安全至关重要。

4. 授权

一旦建立身份(Identity)并在所需的范围内通过身份验证流程，授权就会为用户或系统进程分配合适的角色和权限，以获得数据和应用程序的访问权。在身份验证流程中，身份提供方通常向依赖方发送关于用户的预设属性。然后，依赖方使用属性信息(例如，姓名、位置和职务等)确定应授予的适当访问权限级别和类型，或者是否授予访问权限。即使在联合身份系统中，依赖方也会做出相关决策，因为授权与实际的应用程序关联，并且授权根据受访问数据的策略、要求或规则做出决策。

在决定是否授予访问权限以及访问级别时，应用程序可从身份提供方获取有关实体的任意数量的属性。组织可以基于单个属性或者复杂条件与属性组合的方式决定是否授权。

以大学的图书馆在线期刊系统为例。大多数情况下，根据授权协议，访问的唯一要求是用户与大学存在联系，而具体的关联关系类型并不重要。这种情况下，身份提供方仅需确认用户是大学的有效关联成员，即可满足依赖方的授权要求并可获得访问权限。

另一方面，有些系统和应用程序使用非常复杂的决策算法来确定授予的访问权限级别。例如，组织运行的应用程序可能允许组织网络内部的用户立即访问，但对于不在组织网络的用户可能需要执行更加严格的身份验证操作。作为首个有条件的步骤，依赖方可检查用户的连接位置。如果用户在组织网络内部，则可立即授予访问权限。如果用户不在组织网络内部，依赖方可要求用户通过身份提供方执行身份验证流程。身份验证成功后，身份提供方将向依赖方提供更多用户信息以确定访问权限。

无论实体试图通过哪种途径访问，都必须通过策略和持续审计遵守最小特权(Least Privilege)原则和风险评估(Risk Assessment)。每一次系统访问行为都基于数据安全的风险评估工作，而风险评估是根据组织策略和访问方式建立的。如果参与方提供的安全凭证和属性与已确定的数据安全可接受风险一致，则可继续访问。

4.4.5 审计机制

传统意义上的审计包括确保符合法律法规监管合规要求、策略和指导原则。组织需要从安全的角度开展审计工作实务，以衡量满足来自各种来源的安全控制措施的有效性，各种来源共同构成系统或应用程序的完整安全需求。许多情况下，审计来源包括内部安全策略要求、合同要求，包括来自美国地方、美国各州或美国联邦政府的监管合规要求，以及任何行业或组织要求(例如，PCI-DSS)。审计是通过分析安全控制措施需求执行的，需求与配置和内部策略相结合，通过收集日志、屏幕截图、数据集或任何其他内容等方式，证明符合管理层、客户或独立/政府审计师的要求。

在当今的 IT 环境中，审计已经用于超出传统需求的范围：审计用于从内部角度开展持续的安全合规和测试工作，并且越来越多地用于向客户和委托方提供价值和性能的证据。审计证据可用于显示系统性能、正常运行时间、用户访问和负载，以及几乎任何其他可收集和量化的指标。

与传统数据中心和托管模型相比，审计在云环境中带来了额外挑战和更为复杂的问题。云环境是大型的分布式托管平台，许多情况下需要跨越多个数据中心，甚至跨越多个国家和地区。许多系统也托管在混合云环境中，跨越多个云服务提供方和/或托管模型，甚至是云环境和传统数据中心托管配置的组合。根据所使用的云模型(IaaS、PaaS 或 SaaS 模型)，审计范围将根据客户拥有的访问级别和云服务提供方按照合同提供的信息级别定义。云服务提供方和云客户之间的合同和 SLA 条款应该明确阐述审计要求和双方之间的责任划分，以及关于审计测试和报告的频率。由于云平台是一个多租户环境，在几乎所有情况下，任何渗透测试或者审计测试都必须在云服务提供方和云客户之间先期协调，以确保测试不会与同一环境中托管的任何其他云客户的需求产生冲突或造成伤害。

由于底层的云系统和架构由云服务提供方所控制，且是云服务提供方的责任，因此，组织有任何审计要求都必须在合同中明确说明，并由云服务提供方提供支持和协助。尤其是在大型公有云上承载着成百上千个不同的云客户，因此，每个云客户都不可能在任何意义上执行彻底的审计工作实务。云客户将需要依赖受委托代表云服务提供方的审计，并在合同中措辞要求开展审计活动。通常，云服务提供方将委托一家信誉良好的大型审计团队审计云环境，审计团队应满足云服务提供方的单个租户和云客户的需求，并提供足够详细的报告以满足云租户的要求。可供云服务提供方使用的重要方法是，根据严格的标准(正如第 2 章讨论的标准)认证云环境。如果使用公认的既定标准，云客户可接受已获得的认证作为云服务提供方满足安全控制措施实施、策略和持续审计等需求的证据。

云服务提供方的一大优势是利用自助服务功能向云客户提供一组审计工具和报告。通过自助服务门户，云服务提供方允许云客户访问一套预构建的报告、日志收集功能和脚本，这些功能为收集大量的控制措施测试和数据点提供度量标准。帮助云客户在需要时从审计工具中提取审计报告和证据，而无需云服务提供方或审计师的参与。

云环境在审计合规方面的另一大优势是使用虚拟化和服务器镜像。云服务提供方或云客户能够构建一个包含所有已实现和已测试的安全控制措施的基础镜像，然后使用基础镜像在环境中部署其他主机。这极大地减少了在传统数据中心为构建每台服务器需要耗费的时间和精力，以及在认为服务器可使用之前实施和测试基线的必要性。在使用相同镜像的云环境中，云客户从一开始就知道每个主机实例都是完全兼容的，并且配置正确以满足安全基线要求。云客户还可以构建包含持续监测工具或数据收集工具的镜像，以便当主机联机(特别是通过自动伸缩)时，已经建立功能并从初始阶段就处于运行状态。在每台服务器上建立维护钩子(Maintenance Hook)对于具有自助审计功能和持续监测功能的工具至关重要，而无需花时间确保维护钩子在每个实例中都已安装、配置和正确运行。

1. 日志收集

在云环境中执行日志收集工作相较于传统数据中心可能面临更多额外的挑战。虽然两种情况下通常可以使用相同的方法聚合日志，但云环境中的主要挑战在于云客户能够访问哪些日志，且访问级别是高度可变的，具体取决于云部署的类型以及和云服务提供方的合同。

在 IaaS 环境中，云客户将拥有操作系统和虚拟设备级别日志的最大访问权限，以及平台和应用程序级别日志的最大访问权限。日志收集需要一个已实施的策略收集和汇总日志。但是，除非云服务提供方通过合同条款提供，否则无法访问虚拟机管理程序或更多样的网络级别的日志。

在 PaaS 环境中，客户可以在平台和应用程序级别获得相同级别的综合日志，但不一定可以获得操作系统和网络设备级别的日志，除非云服务提供方提供。在 SaaS 环境中，在应用程序级别存在相同的问题。

2. 关联

虽然有许多不同的方法可以从每台服务器、网络专用工具包(Appliance)、安全专用工具包和数据源收集整个企业的日志，但在调查中有效使用相关日志可能是一个较大的障碍。

为了开展全面调查或帮助组织解决各项问题，组织需要以某种方式关联所收集的日志。许多软件包都能够执行关联操作，例如，Splunk 和 LogRhythm 等。组织使用基于通用会话属性(例如，原始 IP 地址和其他独特属性)的关联，能够赋予管理员在流量遍历所有系统时查看并确定涉及哪些系统的能力。使用关联技术在调查潜在安全漏洞时尤为重要，因为需要确定哪些系统可能受到影响。

3. 数据包捕获

在云环境中，捕获数据包涉及许多与日志收集相同的挑战。可用的数据包捕获级别将取决于云部署的级别和对必要网络设备的控制措施水平，以及需要在何处捕获特定数据包。

在 IaaS 环境中，如果需要在虚拟机上执行数据包捕获，云客户可能会获得所需的访问级别。然而，在 PaaS 或 SaaS 环境中，捕获数据包完全依赖于云服务提供方所提供的服务。如果需要在网络内部或网络设备之间捕获数据包，访问将是高度可变的，并取决于合同条款。在所有情况下，如果需要在网络层或边界路由器上捕获数据包，则需要云服务提供方的参与。

4.5 规划业务持续和灾难恢复

在云环境中实施业务持续和灾难恢复(Business Continuity and Disaster Recovery，BCDR)计划时，组织需要特别注意这是一个重大机遇，因为 BCDR 计划通常是围绕着韧性(Resiliency)、可移植性(Portability)、互操作性(Interoperability)和弹性(Elasticity)等核心特性构建的。然而，云环境同样也面临着一些独特的挑战，接下来将讨论各项挑战。

4.5.1 理解云环境

云环境可用于不同类型场景的业务持续和灾难恢复(BCDR)，例如，将主站点或 BCDR 站点作为传统数据中心或云环境托管，或者在云环境中托管两种环境。

第一种场景是，组织的主要计算和托管能力位于传统数据中心，并使用云环境来托管 BCDR 环境。这一类型方案通常围绕组织已经制定的 BCDR 计划展开，云环境在需要时承担容灾切换站点的作用，而不是在另一个数据中心拥有 BCDR 站点。利用云平台的按需和按流量计费的服务特性，是一种非常具有成本效益的方法。对于传统的 BCDR 方案和辅助数据中心而言，通常需要采购和使用专有硬件，成本将大大提高，并且需要更多的准备时间。当然，正如前文所讨论，从自有数据中心模型到云模型的迁移需要格外小心，确保满足所有的安全控制措施和法律法规监管合规法规要求。迁移后，组织无法再依赖于原有本地安全控制措施和配置，安全控制措施和配置在云环境中根本无法完全地复制或全部照搬。

注意：

除了在 BCDR 站点不需要随时准备专有硬件的成本效益，云平台还可在无需工作人员在场的情况下，开展测试和配置工作。传统意义上，BCDR 测试需要工作人员前往现场配置设备，但在云环境中，所有行为都是通过网络访问完成的。然而，不要忽视一个事实，即在真正紧急的情况下，除非工作人员已经分散在各地，否则如果主要物理位置无法访问网络，则可能需要人员出差。

第二种场景是，组织的系统或应用程序已经托管在一个云环境中，另一家独立的云服务提供方通常用于 BCDR 解决方案。第二种场景用于主云服务提供方发生灾难性故障，导致所有服务器迁移到辅助云服务提供方的情形，这通常需要求云安全专家充分分析辅助云环境，确保辅助云环境具有与组织风险承受能力相同或类似的安全能力。尽管系统和应用程序的可移植性可能足够高，不会受到供应方锁定(Lock-in)的影响，并可轻松地在不同云环境之间迁移，但是第二家云环境可能提供与第一家环境完全不同的安全设置和控制措施。此外，还需要确保来自第一家云服务提供方的镜像可由第二家云服务提供方兼容使用，组织需要认识到在出现突发灾难时，准备和维护两组镜像可能增加额外的复杂性问题。与任何 BCDR 方法一样，组织可能需要在两家云服务提供方之间复制数据，以应对在发生突发灾难时准备好必要的数据块。在许多情况下，组织可通过使用辅助站点备份主站点的方式实现。

第三种场景是，应用程序托管在一个云服务提供方中，而在同一云服务提供方中使用另一种托管模式执行 BCDR。这种情况在大型公有云中更为普遍，公有云环境通常按地理位置划分，可在云服务提供方的一个数据中心出现故障时提供韧性。这种设置无疑简化了配置流程，并将云客户的配置难度降到最低，因为同一家云服务提供方将在两个不同地理位置的数据中心具有相同的配置、产品、选项和要求。与在不同云服务提供方或数据中心之间设置 BCDR 配置不同的是，供应方锁定并不是一个主要关注点。

4.5.2　理解业务需求

无论是使用传统数据中心模型还是云托管模型，确定业务持续和灾难恢复(BCDR)的业务需求时，三个概念至关重要：

- **恢复点目标(Recovery Point Objective，RPO)：** RPO 定义为组织需要保留和恢复的数据量，以供业务系统能够在管理层可接受的水平上运行。RPO 可能是指完全恢复运营的能力，也可能根据管理层认为的关键和要点(Essential)有所不同。
- **恢复时间目标(Recovery Time Objective，RTO)：** RTO 是在发生灾难时恢复运营所需的时间，以满足管理层对 BCDR 的目标。
- **恢复服务水平(Recovery Service Level，RSL)：** RSL 衡量在发生故障时需要恢复的典型生产服务水平的百分比，以满足 BCDR 目标。

考试提示：

一定要理解三个概念之间的区别，并通过三个概念的首字母缩略词识别每个概念。

三个指标对决定 BCDR 战略需要涵盖的内容以及在考虑可能的 BCDR 解决方案时应采取的方法至关重要。对于组织而言，大部分 BCDR 策略都将执行一次成本效益分析(Cost–Benefit Analysis)，评估停机时间对业务运营或声誉的影响，实施 BCDR 解决方案的成本，以及在多大程度上实现了解决方案。

首先，管理层需要确定 RPO 和 RTO 的合理值。这一步作为 IT 人员和安全人员开始形成 BCDR 实施战略的框架和指导原则。相关计算和决策完全从可能的 BCDR 解决方案中移除，并严格从业务需求和风险容忍度的角度制定新的 BCDR 方案细节。

一旦管理层分析并确定了 RPO 和 RTO 的要求，组织即可开始确定哪些 BCDR 解决方案适合且满足需求，并权衡成本和可行性。虽然，整个分析活动与实际的解决方案无关，但涉及云计算的一些关键方面，涵盖了多个关注领域，需要加以解决。

在云计算中，BCDR 解决方案的主要问题之一可追溯到两个主要的合规问题，即数据存放的物理位置，以及适用于数据的当地法律法规和司法管辖权区域。对于那些选择传统数据中心模式，然后使用云服务提供方提供 BCDR 解决方案的组织而言，需要特别关注合规问题，因为组织正在进入一个与生产配置和期望完全不同的范式。然而，BCDR 解决方案在另外两个场景中也发挥着重要作用，因为即使在同一云服务提供方内，其他数据中心也将位于不同的地理物理位置(Geographic Locations)，并可能受到不同司法管辖权区域和法律法规监管合规要求的影响，使用不同的云服务提供方时也应如此。

4.5.3 理解风险

在任何 BCDR 方案中，都存在两组风险——一组是需要首先执行方案的风险，另一组是由方案本身实施而产生的风险。

许多风险可能需要执行 BCDR 方案，而无论组织选择采用何种特定的解决方案。常见风险包括：

- 自然灾害(地震、飓风、龙卷风、洪水等)
- 恐怖袭击、战争行为或蓄意破坏
- 设备故障
- 公用设施中断和故障
- 数据中心或服务提供方的故障或疏忽

除了可能导致启动 BCDR 方案的风险，还需要考虑和理解与方案相关的风险：

- **物理位置变化(Change in Location)：** 尽管云服务能够通过多种网络访问方式，在 BCDR 情况下改变地理托管位置可能导致网络延迟或其他性能问题。但是，当涉及系统或应用程序时，物理位置变化可能影响用户和客户的观感，以及业务所有方更新和维护数据的能力，尤其是在需要大量数据更新或传输的情况下。延迟还可能在服务器和客户端之间造成时间延迟问题，特别是对于许多严重依赖时间同步，以确保有效性或运行超时进程的安全和加密系统。

- **维持冗余(Maintaining Redundancy)：**任何 BCDR 方案在某种程度上都需要维持备份物理位置，这些取决于所使用的模型，以及容灾切换站点的状态和设计。两个站点都需要额外的人员配置和监督，确保在没有通知的情况下发生意外紧急情况时，能够兼容并维持在同一水平。
- **容灾切换机制(Failover Mechanism)：**为了实现主站点和备用站点之间的无缝过渡，组织必须建立一种机制，以促进向备用站点转移服务和连接。切换机制可通过网络变更、DNS 变更、全局负载均衡设备和其他各种方法实现。所使用容灾切换机制可能涉及缓存和超时，从而影响站点之间的过渡期。
- **在线提供服务(Bringing Services Online)：**无论何时宣告并启动 BCDR 场景，主要问题或关注点是服务能够在备用站点迅速上线并准备就绪的速度。使用云解决方案通常比传统的备用站点更快，因为云服务提供方可利用快速弹性(Rapid Elasticity)和自助服务模式(Self-Service Model)。如果在备份站点能够准确维护镜像和数据，服务即可迅速上线。

注意：

一种常见方法是在 BCDR 站点中不使用镜像时保持镜像的脱机状态。然而，系统镜像没有及时实施补丁管理，也没有更新生产系统的配置和基线，则在宣告启动 BCDR 时可能导致严重的匹配问题。如果镜像始终保持离线状态，云安全专家需要确保在 BCDR 站点中使用合理的流程来处理和验证镜像。

- **外部服务功能(Functionality with Externel Services)：**许多现代 Web 应用程序依赖于其他应用程序和服务所执行的大量 Web 服务调用。BCDR 场景的关键问题是，组织需要确保所有维护钩子和 API 都能够以与主站点相同的方式和速度从备用站点访问。如果存在从应用程序访问服务的密钥和授权许可要求，则还应复制所需密钥和授权许可要求，并在备用站点准备就绪。如果访问服务需要检查源 IP 地址，或其他与实际主机和地理位置的关联状态，组织还需要确保能够从备用站点访问相同的服务，并且所有必要的信息已经可用并完成配置。尽管备用云站点可能具有按需和自助服务功能，但在员工尝试启动和运行自己的服务时，任何外部连接都可能不具备相同的功能，并会导致切换过程更加复杂。

4.5.4 灾难恢复/业务持续策略

一旦管理层确定了 BCDR 方案的要求，衡量了合理的风险和隐患，并做出了必要的决策，就应该制定 BCDR 方案、实施步骤和流程，以及正在实施的测试和验证(Validation)方案。

BCDR 策略的持续流程如图 4-5 所示。

图 4-5　BCDR 策略的持续流程

为了系统创建 BCDR 方案，云安全专家必须审慎考虑本节介绍的所有资料。接下来，将从云安全专家的角度讨论方案的实际制定步骤。

1. 定义范围

制定 BCDR 方案的第一步是确保安全风险从初始阶段就成为方案的固有部分，而不是在制定方案后再试图将安全问题纳入方案中。定义范围允许安全部门在规划和设计阶段清晰地定义角色和重点领域，并确保在整个流程中执行适当的风险评估，并得到管理层的认可。

2. 收集需求

需求收集通常需要考虑前面讨论过的 RPO 和 RTO 目标。RPO 和 RTO 目标确定了方案中需要包括哪些内容，并提供了实现目标所需的解决方案类型和模型。从云安全专家角度而言，确定关键系统以及在 BCDR 情况下建立运营所需的时间，需要分析并运用对数据和系统构成风险的威胁和漏洞。国家政策、法律、组织策略、客户期望和公共关系都将在确定可能的解决方案方面发挥作用。

3. 分析

分析(Analyze)是将需求和范围结合起来形成实际方案设计的目标和路线图。分析步骤包括彻底分析系统或应用程序的当前生产托管物理位置，确定在 BCDR 情况下需要复制的组件，以及与此相关的风险区域。随着迁移到一个新的环境，由于配置和支持模型的差异，以及新的托管人员加入(新的托管人员没有历史记录或不熟悉应用程序或系统)，新的风险不可避免。由于 BCDR 的原因，迁移到辅助托管提供方的主要问题是，辅助主机能否像主生产托管安排的那样处理系统或应用程序的负载和期望值。

4. 评估风险

在任何 IT 系统中，无论托管环境或提供方如何变化，风险评估(Risk Assessment)都是一个持续不断的流程，以确保组织能够满足安全需求和监管合规要求。下面列出评估的主要风险：

- **BCDR 站点的负载能力(Load Capacity at the BCDR Site)**：站点能否处理运行应用程序或系统所需的负载，并且该容量是否容易获得？BCDR 站点是否具备生产服务和访问用户社区所需的网络带宽水平？
- **服务迁移(Migration of Services)**：BCDR 站点能否处理带宽和要求，以实现生产业务的及时镜像和配置？如果存在大量数据集，是否将定期执行增量备份，还是在服务停机时执行一次大规模数据传输？有多少服务处于待机状态，并且可在需要时能够快速部署和扩展？
- **法律和合同问题(Legal and Contractual Issues)**：与 BCDR 提供方是否签订了合理的 SLA 和合同条款，SLA 和合同能否满足应用程序或系统所有方出于监管合规原因必须遵守的所有要求？是否已获得所有适当的授权许可——包括系统和软件授权许可、访问外部 Web 服务或数据源的授权许可？

5. 设计

在设计阶段，将评价正在考虑的 BCDR 解决方案的实际技术，并与组织的需求和策略相匹配。在许多方面，所需费用与采购主要生产托管安排所需的费用相同。技术和支持需求都需要在合同、SLA 和策略中明确规定，包括确定系统和流程各方面的所有方、技术联系人以及服务期望的所需处理时间。BCDR 方案必须包括具体要求，这些要求应规定何时宣告启动 BCDR 场景，并将方案付诸实践，以供企业所有方和托管环境了解 BCDR 方案要求，并掌握需要执行的准备工作。BCDR 方案的另一个关键部分是如何测试 BCDR 方案，以及在适当的时间点如何将服务恢复到稳定的生产状态。

6. 实施方案

一旦方案和设计经过了完整的审查和填写，方案的实际执行很可能需要从技术和策略的角度作出更改。

实际的生产平台上的应用程序和托管可能需要增强或修改，以提供额外的维护钩子或功能，从而保证 BCDR 方案能够正常运作。这可能包括修改系统配置，从而帮助两个托管环境更加协同，或者为 BCDR 主机提供数据复制和配置复制服务，以实现持续更新和保持一致性。

从此时开始，BCDR 规划和战略应作为持续管理 IT 服务和所有变更与配置管理(Configuration Management)活动的关键组成部分，并予以整合。

注意：

为实施 BCDR 解决方案，组织必须更改现有的生产平台，这种想法常遭到管理层彻底否定。通常，非常优秀和合理的解决方案都将受到忽视，因为管理层的目标是找到一个简单易行的解决方案，而不需要增加成本或变更现有系统。作为一名云安全专家，一定要执行成本效益分析活动，分析所需修改的范围，以及即使是微小的修改也可能给整个组织带来收益。

7. 测试

一旦建立、设计并实施了 BCDR 方案，只有在执行测试活动以确保其准确性和可行性后，才能认为 BCDR 方案是可靠且有效的。此外，测试不应视为一次性活动。随着系统的变化，新版本的代码和配置推出，新数据的添加，任何其他典型的活动都在系统或应用程序中随着时间的推移而发生变化，通常需要重新测试，以确保方案仍然有效和准确。测试本质上是将方案和设计从理论变为现实，以应对真实事件发生的场景。测试不仅确认了规划和期望是否已经实现，还有助于为员工提供在实际紧急情况下执行全部步骤的经验和熟练度。

对于任何测试而言，主要目标都是确保设计并实施的方案能够实现 RPO 和 RTO 目标。测试方案应明确定义测试范围、涉及的应用程序，以及为复制或模拟实际 BCDR 情形所采取的步骤。测试应涉及明确定义且可信的情况，模拟不同程度和多个变量参与的真实灾难情况。组织应至少每年实施一次测试活动，如果任何认证、法律、法规或国家政策有明确要求，则应更频繁地开展测试实务。当系统或配置发生重大变化时，也应开展测试，以确保 BCDR 方案持续有效。对于组织而言，确保 BCDR 验证测试不会影响当前的生产能力或服务至关重要。组织应该以最小化干扰业务运营和人员配备的方式开展 BCDR 测试工作。

在制定测试方案时，员工应密切遵循作为 RPO 和 RTO 分析的一部分所做的目标和决策，以及为满足目标而设计的测试步骤。测试活动应该评价 BCDR 解决方案的每个组成部分，以确保对于真实情况而言是必要的、可行的和准确的。按方案顺序开始执行，直至完成所有步骤，测试能够发现的任何缺陷或不正确的假设，从而通过发现的问题提供反馈并改进方案。一旦更正，应再次执行测试方案，以测试实际事件将如何履行变更范围内的流程。

测试绝不能只是以单向方式执行。虽然对于确保 BCDR 站点的容灾切换测试执行充分的文档记录、计划和验证工作非常重要，但全面测试恢复路径和原始生产服务也同样重要。如果没有开展恢复测试工作，组织可能会发现自己正运行在一个备用托管环境中，不确定如何恢复正常运营，从而进一步影响其业务运营或数据保护和安全水平，并可能产生实质性的额外成本、人力资源开销和资金开销。

8. 报告和修订

测试完成后，云安全专家应向管理层提交一份完整而全面的报告，详细说明测试流程中的所有活动、缺陷、变更，以及 BCDR 总体策略和方案的效果，供管理层审查。管理层将评价方案的有效性、认定合理的目标和指标，以及与实现目标相关的成本。一旦管理层听取完整的简报和评价测试报告，即可重新启动迭代流程，进一步变更和修订 BCDR 方案。

4.6 练习

安全专家作为组织的高级安全官员，经过任命已成为技术审查委员会的一员，以评价新的灾难恢复解决方案。目前，系统托管在组织运营的传统数据中心内，但委员会收到通知，系统可用性和声誉是当前的首要任务，所有选项都在考虑范围之内。许多委员会成员似乎急于转向云解决方案(根据所听到的关于经济收益的消息)。

1. 从安全角度来看，安全专家应该首先建议委员会考虑哪些步骤？

2. 因为所有选项都在考虑范围之内，安全专家应该如何制定一个适用于云环境的 BCDR 解决方案？对于当前使用的托管模型而言，可能产生哪些影响？

3. 与其他完全基于成本考量而推动云解决方案的相关方热情相比，安全专家应该如何筹划推动和阐明所有云解决方案都必须考虑的安全风险？

4.7　本章小结

本章讨论了云基础架构的主要组成部分和与之相关的风险，同时也涵盖了云环境的通用风险。探讨了为应对相关风险而实施的各种安全设计和控制措施，以及审计云环境中控制措施的有效性和合规水平的机制和方法。最后，讨论了灾难恢复和业务持续规划这一重要主题，以及 BCDR 与云托管配置的相似之处和不同之处，以及云环境如何成为组织 BCDR 策略的核心组成部分。

第5章

云应用程序安全

本章涵盖知识域 4 中的以下主题：

- 考虑在云环境中部署应用程序时所需的知识
- 云环境中的常见隐患
- 云环境中的应用程序安全和功能测试
- 软件研发生命周期与云项目之间的关系
- 云环境中特定的风险和威胁模型
- 辅助安全设备
- 联合身份系统(Federated Identity System，FIS)
- 单点登录和多因素身份验证(MFA)

基于云平台的应用程序研发(Cloud Application Development)正在迅速普及与流行。为了帮助组织在云计算及其特定需求和要求方面能够做出明智选择，组织需要一支受过良好培养的云安全专家团队，云安全专家们应该掌握云研发工作中最为常见的挑战和问题。在云环境与传统数据中心之间，虽然许多用于开展安全扫描和测试工作的方法是相似的，但由于不同云服务提供方所提供的访问级别和控制措施方面存在差异，组织在云环境中开展安全扫描和安全测试的方法未必能够达到预期水平。

5.1 倡导应用程序安全培训和安全意识宣贯教育

组织在启动云环境软件和应用程序研发与部署工作之前，应该首先了解云应用程序运行的基础知识，以及执行云研发工作或者从传统数据中心迁移至云环境时的常见问题。作为云安全专家，更为重要的是掌握云应用程序所面临的常见漏洞，以及提出适用于特定漏洞的安全策略和最佳实践，并在软件研发生命周期(Software Development Lifecycle，SDLC)中予以践行。

5.1.1 云研发基础知识

云系统与传统数据中心在运营方面的主要区别在于，云系统严重(在许多情况下甚至完全)依赖于 API 访问和实现各项功能。通常，云系统所使用的 API 主要有两种类型：表征状态转移(Representational State Transfer，REST)和简单对象访问协议(Simple Object Access Protocol，SOAP)。

REST 是一种软件架构方案，适用于在 Internet 上使用的诸多 Web 应用程序的组件、连接器和数据管道(Data Conduit)。REST 方案通常依赖并使用 HTTP 协议，以支持多种数据格式，JSON 和 XML 是其中最为广泛使用的数据格式，且 REST 方案允许组织使用缓存技术以提高性能和可伸缩性(Scalability)。

SOAP 是一种在 Web 服务之间通过结构化格式交换信息的协议和标准。SOAP 将信息封装在 SOAP 信封中，然后利用公共通信协议传输。最为常用的流行协议是 HTTP，但 FTP 等其他协议也可用于 SOAP。SOAP 与 REST 的差异在于，SOAP 只允许使用 XML 格式的数据，且不支持缓存，因此，与 REST 相比，SOAP 的性能更低、可伸缩性更差。SOAP 常用于因设计或技术限制而导致无法使用 REST 方案的场景。

5.1.2 常见隐患

通常而言，研发团队、管理层和云安全专家们在考虑云研发或将软件迁移至云环境时，需要充分认识并理解常见的问题和隐患(Pitfall)。如果组织无法从项目方案(Project Plan)的初始阶段就正确地考虑并掌握云研发安全风险，那么可能导致云环境产生安全风险或运营问题。

1. 可移植性问题

大多数组织可能错误地认为，将服务从传统数据中心迁移至云环境是一种无感知或者透明的流程。然而，在大多数情况下，系统和应用程序都是围绕传统数据中心的安全控制措施和基础架构设计的。许多安全控制措施是围绕传统数据中心基础架构和设置而补充的，在某些情况下，真实的数据中心控制措施可能是实现系统或者应用程序整体安全能力的重要组成部分。随着向云环境的迁移，传统控制措施和配置中的组成部分(或者全部)可能在云环境中无法生效，或者需要大幅度重新设计才能够达到同等水平。

当组织分析并确定将应用程序迁移至云环境的可能性时，云安全专家应该秉持全局心态，即在传统数据中心托管的应用程序的设计阶段并未考虑到云环境的特有属性，因此，应用程序可能有许多特性无法迁移到云环境中。云环境通常采用多项新兴技术，而新技术也正在迅速地变化和发展。许多来自传统数据中心的传统系统不太可能只经过简单的代码重构或者配置变更，就能在灵活、快速变化的云环境中正常工作。同样，组织也不太可能把基于传统数据中心模型研发的应用程序简单地“搬运”(Forklift)到云环境中，这种“搬运”情况意味着只需要更改极少的代码(如果有)。“搬运”流程只在某些情况下可能是合适且可行的，但云安全专家们永远不能假设“搬运”流程总是正确的，或者认为传统环境的所有配置和安全控制措施均能够适用于云环境。

2. 云适用性

对于所有应用程序的安全模型而言，底层主机环境是保护应用程序的重要部分，并且在应用程序的审计和合规方面至关重要。通常，组织在基于大量法律法规监管合规要求以认证驻留在底层基础架构和托管环境中的应用程序之前，需要优先认证底层基础架构和托管环境是否已经达到合理的安全水平。然而，在云环境中，类似的认证可能是不切实际的，以至于组织无法开展认证工作。特别是在公有云环境中，云服务提供方可能无法满足多项监管框架的严格安全要求，或者云服务提供方可能不希望审计师获得认证云环境所需的访问类型和等级。可供云服务提供方选择采用的方法之一是实施 SOC 2 审计，并将 SOC 2 报告提供给云客户和潜在云客户，并以此作为一种提供安全保障的方式，而无需向大众公开云服务提供方的系统和敏感信息。云环境通常专注于研发基于 Web 服务框架和前沿编程语言与平台的网络应用程序，因此，应用程序通常无法充分支持多种传统系统或者旧版编程语言。

3. 集成挑战

在传统数据中心之中，研发团队和管理人员能够访问全部组件、服务器和网络设备，以实现服务和系统的无缝集成。在云环境中(包括在 IaaS 模型中)，组织将严格限制访问各种云环境类型的系统和服务，甚至研发团队和管理人员可能无法获取访问权限。在尝试执行系统集成时，如果组织没有对系统和日志的完全访问权，则难以排除系统设计和通信通道的故障，且无法设计合理的系统。云客户在很大程度上需要依赖云服务提供方的帮助，以满足云服务模型和其他租户的需求，但云客户所需的帮助可能不是云服务提供方愿意或者能够做到的事项。云客户应该采用云服务提供方提供的 API 和其他特定产品与服务，以获得最大的访问权限和可见性，但这也可能导致供应方锁定(Vendor Lock-in)风险和降低可移植性(Portability)。

4. 云环境的挑战

随着云环境相关技术的快速发展，组织将重点趋向于使用更加新颖的应用程序环境和更为现代化的编程语言与研发方法。在开展云应用程序研发工作时，与传统数据中心相比，组织应确保研发团队和项目经理更加熟悉云计算技术、云环境的特定问题和挑战，以及云环境中流行的技术和系统。

5. 云研发挑战

典型的软件研发生命周期(Software Development Lifecycle，SDLC)流程和方法围绕着详细的文档记录和成熟的实践与工作程序开展研发工作。组织往往拥有自身的实践，遵循内部策略和相关流程并与之集成。在一个新的和不同的环境(例如，云环境)中研发系统时，为了满足云环境的独特挑战和需求，组织可能需要调整已建立的SDLC流程和工作程序，甚至需要做出重大变革。从系统工程和架构的角度来看，组织需要调整SDLC流程，以具备“云感知”(Cloud Aware)能力，并集成云环境额外的关注点和挑战，最终确定需要针对云环境采取的额外和不同的安全控制措施与实践。

另一个主要问题是组织应该确保用于研发的云环境与预期的生产环境匹配一致。许多组织的研发团队可能使用不同的云托管模型或者云服务提供方，而云环境可能无法提供与预期生产环境相同的工具集和API，进而导致严重的适配问题。

5.1.3 云环境中的常见漏洞

大型云安全组织通常定期发布最新的安全问题、漏洞和编码错误列表，为研发团队和系统管理员提供需要特别关注的问题清单，从而促进组织的最佳安全实践。

1. OWASP 十大威胁项目清单

在2021年，开放式Web应用程序安全项目(Open Web Application Security Project，OWASP)更新了OWASP常见十大威胁项目，该项目确定了最为关键的Web应用程序安全风险。项目内容请参考https://www.owasp.org/www-project-top-ten。

OWASP常见十大威胁项目清单如图5-1所示，详细说明如下：

- **A1：失效的访问控制(Broken Access Control)：** 许多Web应用程序在验证用户身份时，通过执行访问和授权验证环节，从而将站点的特定内容展现给用户。然而，当用户访问每个功能或其中一部分时，应用程序都必须执行检查活动，确保用户已经拥有适当的访问授权。如果每次访问功能时未能实施持续的检查，则攻击方可能伪造请求，以实现对应用程序某项功能的未授权访问。
- **A2：加密机制失效(Cryptographic Failures)：** 许多Web应用程序经常使用敏感的用户信息，例如，信用卡、身份验证凭证、个人身份信息(PII)和财务信息。如果敏感信息没有经过加密，安全传输机制也未得到适当保护，则很容易成为攻击方的目标。Web 应用程序不仅需要在应用程序端强制实施强加密和安全控制措施，同时在浏览器和其他客户端访问信息时也需要使用安全的通信方式。对于敏感信息保护而言，应用程序最好能够检查浏览器，确保浏览器使用符合安全标准的版本和协议。

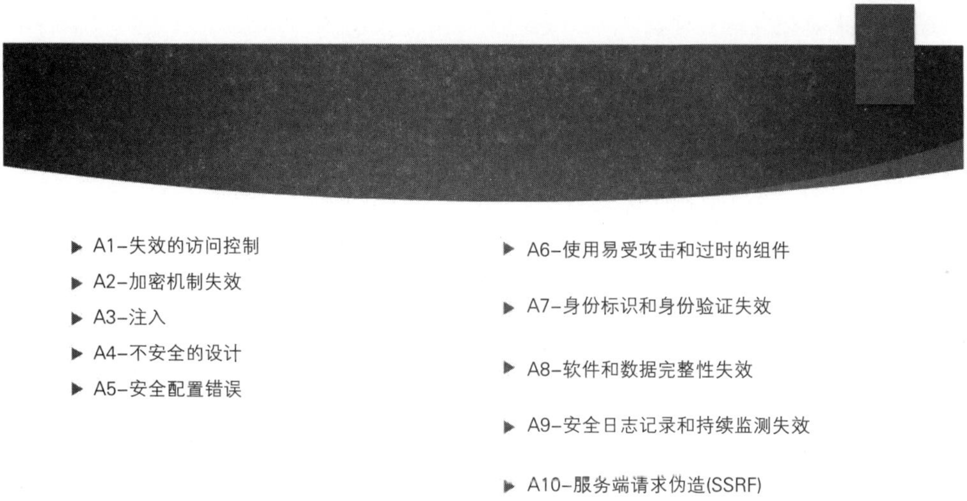

图 5-1 OWASP 十大威胁项目清单

- **A3：注入(Injection)：** 注入攻击是指恶意攻击方通过输入字段和数据字段发送命令或其他任意数据，意图欺骗应用程序或系统，以实现在正常的系统处理和查询流程中执行恶意代码的行为。注入攻击可能导致应用程序泄露未授权和未计划公开的数据，或者可能帮助攻击方深入了解配置和安全控制措施等信息。例如，应用程序未正确处理并验证用户通过输入字段提交的数据，则攻击方能够通过构造一条正确格式的 SQL SELECT 语句，试图欺骗应用程序从数据库中返回更多数据，甚至转储全部数据模式(Data Schemas)或数据字段(Data Columns)。对于执行 LDAP 查询的字段，或者使用适合技术执行格式化查询的任何其他类型的查询，攻击方也可以发起同样类型的攻击尝试。云安全专家需要确保在数据存储之前，应用程序能够适当验证并脱敏处理所有的数据输入字段。[译者注：数据模式(Data Schemas)，在数据库管理和软件工程中，schema 通常是指数据库或数据结构的组织框架。定义了数据库中数据的组织方式，包括表格、视图、查询、存储过程以及数据库中数据之间的关系等。]
- **A4：不安全的设计(Insecure Design)：** 当应用程序在研发阶段未集成安全策略和最佳实践时，就可能发生不安全的设计问题。此类产品在代码中存在固有的安全缺陷(Security Flaws)，而且组织通常难以在实施期间或者运用其他措施时轻易修复这些安全缺陷。为了避免不安全的设计缺陷，组织需要建立和遵循适当的安全研发生命周期，帮助安全和隐私控制措施成为所有研发阶段设计和编码的组成部分。威胁建模(Threat Model)应贯穿整个研发流程，并定期开展适当的测试和验证工作。
- **A5：安全配置错误(Security Misconfiguration)：** 如果没有以安全的方式正确配置或维护应用程序和系统，就可能发生安全配置错误问题。安全配置错误问题可能是由于安全基线或配置中存在缺陷、未授权篡改系统配置，或者在供应方发布安全补丁时未能修补和升级系统。安全配置还应包括确保在使用和部署应用程序之前，更改应用程序附带的任何默认配置或安全凭证。例如，在大多数已发行的应用程序版本中，包含管理访问平台和环境的默认凭证。默认凭证是公开且是众所周知的。如果未更改默认凭证，攻击方可能使用默认安全凭证登录系统或者应用程序。组织应该通过强有力地变更和配置管理流程，以及使用持续监测工具检查配置项，帮助系统和流程处于安全基线水平，确保基线合规并防止未授权的篡改，从而最大限度地减少环境中错误配置的可能。

- **A6：使用易受攻击和过时的组件(Vulnerable and Outdated Components)：**无论是哪种应用程序或服务，都至少构建在单一组件上。通常，应用程序或者服务可能是构建在多个组件上，例如，库、应用程序框架、模块和插件。各个组件将在主机系统上以不同水平的权限和凭证运行。然而，即使组件以最低权限正确运行，组件仍然能够访问应用程序所使用的数据，包括任何敏感数据或用户数据。与任何软件或组件一样，组织需要定期更新和部署补丁，以用于修复组件错误和已知安全漏洞。如果在发现安全漏洞时，任一组件未及时更新，则整套系统或者应用程序可能容易受到攻击。不幸的是，由于组织的系统上运行了过时的组件和未部署补丁的软件，可能引发大量成功入侵的攻击行为，而大多数此类攻击则是完全可以避免的。
- **A7：身份标识和身份验证失效(Identification and Authentication Failure)：**许多应用程序无法正确地保护身份验证、会话令牌和其他机制。身份标识和身份验证失效可能导致恶意攻击方破坏会话并假冒有效用户的身份，从而继承合法用户的访问能力和系统功能。例如，应用程序使用 Cookie 或者浏览器令牌维护登录状态，但是没有任何验证流程能够验证令牌是由原始的有效获取方提交的，那么另一个用户可能劫持令牌并用于恶意目的。用户群体通过公共 Wi-Fi 物理位置访问移动应用程序，也是一项安全风险。在公共 Wi-Fi 的环境内，攻击方窥探听网络流量的风险通常较高。如果攻击方能够获得会话令牌，并且移动应用程序未能正确地验证原始获取方，则攻击方可能使用其他用户的会话令牌构建自身的会话。使用浏览器 Cookie 的应用程序也存在同样的可能性。如果在用户注销或应用程序超时的情况下未能正确销毁会话或者登录状态，则原始合法授权用户离开后，另一假冒实体可能利用合法用户的凭证访问同一浏览器。
- **A8：软件和数据完整性失效(Software and Data Integrity Failures)：**当没有遵循正确的实践来验证软件更新、数据或者研发流程的完整性时，可能发生软件和数据完整性失效的问题。所有的编码和研发工作都依赖于一套库、组件、插件、模块和框架，以帮助组织能够正常运行和部署代码，并供用户访问。如果组织未验证组件的完整性，可能导致将安全风险和有害技术引入到环境或者应用程序代码中，使环境处于不安全状态并且易受攻击。为了缓解威胁，组织应该验证所有组件，以确认组件未受到篡改或者破坏。验证组件的常用方法是验证数字签名，并确保存储库是否使用可信源。

- **A9：安全日志记录和持续监测失效(Security Logging and Monitoring Failures)：**日志记录不足涉及未能充分记录和保留可审计的事件，包括登录、失败、特权提升，以及其他类型的敏感或管理功能。虽然组织可能部署了充分的日志记录系统，但未能将日志收集到本地系统之外，且无法保护日志免受修改和篡改，上述两种情况都属于安全日志记录和持续监测失效这一特定漏洞的范畴。除了充分记录和保存日志之外，组织还应该建立全面的策略和流程，用于执行监测和审计日志实务。否则，攻击方可能在安全人员或者管理员未获得任何通知或采取任何行动的情况下发生恶意活动。
- **A10：服务端请求伪造(Server-Side Request Forgery，SSRF)：**许多现代化的 Web 应用程序允许从远程 URL 检索数据。如果应用程序没有正确验证用户输入的 URL 是否为允许的和经过验证的，则攻击方可能诱使应用程序调用精心构造的请求，以绕过其他安全控制措施。为了防止 SSRF，应用程序需要具备强大的验证功能，确保调用的 URL 是允许的和正确的。此外，应用程序应该禁止所有重定向行为。从网络层而言，组织可以部署默认情况下阻止所有流量的控制措施，除非有特别的出站请求许可。

2. SANS Top 25

系统管理、审计、网络、安全协会(Sysadmin、Audit、Network、Security Institute，SANS)最危险的 25 个软件错误清单中列出了最为常见的编码错误，检测与补救各项错误的方法，以及补救的成本。请参考 https://www.sans.org/top25-software-errors。

SANS Top 25 列表如图 5-2 所示，详细说明如下：

- CVE-199-在内存缓冲区范围内不恰当地限制操作
- CWE-79-在 Web 页面生成期间不恰当地输入(跨站脚本攻击【Cross-Site Scriping，XSS】)
- CWE-20-不恰当的输入验证
- CWE-200-信息暴露
- CWE-125-越界读取
- CWE-89-SQL 命令中使用不恰当的特殊元素(SQL 注入)
- CWE-416-释放后访问内存(Use After Free)
- CWE-190-整数溢出或环绕
- CWE-352-跨站请求伪造
- CWE-22-路径名对受限目录的不当限制(路径遍历)
- CWE-78-操作系统命令中使用不恰当的特殊元素(操作系统命令注入)
- CWE-787-越界写入
- CWE-287-不恰当的身份验证
- CWE-476-解除空指针引用
- CWE-732-关键资源的权限分配不正确
- CWE-434-不受限制地上传危险类型文件
- CWE-611-XML 外部实体引用的不当限制
- CWE-94-代码生成控制不当(代码注入)
- CWE-798-使用硬编码的凭证
- CWE-400-不受控制的资源消耗
- CWE-772-在应用程序有效生命周期结束后未及时释放资源
- CWE-426-不受信任的搜索路径
- CWE-502-不可信数据的反序列化
- CWE-269-不恰当的权限管理
- CWE-295-不恰当的证书验证

图 5-2　SANS Top 25 列表

- **CWE-119：在内存缓冲区范围内不恰当地限制操作：**一些编程语言允许直接寻址内存的物理位置，而无需验证查询是否恰当或允许，从而可能导致攻击方能够访问内存，以实现读取数据或执行任意代码。
- **CWE-79：在 Web 页面生成期间不恰当地输入(跨站脚本攻击)：**通常，跨站脚本攻击(XSS)发生在应用程序从不受信任的来源(通常来自 Web 请求)拉取数据时。然后，通过 Web 应用程序使用数据动态生成页面，并通过 Web 浏览器执行，然后攻击方使用用户的凭证和访问权限将恶意代码注入到应用程序中，从而将数据伪装成受信任的来源。
- **CWE-20：不恰当的输入验证：**应用程序所接受的数据输入没有经过适当验证，从而无法确保数据输入是安全且正确的。
- **CWE-200：信息暴露：**应用程序将敏感或者私密数据暴露给未经授权或者意图访问的各方。
- **CWE-125：越界读取：**应用程序在预定的数据缓冲区之前或之后读取数据，可能读取并处理危险数据，或者导致应用程序以非预期的方式运行。
- **CWE-89：SQL 命令中使用不恰当的特殊元素(SQL 注入)：**应用程序没有正确地检查和过滤任何数据输入字段，以验证输入字段不包含任何 SQL 语句。如果未经过滤，恶意攻击方能够通过各种数据字段传递 SQL 语句，并在数据库中执行，以实现插入、修改、删除操作，或者将数据库中的数据暴露给攻击方。
- **CWE-416：释放后访问内存(Use After Free)：**如果应用程序在释放内存之后试图访问它，可能导致应用程序执行任意代码，使用意外的数据输入，或者导致应用程序完全崩溃。一旦释放了内存，操作系统可能将新数据分配给指针，从而导致应用程序可能访问有效的代码或者数据，并用作非预期或不恰当的输入。
- **CWE-190：整数溢出或环绕：**当操作计算的值超出预定数据结构的范围时，可能发生整数溢出或环绕问题。当问题发生时，系统可能换行或者截断正在计算的值，从而产生非常小的值或者负值。这可能导致应用程序不稳定或者崩溃，在某些情况下也可能导致数据暴露或者引起其他安全问题。
- **CWE-352：跨站请求伪造(Cross-Site Request Forgery，CSRF)：**如果 Web 应用程序无法验证请求是否由真实用户提交，则攻击方也可能欺骗同样的应用程序运行来自非真实用户提交的请求，并将请求视为有效和真实的。
- **CWE-22：路径名对受限目录的不当限制(路径遍历)：**一些应用程序允许根据用户会话中输入的路径名访问服务器上的文件。如果没有适当的验证，攻击方可发送一个穿越到预期物理位置之外的路径名，并访问整套系统的其他文件和数据，包括可能包含口令哈希值或其他敏感数据的文件。
- **CWE-78：操作系统命令中使用不恰当的特殊元素(操作系统命令注入)：**如果应用程序允许执行用户输入数据所构建的命令行语句，应用程序应该验证用户所输入的命令，确保无法传递任何超出预期操作或者绕过安全控制措施的命令。

- **CWE-787：越界写入：**如果应用程序试图写入超出预期内存边界的数据，可能导致其他应用程序不稳定或崩溃，并产生意想不到的结果。
- **CWE-287：不恰当的身份验证：**当应用程序要求用户证明/验证身份，但没有正确验证所呈现的内容时，可能发生不恰当的身份验证情况。这可能允许攻击方欺骗应用程序，导致应用程序认为攻击方是有效用户，从而发出请求，并暴露数据或执行操作，而相关操作理应由经过适当验证的用户执行。
- **CWE-476：解除空指针引用：**当应用程序试图解除引用预期包含数据但实际为空的指针定义时，可能发生这种情况。在大多数情况下，解除空指针引用将导致应用程序崩溃或中止，这是常见的编程错误之一。
- **CWE-732：关键资源的权限分配不正确：**如果应用程序或系统在关键资源上设置了比预期更高的权限，则敏感或关键的数据和进程就可能暴露给攻击方。研发人员可通过与系统管理员密切合作，确保正确配置环境和主机框架并满足安全规范，从而缓解相关问题。
- **CWE-434：不受限制地上传危险类型文件：**当应用程序允许用户上传文件而未验证文件类型的安全水平时，则可能发生这种情况。例如，允许上传 PHP 文件到 Web 服务器，就可能允许攻击方上传代码，然后由服务器处理，无论应用程序是否设置了执行权限，都可能暴露系统中的数据和进程，甚至允许攻击方完全接管系统。
- **CWE-611：XML 外部实体引用的不当限制：**许多应用程序使用 XML 文件获取数据和配置。如果所使用的 XML 未经过适当的验证，则统一资源标识符(Uniform Resource Identifier，URIs)可以嵌入到受控制和允许的物理位置之外，并由应用程序加载和处理。
- **CWE-94：代码生成控制不当(代码注入)：**如果应用程序允许用户输入代码段或者根据用户的输入构建代码命令，则应用程序即可用于执行恶意代码和执行超出预期用途的功能。任何输入字段必须正确分析内容，确保不存在影响代码执行或暴露数据的命令或开关。
- **CWE-798：使用硬编码的凭证：**许多应用程序需要使用凭证与外部资源同内部数据库通信或加密。在许多情况下，研发人员可能将用户 ID/口令组合或者加密密钥硬编码(Hard-coded)到应用程序中，意味着应用程序的任何用户都有可能从接口中提取凭证。如果有人能够访问底层代码或者二进制文件，则访问凭证通常是一项简单的流程。
- **CWE-400：不受控制的资源消耗：**任何环境中都应该限制资源，包括 CPU、存储、内存、连接池等。如果没有适当的限制措施控制分配资源，攻击方可以通过强迫应用程序消耗大量的资源，并在某个特定方面或者多个方面过载系统，从而向应用程序发起拒绝服务攻击。
- **CWE-772：在应用程序有效生命周期结束后未及时释放资源：**当应用程序使用完某个资源后，应将资源释放回系统。如果应用程序没有执行释放操作，那么在系统上可能消耗所有特定类型的资源，导致系统崩溃或锁定。这可能适用于内存、CPU、存储等资源。

- **CWE-426：不受信任的搜索路径：**应用程序可能加载或者使用包括数据与配置文件在内的外部资源。如果应用程序设计为搜索资源，并且没有设置适当的控制措施限制只允许搜索来自可信来源的资源，则攻击方可能诱使应用程序查找并执行恶意代码或者数据。组织通常需要建立适当的机制，以确保只允许查找和使用可信且受控的资源。
- **CWE-502：不可信数据的反序列化：**应用程序通常可能将对象序列化以供重复使用，但却缺乏在流程中验证对象是否受到篡改的能力。由于数据不再受到信任，因此，无法假定数据格式正确且有效，攻击方有时可利用这一特征执行代码(Execute Code)或者执行系统功能。
- **CWE-269：不恰当的权限管理：**应用程序通常可能更改用户的权限级别以执行某些功能，然后在执行成功后将权限恢复到之前的状态。但是，流程有时可能会中断，并且权限等级无法返回到较低权限状态，从而导致会话以超出预期的方式使用较高权限执行操作。在应用程序中，跟踪和验证权限至关重要，而不是假设状态已经从以前的功能中正确恢复。
- **CWE-295：不恰当的证书验证：**至关重要的是，当应用程序使用证书保护和验证外部调用的真实性时，需要有适当的机制正确验证证书链和权限。否则，攻击方可以在应用程序不知情的情况下劫持流量，并插入自己的响应和数据。

5.2 安全软件研发生命周期流程

安全软件研发生命周期(Secure Software Development Lifecycle，SDLC)流程包括若干连续的步骤，构成软件研发项目框架的步骤包括适当的需求收集和分析、设计、编码、测试和维护。SDLC 流程还包括以标准化和可执行的方式维护和部署系统的实践。

5.2.1 业务需求

对于任何系统或软件设计，甚至是对现有系统或软件的更改，收集、分析和理解业务需求将有助于满足组织目标和用户期望。

当项目处于概念阶段时，研发团队需要全面理解项目的目标和目标受众，以构成理解业务需求的初始基础。从尽可能多的利益相关方获取信息，也能够帮助组织增加正确收集和理解相应业务需求的可能性。如有可能，利益相关方还应该包括潜在用户，无论是组织内部用户还是部分公众用户。所有软件的成功最终都取决于可用性和用户满意度，潜在用户将为管理层和内部人员提供不同的观点和理解。

5.2.2 研发的各个阶段

无论软件研发活动是在传统数据中心完成还是托管在云环境中，SDLC 的总体步骤和阶段都是相同的。

1. 需求收集与可行性分析

在初始步骤中，需求收集应该明确项目的概要部分，包括总体目标、可用投入、期望结果、项目时间安排、持续时间、总体成本、对当前系统能力的成本效益分析，以及从升级系统和投入新系统中获得的价值。需求收集阶段应该包括项目的所有利益相关方、用户和管理层的代表，定义应用程序能够完成的事项。作为初始概要分析的组成部分，本阶段还定义了风险和测试需求，可用技术的概述以及整体项目成功的可行性。这一步骤还考虑到所有的强制性要求和所需的功能，并权衡将需求和功能纳入实际设计的总体成本/效益。安全需求应该从项目初始阶段就纳入规划中。

注意：

从初始阶段开始，将安全纳入讨论和 SDLC 流程中非常重要。许多组织试图在后期步骤中加入安全，而不是从一开始就考虑，如果需要更正或重新调整之前的决策和方向，可能导致项目延迟或者成本增加。

2. 需求分析

在确认最初的概要需求并批准项目之后，下一个阶段是分析需求，并转化为具有特定需求和截止日期的实际项目方案。项目方案不仅描述了软件特性和功能的具体要求，还规定了研发团队需要的硬件和软件平台。在需求分析阶段结束后，项目的正式需求和规范将为研发团队研发实际软件奠定基础。

3. 设计

设计阶段通常需要组织将正式的需求和规范转化为实际软件编码的方案和结构，将需求转化为可适用于项目指定的编程语言的实际方案。在项目设计阶段，正式的安全威胁以及风险缓解和减少的要求已集成到编程设计中。

4. 研发/编码

在研发阶段，项目方案将分解成若干的编码部分，然后实施实际的编码工作。当需求转化为实际的可执行编程语言时，研发团队应该测试所有部分，以确保程序代码正确编译并按照预期运行。功能测试通常由研发团队完成，当代码的各个组成部分都已测试完成，并将作为组成部分全部集成到更大的项目中。研发/编码阶段通常是 SDLC 周期中耗时最久的阶段。

警告：

理想情况下，组织应该在代码研发期间以及增量功能测试期间执行安全扫描和测试。但许多组织通常可能等到整个代码包整合完成后，再执行安全扫描和测试工作，进而可能极大增加修复工作的复杂程度，并导致项目延误。

5. 测试

作为项目设计和规范的组成部分，组织还应该制定测试方案以确保软件中所有部件都能够正常工作，并通过软件达到预期结果。测试方案应该得到管理层的批准，包括适当分配系统资源和人员，从而在整体项目方案确定的时间表内完成测试工作。组织应该根据原始设计要求和规范完成测试工作，确保从主要利益相关方和用户的角度满足所有目标。测试包括扫描代码和对已完成研发的应用程序进行运行时安全检测，并验证代码的语法错误和问题。作为可交付成果，测试阶段将输出一份全面的结果文档，阐述测试期间各个方面的所有缺陷或者成功之处。

6. 维护

一旦软件成功通过测试并投入生产使用，在软件的生命周期内将不断更新附加功能、修复错误和使用安全补丁。这是一个持续的迭代流程，每次都要经历包括需求、分析、设计、编码和测试的整套 SDLC 流程。

考试提示：

CCSP 考试总是倾向于询问关于 SDLC 流程的顺序和阶段的具体问题。作为备考流程的组成部分，请确保考生完全理解 SDLC 流程并不断复习。

业务需求收集的组成部分是建立并阐明项目的关键成功因素。包括具体的特性集和功能，以及性能指标和安全标准。关键成功因素将直接影响测试方案，并为利益相关方提供依据，以衡量软件研发项目是否成功。

5.2.3 研发方法论

软件研发项目的两个主要方法论是传统的瀑布式方法和更为现代化的敏捷方法。

1. 瀑布式方法

传统的瀑布式研发方法通常是基于项目的各个阶段构建。所有阶段都是相对独立的，在当前阶段完成研发、测试、验证、批准和实现之前，研发工作无法转移到下一个阶段，且通常无法返回到以前完成的阶段。组织对每个阶段执行全面验证和批准往往可能导致项目延误。通常情况下，客户在进入应用程序的研发和测试之前，无法完全获知或者理解应用程序的预期结果。任何时候修改原始设计，都有可能导致项目延误，有时甚至是大幅延误。

项目越大，各阶段往往可能越复杂，在进入下一阶段之前，每个阶段所需解决的复杂问题也就越多。

2. 敏捷方法

敏捷研发(Agile Development)的工作原理是将研发工作分解为一系列能够快速完成和迭代实施的“冲刺”(Sprint)流程。当所有组件完成时，都能够部署并关闭，从而专注于后续流程。对于需求快速变化或者频繁变更的场景而言，敏捷研发非常实用。此外，敏捷研发克服了传统瀑布式方法的许多缺点。

5.3　运用安全软件研发生命周期

通常而言，安全专家在掌握安全 SDLC 流程的内容之后，在使用 SDLC 流程方面需要理解云环境的特定风险，并使用威胁建模评估风险和应用程序所面临的特定漏洞。

5.3.1　云环境的特定风险

尽管 OWASP 十大威胁项目涵盖了 Web 应用程序的通用应用程序漏洞，无论应用程序是运行在云环境中还是运行在传统数据中心，云安全联盟(Cloud Security Alliance，CSA)提出的“十一大危险”(Egregious 11)涵盖了特定的基于云环境的应用程序和系统风险(https://cloudsecurityalliance.org/group/top-threats/)。下面简要描述 11 项风险(最初在第 2 章介绍)，以及各项风险与云应用程序安全的具体关系：

- **数据泄露(DataBreaches)：**应用程序中的任何漏洞都可能导致数据泄露，由于多租户模式导致托管在同一云环境中的其他应用程序也将受到威胁，在云服务提供方没有在云租户之间实施合理的分段和隔离的情况下更是如此。如果虚拟机管理程序(Hypervisor)或者管理方案遭到破坏，则威胁将随之放大。
- **配置错误和变更控制不足(Misconfiguration and Inadequate Change Control)：**当安全专家未能正确设置系统的安全策略或者最佳实践时，就可能发生配置错误。配置错误包括无法保护数据，授予用户或者系统超出所需的过多权限，保留默认凭证，强制执行默认配置，或者禁用行业标准的安全控制措施。
- **缺少云安全架构和战略(Lack of Cloud Security ArchitectureandStrategy)：**许多组织正在迅速将 IT 资源和基础架构迁移到云环境中。然而，许多组织在迁移时都存在错误的观念，即可以简单地将基础架构“搬迁和迁移”(Lift and Shift)至云端，有效地创建新网段，并在云端实施与组织自有数据中心相同类型的安全控制措施。如果缺乏有效的云安全架构方法，可能导致数据暴露在许多安全缺陷之下。
- **身份、凭证、访问和密钥管理不足(Insufficient Identity，Credential，Access，and Key Management)：**如果没有适当且强大的访问管理和身份识别系统，云环境和应用程序将面临此列表中的多项其他威胁，特别是数据泄露和恶意内部人员威胁。在云环境或者应用程序中，使用身份和访问管理对于操作和功能(例如，联合身份)而言至关重要，本章后续小节将详细介绍。

- **账户劫持(Account Hijacking)**：账户可能由任何想要破坏系统的攻击方未授权暴露或非法利用，在允许账户共享的情况下更是如此(组织应避免账户共享的场景！)。组织应该部署合理强度的多因素身份验证(Multifactor Authentication，MFA)机制，以防止其他用户冒用当前用户账户，即便其他用户通过非法手段获得当前账户安全凭证也无法使用。通过网络钓鱼攻击(Phishing Attack)劫持账户是主要问题，也是最为常见和成功的攻击方法。
- **内部人员威胁(Insider Threat)**：任何拥有系统或者资源合法访问权限的用户，都可能将合法的访问权限用于未授权的目的。在任何时候，组织都需要主动持续监测并持续审计敏感的系统和数据，以阻止和捕捉未授权的访问和滥用行为。组织往往可能忽视或者低估恶意内部人员风险。许多研究表明，恶意内部人员仍然是安全威胁和伤害的首要来源。
- **不安全的接口和 API(Insecure Interfaces and API)**：云环境和许多基于云平台的应用程序在自动化和操作方面严重依赖于应用程序编程接口(API)，因此，不安全的 API 将导致云基础架构和应用程序级别两个层面的暴露和威胁。
- **薄弱的控制平面(Weak Control Plane)**：在云环境中，控制平面通常能够帮助管理员完全控制数据基础架构和部署在云环境上的安全控制措施。如果没有强大的控制平面，研发团队或管理员就无法正确实施面向数据的安全控制措施，任何利益相关方也无法确保数据得到正确的安全保护。
- **元结构和应用程序结构故障(Metastructure and Applistructure Failures)**：为了帮助云环境能够正常运行，云服务提供方应该向云客户公开某些方面的安全控制措施和配置，通常是以 API 的形式出现。客户将使用 API 执行编排、自动化和计费查询操作，甚至从云环境中提取日志数据。随着 API 的暴露，云环境也可能面临一系列固有风险，如果没有部署适当的安全机制，将导致环境更加脆弱。
- **有限的云计算使用可见性(Limited Cloud Usage Visibility)**：许多组织将计算资源迁移到云端，但由于缺乏专业人员和专业知识，无法正确跟踪和验证云资源是否以适当的方式使用。从而可能导致云资源在组织策略允许范围之外得到不安全的使用，并且未执行任何监督活动。上述类型的不安全使用可以分为已批准或者未经批准的类别。在未经批准的访问中，云服务是在没有 IT 员工监督的情况下配置和使用，或者是在未经适当许可的情况下配置和使用。
- **滥用和恶意使用云服务(Abuse and Nefarious Use of Cloud Service)**：云环境拥有巨大的、可支配的资源，可用于处理托管在基础架构中的大量云客户的应用程序与系统的负载和系统。对于可能出现的服务降级威胁而言，滥用和恶意使用云服务并非是云客户需要特别关注的问题，但对于云服务提供方而言，却是非常现实的考量和威胁。

5.3.2　威胁建模

一旦系统或应用程序处于活动状态，组织应执行威胁建模(Threat Modeling)活动，用于确定和解决面临的任何潜在威胁。由于 IT 安全和 IT 系统面临的威胁在不断变化，威胁建模是一项极具流动性和持续性的流程。由于技术环境的迅速变化，新的攻击工具和方法总是在不断发展，系统和应用程序的维护和升级也在持续完善。每次引入新的代码或变更配置时，都可能影响威胁评估工作。OWASP 推荐的两个著名模型是 STRIDE 和 DREAD 威胁模型，而这两个模型都是 Microsoft 提出的概念。此外，还有侧重于系统结构的 ATASM 威胁建模，以及侧重于业务、技术需求与合规的 PASTA 建模。

1. STRIDE 模型

STRIDE 是一种威胁分类分级方案。首字母缩写 STRIDE 是以下 6 个类别已知威胁的助记符：

- **假冒身份(Spoofing Identity)：**对于任何使用特定应用程序访问控制措施的应用程序和数据库而言，假冒身份是一种常见风险。假冒身份意味着用户虽然使用个人凭证执行身份验证，并根据属性接收获得的特定授权，但是应用程序本身却使用单一环境(例如，“服务账户”(Service Account)或其他类似的统一凭证)与服务和数据库通信。在此配置下，组织确保应用程序具备妥善的控制措施是至关重要的，防止任何用户假冒其他用户的身份，以避免特定用户访问其他用户的信息，或者利用其他用户的授权级别非法访问数据。
- **篡改数据(Tampering with Data)：**任何向用户发送数据的应用程序都面临着用户可能操纵或者篡改数据的风险，无论数据是存储在 Cookie、GET 或 POST 命令，还是请求头中。用户也可能操纵客户端验证。如果用户从应用程序接收数据，则应用程序需要确认并验证从用户返回的全部数据。例如，用户正在申请贷款，且系统已经向用户发送建议的利率、套餐或条款，此时用户可能篡改数据(例如，降低利率或改善条款)，然后通过系统中用户的“接受”(Acceptance)操作发送回应用程序。如果数据在返回应用程序时未执行验证，则可能将篡改后的数据写入数据库，并影响业务处理活动。应用程序不应该直接接受任何从用户返回的数据；并应该始终执行验证环节，以确保与发送至用户的数据保持一致，或者匹配应用程序内可接受的可能性。
- **抵赖(Repudiation)：**应用程序通常需要准确且全面地记录所有用户交易(Transaction)的日志。如果没有全面的日志记录，用户可能质疑系统上的任何交易，并声称从未执行过系统显示的某种类型交易，或者质疑系统中所包含的数据。例如，在金融系统中，用户可以声称已经支付账单、已经还清贷款、从未开设过信用额度或信用卡，或者发生任何其他类型的纠纷。如果金融组织无法准确地确认交易是否发生，则可能需要自行承担这一交易的后果，从而导致注销或偿还用户声称的从未执行过的交易。证据的形式可以是日志、多因素身份验证机制，或者是特定软件包的集成，旨在验证用户凭证并保存关于交易和验证的全面审计日志。

- **信息泄露(Information Disclosure)：** 对于任何用户而言，最大的担忧可能是应用程序泄露个人或敏感信息。在应用程序内部，安全问题和保护信息需要考虑多个方面。任何应用程序从始至终都难以完全确保绝对的安全水平。最为显著的关注点是组织如何保障应用程序自身安全，以及保护数据与存储的安全，在这方面，组织通常可以采取强有力的控制措施并执行审计活动。对于安全而言，可能更为复杂的是用户所连接的应用程序的客户端。尽管应用程序可能存在一些最佳实践，例如，组织可以强制要求使用安全通信通道；但还有其他一些措施是由客户端所执行，例如，发送无需缓存页面或者凭证的指令。尽管许多常见的浏览器和客户端都将遵守指令，但无法强制执行或要求浏览器遵守指令，而且在许多场景下，用户能够覆盖特定设置。
- **拒绝服务(Denial of Service)：** 任何应用程序都可能成为拒绝服务攻击的目标。对于应用程序而言，研发团队应该尽量减少未经身份验证的用户可执行的操作数量，帮助应用程序尽快运行，并使用最少的系统资源帮助最小化任何拒绝服务攻击的影响。使用前端缓存技术能够将攻击影响降至最低，因为前端缓存技术在实际应用程序服务器中去除了许多查询操作。
- **提升特权(Elevation of Privileges)：** 许多应用程序对所有用户使用相同的身份验证和登录流程，而无论用户是普通用户还是管理用户，通常用户角色决定了用户访问应用程序后可用的功能和流程。对于这种类型的配置，在访问任何函数时重新验证管理权限至关重要。如果未执行二次验证，应用程序非常容易受到攻击，未授权方可冒用管理员的角色并提高自己的访问级别，从而将数据和整个应用程序暴露给未授权方。

有关 STRIDE 模型的更多信息，请访问 https://docs.microsoft.com/en-us/previous-versions/commerce-server/ee823878(v=cs.20)。

考试提示：

CCSP 考试中几乎肯定会提问到 STRIDE 模型以及每个字母的含义。考试前一定要记住并复习本章！

2. DREAD 模型

DREAD 模型与 STRIDE 模型有些不同，DREAD 模型更加专注于为评估风险和威胁提供一个量化的数值。有了量化的数值，DREAD 模型就能够与其他系统甚至自身比较。关于 DREAD 的更多信息，请参见 https://wiki.openstack.org/wiki/Security/OSSA-Metrics#DREAD。

DREAD 算法根据少数几种类别的风险量化计算实际值，取值范围为 0～10，数值越大表示风险越高。

DREAD 风险 = (潜在损害+可再现性+可利用性+受影响用户+可发现性)/5

- **潜在损害(Damage Potential)**：指成功利用漏洞时，组织应该衡量系统或数据的损坏程度。最低值为 0，表示没有损害；最高值为 10，表示数据或系统完全损失。确定系统的损害规模下降到什么程度是主观的决定，往往基于系统内数据的分类分级和敏感程度，以及法律法规监管合规方面的潜在要求和后果。
- **可再现性(Reproducibility)**：指衡量重复利用漏洞的容易程度。最低值 0 表示几乎不可能实施攻击，即使使用管理权限访问也是如此。其他防御措施阻止访问或利用漏洞时可能发生这种情况。最高值 10 表示非常容易利用漏洞，例如，未采用身份验证或其他方法，简单地使用客户端访问应用程序。任何域间值(0~10)都是主观的，并将由基于应用程序的具体情况，以及来自其他防御机制的缓解因素共同确定。
- **可利用性(Exploitability)**：衡量成功利用威胁所需的技能水平或资源。最低值 0 表示漏洞利用需要广泛的知识或高级工具；最高值 10 表示应用程序只需要简单的客户端访问，例如，简单使用 URL，执行无需特定知识或技能的攻击。任何域间值都是主观的，应该基于应用程序的特定环境、编程语言、库以及当前的安全控制措施判断。
- **受影响用户(Affected User)**：此值表示基于应用程序总用户的数量，将有多少百分比的用户群受到漏洞的影响。值的范围从最低值 0(用户不受影响)到最高值 10(所有用户均受到影响)，任何域间值都是主观的，应该基于应用程序确定。
- **可发现性(Discoverability)**：衡量发现威胁的难易程度的标准。最低值 0 表示非常难以或无法发现的威胁，通常需要应用程序的实际源代码或者管理权限才能够发现。最高值 10 表示从客户端(例如，Web 浏览器)能够立即发现威胁。域间值的浮动很大，取决于所使用的技术、威胁的流行程度、可见性以及目标的吸引力。

3. ATASM 模型

架构、威胁、攻击面和缓解措施(Architecture，Threats，Attack Surfaces，and Mitigations，ATASM)是一种威胁建模方法，侧重于系统的结构基础。ATASM 由以下组件构成：

- **架构(Architecture)**：系统的架构可以分解为物理和逻辑两个部分，并予以逐一分析。
- **威胁(Threats)**：威胁包括了系统可能面临的任何类型的潜在攻击，这些攻击类型基于系统的暴露程度、设计和目的。
- **攻击面(Attack Surfaces)**：系统的任何输入和输出都是潜在的攻击面。
- **缓解措施(Mitigations)**：定义在系统设计和架构中能够运用缓解措施的位置。

4. PASTA 模型

攻击模拟和威胁分析流程模型(Process for Attack Simulation and Threat Analysis，PASTA)是一种 7 步威胁建模方法，与平台无关，结合了业务目标、技术要求和合规以实现威胁管理

(Threat Management)。

PASTA 包含了如下 7 步：

1. 定义目标。
2. 定义技术范围。
3. 分解应用程序。
4. 分析威胁。
5. 分析漏洞。
6. 分析攻击行为。
7. 分析风险与影响。

5.3.3 安全编码

目前，业界已经出现了多个框架，以促进不同行业中的安全编码最佳实践与协作。其中两个最为著名的是 OWASP ASVS 和 SAFECode。

1. 应用程序安全验证标准

OWASP 应用程序安全验证标准(Application Security Verification Standard，ASVS)旨在为所有行业设置一套标准方法，用于测试 Web 应用程序安全控制措施，并为软件研发人员提供一套安全编码最佳实践的标准化要求。基于 OWASP 十大安全漏洞列表，业界制定了 ASVS 标准，并使用 OWASP ASVS 框架作为建立组织可接受信任水平的整体基础。OWASP ASVS 标准请参见 https://owasp.org/www-project-application-security-verification-standard/。

2. SAFECode

SAFECode 是一家国际性的非营利组织，专注于商业领袖和技术专家之间的合作，目的是促进软件程序的安全水平。SAFECode 提供了丰富的关于最佳实践和培训研讨会的信息。SAFECode 的更多信息请参阅：https://safecode.org/。

5.3.4 软件配置管理和版本控制

在任何环境中，版本控制和软件配置管理都非常重要。在使用镜像以及云环境的快速部署与自动弹性功能时，版本控制和软件配置管理因素尤为重要，以确保系统的一致性和协调性。在传统数据中心之中，升级和修补程序通常直接作用于服务器和主机。在云环境中，典型做法是使用新的镜像和部署维护系统和版本，而不是推出新的变更、扫描以确保正确运用并测试。为了在整套流程中维护版本控制和正确地配置系统，使用自动化工具几乎是所有云部署必要条件。

对于整套 SDLC 流程中的代码研发工作而言，研发人员能够利用和借助许多工具实现代码协作、分支和版本管理。其中一款广泛使用的流行工具是 Git，可从 https://github.com/获取。Git 工具是一款开源平台，能够实现上述所有功能，并为个人、小型企业、政府机构、非营利组织和企业广泛使用。

两个非常流行的用于维护系统配置和软件版本控制的工具是 Puppet(https://puppet.com/)和 Chef(https://www.chef.io/chef)。Puppet 和 Chef 两套解决方案都能够维护服务器和系统配置，确保基于集中维护和部署的策略处于正确状态。Puppet 和 Chef 可用于发布全新配置和更改配置。更重要的是，Puppet 和 Chef 确保不会只变更单个服务器，避免服务器与同一系统池中的其他服务器配置不一致。如果在成员系统上检测到与集中策略不同的更改，则撤销变更，以保持系统池中系统的统一性和设定策略的一致性。许多组织使用 Puppet、Chef 或类似产品处理组织全局的代码部署和系统配置变更事项。

注意：

本节介绍了几款配置和代码管理软件包的产品示例，但还有更多开源和商业产品。组织应该根据研发项目或系统中使用的特定需求和技术决定采用何种类型的产品。配置和代码管理收益都基于所使用的应用程序平台和操作系统，平台和操作系统将决定管理工具的总体有效性和易用性。

5.4　云软件保证和验证

与任何软件的实施或研发一样，在云环境中运行的软件必须经过持续审计、测试和验证(Validation)，以确保安全需求得到适当的使用和确认。

5.4.1　基于云平台的功能测试

与完整性测试(Full Testing)或回归测试(Regression Testing)相比，功能测试(Functional Testing)是针对系统或应用程序的特定功能或组件执行的特定和集中测试。相比之下，完整性测试或回归测试本质上是整体性的，包括整套应用程序和所有功能。在云环境中，当执行应用程序和软件研发工作时，除了考虑任何项目中的标准因素外，还需要考虑与云技术实际情况相符的额外因素。作为测试和安全的组成部分，在将应用程序迁移到云环境时，组织必须考虑系统相关的所有法律法规监管合规要求。云平台所在的特定司法管辖权区域和云平台所属的机构，至少应该满足应用程序的同等要求。云安全专家应该分析正在使用的数据及其周围的应用程序安全需求，确保所选择或正在考虑的云服务提供方能够满足特定要求。

警告：

许多数据集涵盖托管和访问规则，从法律和责任的角度来看，组织需要考虑谁能够拥有可见性。例如，数据可能具有仅数据所有方和所属人员才能访问和查看的需求。在云环境中，需要考虑多租户以及云服务提供方的实际人员，以及相关人员能够看到和访问的内容(基于系统的实现和安全水平)。

5.4.2 云安全研发生命周期(CSDLC)

SDLC 流程是一组驱动软件研发项目的阶段，涵盖从概念构思和需求收集到研发、测试和维护的所有阶段。虽然 SDLC 流程对于所有的软件研发项目都是标准化且众所周知的，但是云安全专家为了确保云环境安全通常需要调整 SDLC 流程。在这种情况下，云安全专家需要重点关注的是调整组织的视角和方法以适应云环境的现实。在云环境中，许多标准的安全控制措施和系统架构可能不适用或无法实现。组织应该从初始阶段就将安全和云平台组件纳入 SDLC 流程中，并且在编码开始(或已经完成)之后不应该再次更新。与传统的 SDLC 流程相比，云安全研发生命周期(Cloud Secure Development Lifecycle，CSDLC)流程与常见云计算的大多数方面一样，以更加快速的方式运行。这种快速运行的方式通常可能给组织内部已建立的 SDLC 流程带来相当大的压力，同时，也影响了组织遵守既定时间线和研发步骤的尝试。

5.4.3 安全测试

云环境使用了几种主要类型的应用程序测试和安全测试。从方法论的角度来看，云环境中的测试与传统数据中心的测试项大致相同。

1. 动态应用程序安全测试

动态应用程序安全测试(Dynamic Application Security Testing，DAST)通常认为是应用程序的“黑盒”(Black-box)测试，是针对实时系统运行的，而运行 DAST 的人员并不能从系统的特殊信息中发现问题。与静态应用程序安全测试(Static Application Security Testing，SAST)不同，DAST 必须从外部发现信息，并试图发现可供测试的路径和接口。DAST 方法通常与 SAST 方法结合使用，将内外部的方法结合起来，对应用程序或系统开展全面的测试和评价工作。

2. 渗透测试

渗透测试(Penetration Testing)通常是一种“黑盒”(Black-box)测试，使用与攻击方针对应用程序相同的工具集和方法。渗透测试旨在主动尝试在真实世界类型的场景中攻击和破坏系统，目的是使用与恶意攻击方针对系统所用的相同方法发现漏洞和弱点。

3. 运行时应用程序自我保护

运行时应用程序自我保护(Runtime Application Self-Protection，RASP)通常用于具有调整

安全措施能力的系统，以根据实际环境变量和特定攻击方法调整安全措施。RASP 旨在对持续发生的事件和威胁做出响应，并在实际生产和运行系统中动态调整和适应应用程序，以响应并缓解威胁。

4. 静态应用程序安全测试

静态应用程序安全测试(Static Application Security Testing，SAST)是一种用于测试和分析应用程序代码和组件的方法，通常认为是“白盒”(White-box)测试，因为运行测试的安全专家熟悉并能够访问所涉及的源代码和系统。安全专家能够通过离线方式测试代码，而非直接测试实际的生产系统。SAST 特别适合捕捉编程错误和漏洞，例如，SQL 注入和跨站脚本攻击等漏洞。由于 SAST 的知识性和开放性，往往产生优于其他类型测试的结果，因为其他类型的测试无法从系统知识方面获益。

5. 漏洞扫描

漏洞扫描(Vulnerability Scan)是组织针对自有系统运行的扫描，使用已知的攻击和方法验证系统是否针对各项攻击实施了适当的加固，并将风险降至最低。漏洞扫描通常涉及已知的测试和签名，生成关于发现弱点(Weaknesses)的管理报告，并且通常包括基于结果的风险评级或漏洞评级。评级通常基于执行的独立扫描活动，并为整套应用程序提供风险评级，包括对所有应用程序签名的所有扫描结果。

考试提示：

CCSP 考生一定要理解并掌握动态和静态应用程序安全测试方法之间的区别。

6. 软件成份分析

软件成份分析(Software Composition Analysis，SCA)是一套自动化的流程，SCA 能够通过搜索代码库，识别来自开源软件和存储库的所有代码。SCA 对组织确保遵循安全实践以及符合许可证合规而言是至关重要的。尽管开源软件是“免费”(Free)的，但使用开源软件可能存在各种类型的限制与许可要求。

7. 交互式应用程序安全测试

交互式应用程序安全测试(Interactive Application Security Testing，IAST)是一种在应用程序运行时监测应用程序并与之交互的方法。IAST 能够持续扫描和监测任意安全漏洞。IAST 是通过使用代理和各种持续监测工具完成的，工具可以分析应用程序执行的所有交互行为，用于在实际使用期间识别任意漏洞。许多 IAST 工具也可能将 SCA 功能纳入工具中。

8. 恶意用例测试

云安全专家在应用程序投入生产之前可能经常执行功能测试，以检验应用程序在生产环境中的预期使用方式。恶意用例测试在功能测试的基础上进一步扩展，包括故意误用应用程序，以测试安全漏洞和应用程序稳定性。恶意用例测试可能包括故意破坏应用程序、重载输入或者购物车、刷新页面和使用后退按钮等。任何超出应用程序预期用途但在部署应用程序后可能发生的行为，无论是有意或无意，都应该涵盖在恶意用例测试活动中。

5.4.4 服务质量

面向服务架构(Service-Oriented Architecture，SOA)的服务质量(Quality Of Service，QoS)层的重点是持续监测和管理业务层与 IT 系统层。在业务方面，服务质量集中在对事件、业务流程和关键性能指标(Key Performance Indicator，KPI)的度量和持续监测。在 IT 系统方面，服务质量关注系统、应用程序、服务、存储、网络以及构成 IT 基础架构的其他所有组件的安全和健康态势。服务质量还与在所有领域的持续监测和执行业务策略有关，包括安全能力、访问和数据。

5.5 使用经验证的安全软件

选择编程语言、软件研发平台、应用程序环境和研发方法的关键方面是熟悉云环境中能够促进和加强安全水平的关键组件。由于应用程序代码构建在框架和协议之上，若使用不满足云环境中安全要求的工具集和软件包，最终将影响组织研发或实现任何软件。如果组织决定使用不满足云环境中安全需求的工具集和软件包，那么一旦组织研发或实现的软件投产后，最终可能产生不利影响。

5.5.1 经批准的 API

由于基于云平台的应用程序严重依赖于应用程序编程接口(Application Programming Interfaces，API)，因此，API 的安全水平对于应用程序的整体安全水平至关重要。引入未充分保护的 API，特别是在集成应用程序的控制措施或安全边界之外的 API 时，将导致应用程序中的全套数据集面临失窃或丢失的风险。

在考虑使用任何外部 API 时，云安全专家必须确保 API 接受与任何内部应用程序和代码相同的严格评价和安全测试。如果未严格测试并验证外部 API，应用程序最终可能会调用不安全的 API 和数据，从而可能导致用户面临数据泄露的风险。使用 REST 或 SOAP 技术时，需要分别测试和验证适当的安全机制，例如，SSL/TLS 或加密技术，以满足组织策略和法律法规监管合规方面的安全要求。

注意：

云安全专家不仅应该验证 REST 或 SOAP 的 API 是否使用 SSL/TLS 和加密技术，还应该确保正确使用加密技术，以满足任何法律法规监管合规要求或监督机构提出的指导原则和要求。

5.5.2 供应链管理

许多基于云环境的系统和现代 Web 应用程序由不同的软件、API 调用、组件和外部数据源组成。现代编程技术通常需要将由不同来源编写的不同组件组合在一起，然后利用组件组合的资源和功能生成新的应用程序。集成外部 API 调用和 Web 服务能够帮助应用程序调用各种外部数据源和功能，以允许应用程序动态地集成数据，并且不需要在本地存储和维护数据源。尽管集成能够帮助组织更为高效地完成应用程序的设计和代码编写工作，但也意味着组织将依赖于非组织内部编写的代码，或者从外部源接收的数据和函数。研发团队或组织无法实际控制外部资源，大多数情况下，设计方法、安全模型、数据源以及代码测试和验证都是未知数，甚至永远无法获取各项组件的细节信息。

5.5.3 社区知识

开源软件(Open Source Software)在整个 IT 行业中的运用非常广泛，在许多云环境中可能更是如此。云环境中的许多研发团队大量利用开源软件应用程序、研发工具集和应用程序框架。最流行和最广泛使用的开源软件包都经过了广泛的代码审查、测试、协作研发和严格的审查，这是封闭源代码和受保护的专有软件包所无法完成的。考虑到这一级别的审查以及任何组织评价和分析软件包中代码的能力，许多人员认为开源软件是业界最为安全且稳定的软件包之一。随着源代码的开放和可用，以及越来越多的人开始分析代码，软件的安全水平将随着时间的推移而大大提高，并从一开始就融入到代码和构建流程中。当发现 Bug 或安全漏洞时，协作编码能够快速、透明地解决问题，并且可发布补丁。同时，也能够轻松、快速地验证补丁是否有效。

注意：

将开源软件用于安全系统通常是业界和跨组织的一个热议话题。默认情况下，组织和政府机构倾向于避免使用开源软件，而大学和非营利组织则严重依赖开源软件。然而，无论过去的偏好如何，任何新的软件研发或者部署都需要彻底审查所有软件和源代码，而且不应该假设开源软件或者专有软件具有更高的安全水平与稳定性。

5.6 理解云应用程序架构的细节

有许多工具和其他技术可用于提升和确保云环境中更高级别的安全水平。这些技术基于深度防御(Defense-in-Depth)理念，并提供分层安全，扩展了传统主机或者应用程序的安全控制措施，允许超出应用程序本身所能支持的不同类型的安全控制措施。

5.6.1 辅助安全设备

虽然应用程序本身的安全水平对应用程序所在系统至关重要，但分层安全方法对于提供深度防御也十分关键，分层安全方法可用于补充和弥补系统级别的安全水平，在数据即将流入应用程序之前，组织应该采用多层保护和持续监测流量和访问行为的安全控制措施。分层方法不仅提供了更高的安全水平，还导致攻击方更加难以破坏系统，而且消除了在应用程序中实施大量安全加固的负担。通常，相关安全技术和设备可以集中部署在通信的不同层级和不同方面，范围涵盖从检查实际通信流量和内容，到仅仅基于流量的来源和目的地在网络层面上执行操作。

1. 防火墙

在传统数据中心中，防火墙(Firewall)是一种物理网络设备，位于网络的各个策略物理位置，提供分层安全。防火墙通常用于边界层级，当流量首次进入数据中心时使用，然后在流量穿越内部网络时的其他多个位置使用。常见方法是在应用程序的所有区域(表示层、应用程序层、数据层)之间设置独立的防火墙，以及在网络内不同类型的应用程序或数据之间设置不同的防火墙，从而帮助组织实现分段并隔离应用程序和数据。

在云环境中，云客户无法在网络上部署物理设备，通常需要部署虚拟(基于软件的)防火墙。大多数主流的防火墙设备供应方都将提供相同技术的虚拟镜像，镜像可以在虚拟化或云环境中使用。虚拟防火墙能够与 IaaS、PaaS 或者 SaaS 模型的实现方式同时使用，并且可由云客户、云服务提供方或专门签约的第三方维护。

2. Web 应用程序防火墙

Web 应用程序防火墙(Web Application Firewall，WAF)是一种设备或插件，用于在允许流量进入到应用程序服务器之前使用一组规则分析和过滤来自浏览器或客户端的 HTTP 流量。WAF 最常见的用途是在 SQL 注入或跨站脚本攻击(XSS)到达应用程序之前发现并阻止相关攻击。许多 WAF 也是非常强大的工具，能够用于查找来自相似主机的疑似攻击模式，并向管理员报告。管理员可以通过采取合理的措施，以增加或者调整规则，甚至完全阻止流量。随着应用程序的升级，以及特性或配置的更改，安全专家需要经常检查 WAF 规则，确保规则仍然适用且功能正常。随着将 WAF 的特性运用到 Web 流量本身，调优和维护 WAF 规则是一个持续不断的迭代流程。因为 WAF 规则具有高度的主观性，不但要基于应用程序和运行方式，同时需要大量考虑应用程序框架的具体技术和所使用的编程语言，组织应该在研发团队和熟悉应用程序功能的人员的密切协调和支持下创建或修改 WAF 规则。

警告：
尽管 WAF 可提供非常强大的工具阻止各种攻击，从而显著降低应用程序的漏洞暴露，但组织绝不应该使用 WAF 代替部署在应用程序之上的安全控制措施和测试工作。WAF 是托管提供方提供的产品的组成部分，这一点尤为重要。如果安全控制措施依赖于 WAF，并且托管提供方遭到更改后，应用程序可能会立即受到各种威胁的攻击。

3. XML 专用工具包

XML 专用工具包(XML Appliance)有几种形式，可执行不同的操作，并为应用程序环境添加不同的安全和性能优势。无论特定 XML 专用工具包的类型或用途是什么，XML 专用工具包都共享一些共同的特性和功能。XML 专用工具包用于消费、操作、加速或保护 XML 事务和事务数据。

XML 防火墙通常在传入的 XML 代码到达应用程序之前执行验证程序，通常部署在防火墙和应用服务器之间。因此，流量将在到达应用程序之前途经 XML 防火墙。XML 防火墙可验证传入的数据，并为哪些系统和用户可访问 XML 接口提供细粒度的控制措施。虽然，XML 防火墙通常部署在数据中心的硬件设备上，但也可以作为虚拟机专用工具包使用，并且许多 XML 防火墙针对最常用的公有云产品提供了特定版本。

XML 加速器(XML Accelerator)是一种为减轻应用程序和系统的 XML 处理负载而设计的优化专用工具包。大多数情况下，特别是对于大量使用的应用程序而言，使用 XML 加速器能够极大地提高系统性能和安全水平，并且可在专用资源上(而不是应用程序中)处理 XML 数据。XML 加速器允许在应用程序代码执行之前，解析并验证输入项和数据值，XML 加速器与 XML 防火墙的工作方式非常相似。

在云环境中，XML 专用工具包通常用于云服务和企业级应用程序之间的通信。在企业级应用程序的设计或配置难以处理云应用程序经常使用的典型 XML 声明和 Web 服务流量的情况下，部署 XML 专用工具包尤其有效。XML 专用工具包能够提供集成服务，而无需二次编码或完整的变更应用程序。

4. 数据库活动持续监测

数据库活动持续监测(Database Activity Monitoring，DAM)是一套用于实时持续监测数据库活动以检测安全问题或异常的工具。DAM 能够结合原生数据库审计工具和基于网络的工具，以提供完整的流量和操作视图。上述所有功能都是以不影响数据库系统的操作或性能的方式实施的，以免影响生产操作。

5. API 网关

API 网关是一款，位于客户端系统和通过 API 请求调用的后端服务之间的工具。API 网关工具能够充当反向代理，提高 API 调用的安全水平，同时，还可用于合并和缓存常见查询的结果，以减少命中后端服务的流量。API 网关的出现，帮助安全管理团队构建了一个集中的安全中心，而不是允许直接的 API 调用，从而帮助组织更加容易且高效地实现安全策略和一致性。

5.6.2 密码术

由于云环境是多租户且本质上更加开放，加密技术对于基于云应用程序的安全十分重要，无论在实施还是在运营中皆是如此。对于静止状态数据(Data at Rest，DaR)、传输状态数据(Data in Transit，DiT)或处理状态数据(Data in Use，DiU)，需要使用不同的方法和技术。

对于静止状态数据而言，加密技术的主要方法是集中在加密整个实例、应用程序使用的卷存储、单个文件或目录。通过全实例加密，能够加密整个虚拟机及所有存储。全实例加密方法能够在虚拟机已启用并处于活动状态，或者处于镜像状态时提供保护。对于卷加密而言，组织可以根据应用程序的需要和功能，保护全部驱动器或仅保护驱动器的部分内容。从而既能够灵活地保护整套系统，也可以只选择保护敏感代码或者数据所在区域。最后，加密技术可以在文件或目录级别执行，只需要细致保护最敏感的文件或监管、政府要求的文件。

为了实现对传输状态数据的加密模式，最常用的技术是传输层安全(Transport Layer Security，TLS)和虚拟私有网络(Virtual Private Network，VPN)。TLS 已经取代 SSL 用于加密网络流量，并且在多个监管合规模式下都是必需的。TLS 确保了通信是安全的和保密的，还能够确保所传输数据的完整性。VPN 技术从用户系统创建一条安全的网络隧道，通过公共 Internet 连接到一个安全的私有环境。VPN 技术用于帮助用户接入专用网络，并确保所有通信在穿越不安全的系统时都能够获得足够的保护。通常，VPN 技术广泛运用于从外部向专用网络建立连接，帮助用户能够像在组织内部网络和物理位置上一样运行。

5.6.3 沙盒

沙盒(Sandboxing)技术是将信息或进程从同一系统或应用程序中的其他部分分离(Segreation)并隔离(Isolation)，通常是出于安全考虑。沙盒通常用于数据隔离，例如，将不同社区和用户群体的数据与其他类似的数据隔离。沙盒的需求可能是由于策略等内部原因，或者来自外部的法律法规监管合规要求。例如，在大学内部，通常将学生数据或者关联数据与教职员工或者关联数据隔离并分离。在本示例中，分离的驱动因素可能是服务于系统的目的，因为每个群体在不同用途方面有不同的需求，分离帮助组织能够更容易操作和控制访问控制措施。然而，分离也有助于满足保护学生和学术数据的隐私与法律法规监管合规要求，这些要求高于保护教职员工数据的要求。

沙盒的另一个用途是测试新代码或应用程序部署，系统维护人员或数据所有方通常不希望测试系统能够访问生产系统，而是希望将所有的交叉风险降到最低。在云环境中，由于无法从物理层面隔离网络环境，沙盒技术成为一项更加重要的概念。

5.6.4 应用程序虚拟化技术

应用程序虚拟化技术(Application Virtualization)是一种软件实现，允许应用程序运行在隔离环境中而不是直接与操作系统交互，与类型 2(Type 2)虚拟机管理程序在操作系统上的运行方式非常相似。然而，在应用程序虚拟化的情况下，只是应用程序本身在受保护和隔离的空间中运行。应用程序看似直接运行在操作系统之上，但根据不同的应用程序虚拟化软件，能够在不同程度上实现隔离。

应用程序虚拟化技术的关键收益是能够在维持与其他应用程序隔离的同时，在同一套系统或环境中测试应用程序。在云环境中这一点尤为重要，因为应用程序虚拟化技术能够在同一环境中测试新的应用程序、代码或功能，而不会将其他应用程序置于风险之下。然后，研发团队或者系统维护团队可以在与完整系统运行相同的基础架构或平台上，全面测试并验证应用程序或升级，但无法对其他系统或数据构成风险。在某些情况下，应用程序虚拟化技术还能够允许应用程序在未设计或未实现的操作系统上运行，例如，在 Linux 操作系统中运行 Windows 程序代码，反之亦然。这为研发团队提供了额外的灵活性，帮助研发团队通过一种不依赖底层平台的方式测试应用程序或代码。应用程序虚拟化技术的另一大优势是，与在线上配置额外的虚拟机执行测试相比，应用程序虚拟化技术需要的资源更少，设置时间也更短。

然而，并不是所有的应用程序都适合应用程序虚拟化。任何需要直接访问底层系统驱动程序或硬件的应用程序都无法在虚拟化环境中工作。对于任何必须使用共享内存空间运行的应用程序而言，例如，旧版本的 16 位应用程序，都会遇到同样的问题。测试任何需要与操作系统紧密集成的安全相关应用程序时，例如，防病毒软件或其他扫描软件，通常无法在应用程序虚拟化环境中正常工作。最后，一个复杂的问题可能来自组织如何正确维护应用程序虚拟化环境中所需的各种许可证，例如，主机系统和任何虚拟化应用程序都必须始终具备合法的许可证。

注意：

在云环境中尝试部署多种传统数据中心的方法和技术可能面临相当大的挑战。例如，传统数据中心内的入侵保护系统(Intrusion Protection System，IPS)可以轻松地与网络流量联机工作，即使是虚拟化的 IPS 设备也能够实现。然而，组织在实现弹性功能方面可能面临巨大的挑战，通常，组织可能需要采用基于主机而不是基于网络的解决方案。以上只是简单的示例，但也能够充分展示如何利用所有云服务和收益所需要改变的方式和方法。

5.7 设计适当的身份和访问管理(IAM)解决方案

身份和访问管理(Identity and Access Management，IAM)是安全的一个方面，指确保合法的人员能够在适当的时间和环境下访问正确的系统和数据。如本节所述，若干因素和组件构成了一套全面的 IAM 解决方案。

5.7.1 联合身份

虽然大多数安全专家都熟悉访问和身份系统在应用程序或组织中的工作方式，但许多安全专家并不熟悉联合身份系统(Federated Identity System)。典型的身份系统和联合身份系统之间的显著区别是联合身份系统允许跨多个组织执行可信访问和身份确认活动。

在联合身份系统中，每个组织都维护各自的身份和确认系统。身份和确认系统是唯一的，与其他组织分离，并且只包含各自组织内部的用户和信息。通常情况下，组织为了帮助联合身份识别流程正常工作，所有成员组织需要遵守一套共同的原则和策略。策略通常涉及用户如何在最初成为组织系统的组成部分时，就能够验证用户身份，也包括系统安全加固的要求和标准。当所有成员组织遵循共同的策略和标准时，所有成员都能够对各自的系统以及授权访问的对象充满信心。

注意：

Shibboleth 是在学术和研究领域使用的主要联合身份系统，也是本书作者在以前工作中广泛使用的系统，请参见 https://shibboleth.net/。这是一套开源系统，可作为进一步学习联合身份系统的优秀示例。此外，该系统集成了一套大型的可插拔身份验证模块库，可与许多常见的 LDAP 和身份验证方案协同工作。

所有联合身份系统之间必须有一套公认的标准和方法，以帮助各个系统之间相互通信。从而要求授予联合访问权限的应用程序，以无缝和通用的方式与每个成员组织的身份提供方通信。为了实现这一功能，大多数系统可能使用一些通用标准，其中最流行的是安全声明标记语言(Security Assertion Markup Language，SAML)，但也可能使用前文所提及的技术，例如，OAuth、OpenID 或 WS-Federation。

1. SAML

SAML2.0 是非营利组织 OASIS 联盟及其安全服务技术委员会提出的最新标准，相关信息请参见 https://www.oasis-open.org/standards#samlv2.0。SAML 基于 XML，用于在不同的各方之间交换身份验证和授权流程中使用的信息。具体而言，SAML 用于在身份提供方和服务提供方之间交换信息，并且在 XML 块中包含每个系统需要或提供的必要信息。SAML 2.0 标准正式启用于 2005 年，为 XML 声明提供了一套标准框架，并为各种元素提供了标准化的命名约定。在联合系统中，当实体(Entity)通过身份提供方实施身份验证时，向服务提供方发送 SAML 声明，其中包含服务提供方所需的用于确定身份、授予访问级别的所有信息，或者关于实体的任何其他信息与属性。

2. OAuth

OAuth 最初于 2006 年确立，发布在 RFC 6749 中，请参见 http://tools.ietf.org/html/rfc6749。以下内容摘自 RFC 的官方文档：

“OAuth 2.0 授权框架允许第三方应用程序获得对 HTTP 服务的有限访问权限，组织可通过在资源所有方和 HTTP 服务之间执行审批交互活动，从而代表资源所有方，或者允许第三方应用程序代表自身获取访问权限。”

3. OpenID

OpenID 是基于 OAuth 2.0 规范的身份验证协议，旨在为研发人员提供一种简单灵活的支持跨组织身份验证的机制，并利用外部身份提供程序，减少维护自身的口令存储和系统的需要。研发团队可将 OpenID 作为一种开放和免费的身份验证机制，并绑定到代码和应用程序中，从而不需要依赖于专有或不灵活的系统。OpenID 通过浏览器的身份验证连接，为 Web 应用程序提供了一种不依赖于访问 Web 应用程序的特定客户端或设备的身份验证机制。有关 OpenID 和官方规范的信息请查阅(http://openid.net/)。

4. WS-Federation

WS-Federation 是 WS-Security 标准的扩展，也是由 OASIS 发布的。以下是 WS-Federation 1.2 规范的官方摘要，请参阅 http://docs.oasis-open.org/wsfed/federation/v1.2/os/ws-federation-1.2-spec-os.html：

WS-Federation 1.2 规范定义了允许不同安全领域联合的机制，以实现将单个领域管理的资源授权给在其他领域中管理身份和属性的安全主体访问。包括在各个领域之间执行身份、属性、身份验证和授权声明的代理机制，以及联合声明的隐私保护。

通过使用 XML、SOAP 和 WSDL 扩展性模型，将 WS-*规范设计为以相互组合的方式提供丰富的 Web 服务环境。WS-Federation 本身并没有为 Web 服务提供完整的安全解决方案。WS-Federation 是构建块组件，用于与其他 Web 服务、传输和应用程序特定的协议连接，以适应各种各样的安全模型。

5.7.2　身份提供方

联合系统的核心有两个主要组件。第一个是身份提供方(Identity Provider，IdP)。身份提供方的角色是为用户保存身份验证机制，以供在可接受的确定程度上向系统证明用户的身份。一旦用户成功执行身份验证，IdP 将向其他系统、服务提供方或依赖方声明实体的身份，从而验证实体身份。IdP 可以返回一条简单的身份验证成功声明，也可以返回一条包含关于实体信息的声明，而声明信息又可用于处理系统内的授权和访问。

另一方是服务提供方或者依赖方。依赖方(Relying Party，RP)接受 IdP 提供的声明，并使用声明确定是否授予实体访问安全应用程序的权限。如果确认，则授予特定级别和类型的访问权限。IdP 和 RP 以一种集成的方式协同工作，促进基于 Web 的安全应用程序的身份验证和授权。

5.7.3 单点登录

单点登录(Single Sign-on)允许实体在一个集中物理位置执行一次身份验证，集中的物理位置用于存储用户信息和身份验证凭证，然后允许用户使用单点登录系统中的令牌访问其他独立系统。单点登录允许系统和应用程序不必拥有本地凭证和维护自己的身份验证系统，而是利用专门为此目的提供安全保护的集中化系统，从而允许将更多注意力放在应用程序和加强安全控制措施上。一旦实体正确地验证身份，所有系统随后将使用不透明的令牌执行授权活动，而不是通过网络传递敏感信息或者口令。在联合系统中，单点登录也是身份提供方向依赖方传递令牌的机制。通过单点登录机制，身份提供方可以使用所需的最小信息量访问系统，同时保护实体的其余身份或者敏感信息和隐私。

5.7.4 多因素身份验证

多因素身份验证(Multifactor Authentication，MFA)的主要原则是将传统的身份验证模型扩展到系统用户名和口令组合之外，通常需要额外的身份验证因素和步骤，以更加妥善地保护和保证实体身份与特定的敏感信息。

在传统身份验证系统中，实体通过提供用户名和口令组合以证明身份和唯一性。虽然传统身份验证系统提供了基本的安全保障，但也极大地增加了攻击方成功入侵的概率，因为攻击方可以轻易地获取用户名和口令两类信息，或者基于用户信息执行猜解攻击。恶意攻击方一旦拥有用户名和口令信息，除非用户更改身份验证信息，或者察觉到口令已经泄露，否则攻击方可以轻易使用。特别是，许多用户使用相同的用户名，或者使用相同的电子邮件地址作为用户名，导致恶意攻击方立刻获知身份验证所需的一半信息。此外，用户出于习惯，可能经常在许多不同的系统中使用相同的口令，从而可能引发灾难性后果，即当某个安全水平较低的系统受到入侵，最终可能导致使用相同口令的、更加安全的系统受到攻击。

在多因素身份验证系统中，传统的用户名和口令方案扩展到包括第二个因素，而不仅是恶意攻击方可能获得或破解的传统知识。多因素身份验证系统至少包含两种不同的要求，第一个通常是口令，但也不一定是口令。多因素身份验证通常具有以下三种主要的组件，至少需要其中两种不同类型的组件：

- **用户所知道的(Something the User Knows)**：这一组件几乎完全是口令或一段受保护的信息，实际上起着与口令相同的作用。
- **用户所拥有的(Something the User Possesses)**：这一组件是用户实际拥有的物理事物，可能是 USB 盘、RFID 芯片卡、带有磁条的访问卡、访问码动态变化的 RSA 令牌、发送到用户移动设备的短信代码，或者其他类似的物品。
- **用户所具备的(Something the User Is)**：这一组件使用用户的生物特征技术，例如，视网膜扫描、掌纹和指纹等。

5.7.5　云访问安全代理

云访问安全代理(Cloud Access Security Broker，CASB)是一种软件工具或服务，位于云资源和访问云资源的客户或系统之间。云访问安全代理的作用相当于一台网关，拥有执行多种安全策略加固的能力。云访问安全代理通常能够整合防火墙、身份验证、Web 应用防火墙和数据防泄漏等功能。大多数主要的云服务提供方都提供紧密集成到系统中的 CASB 解决方案，同时，具备一套可用的通用安全策略库。云客户还能够自定义策略，并且通常可修改云服务提供方提供的策略，以帮助云服务提供方满足云客户自身的应用程序、策略或法律法规监管合规要求。

5.8　练习

假设某云安全专家作为一家金融服务公司新任的云安全经理，公司计划将业务从传统数据中心迁移到云环境中。由于公司正处于起步阶段，尚未选择云服务提供方或云托管模型，并且刚刚开始分析迁移所需的系统。

1. 作为一名云安全经理，迁移到云环境的主要关注点是什么？
2. 什么样的云托管模式最适合金融系统？
3. 在采取迁移行动之前，需要分析哪些考虑因素？
4. 云安全经理将如何向管理层说明，在采取迁移活动之前可能需要执行应用程序变更的可能性？

5.9　本章小结

过去，许多组织极为关注云环境中系统的安全态势和数据。另一方面，云应用程序安全知识域侧重于为研发人员和员工准备并提供将应用程序和服务部署到云环境所需的知识、专业技能和培训。并非所有系统都适合部署在云环境，即使是那些适用于云环境的应用程序，也可能需要大量变更和更新才能够实现迁移。所有云环境都配备了独特的 API 集合，提供的 API 集合可能会决定哪些云服务提供方和托管模型适合特定的应用程序，需要注意的是，系统对特定 API 集合的依赖可能限制未来的可移植性。云安全专家需要充分理解评价云服务提供方和技术的流程，并确定哪些适合特定组织或应用程序。此外，深入理解云环境中使用的通信方法和身份验证系统是至关重要的，因为云环境与传统的数据中心中常见方法大不相同。

第6章

云安全运营

本章涵盖知识域 5 中的以下主题：

- 云数据中心的规划和设计流程
- 如何实施、运行和管理数据中心的物理和逻辑方面工作
- 如何保护和加固服务器、网络与存储系统
- 如何制定和实施基线
- 管理符合法律法规监管合规要求的信息技术基础架构库(Information Technology Infrastructure Library，ITIL)服务组件
- 管理与相关方的沟通
- 如何从云环境中保护和收集数字证据

安全运营知识域的重点是如何规划、设计、运行、管理和操作云数据中心的逻辑组件(Logical Component)和物理组件(Physical Component)。云安全专家应该关注每一层的关键组件，包括服务器、网络设备和存储系统，以及云数据中心相对于传统数据中心组件的独特之处。通常而言，云安全专家还需要调查从云环境收集到的取证证据(Forensic Evidence)，关注云环境所面临的特殊挑战和考虑事项。

6.1 为云环境实施和构建物理基础架构

云环境的物理基础架构以网络、服务器和存储等核心组件为中心。所有组件需要经过审慎规划，以便与云数据中心的关键组件协同工作，相较于传统数据中心而言，组织需要考虑更为先进的安全模型和云计算特性。

6.1.1 硬件的安全配置要求

虽然云数据中心具有云环境独有的特定要求，但硬件和系统的安全要求与传统数据中心非常类似。由于操作系统和硬件的组合多样，且特定的操作系统需通过专用工具包及虚拟机管理程序(Hypervisor)运行，就像软件与应用程序一样，硬件和系统涉及大量的配置项和需求。

1. BIOS 设置

与任何物理硬件一样，虚拟化主机和可信平台模块(Trusted Platform Module，TPM)均已配备基本输入输出系统(Basic Input Output System，BIOS)设置，BIOS 设置可以通过控制特定的硬件配置和安全技术，防止攻击方出于伪造目的访问虚拟化主机和可信平台模块。在云环境中，云服务提供方应该高度约束和限制访问 BIOS 级系统(BIOS-level System)，并采取高强度的安全措施防止未授权访问和变更 BIOS 级系统。只有拥有特定权限的人员能够设置 BIOS 操作，并作为变更管理流程的组成部分予以管理。每家供应方都拥有特定的方式保护物理资产的 BIOS 级系统，云安全专家应该查阅供应方文档，掌握关于物理设备本身，并在全局物理环境中能够运用所有附加安全层的最佳实践。

2. 硬件安全模块

硬件安全模块(Hardware Security Module，HSM)是一种物理设备，通常作为连接物理电脑的插件卡或者外部设备，用于实现数字签名的加解密技术、身份验证操作以及其他密码术相关服务。硬件安全模块中通常安装有一个或多个专用的加密处理器。

硬件安全模块用于防止篡改，攻击方如果成功篡改相关设备，则设备将无法工作。硬件安全模块通常采用最高标准的国际密码术认证，例如，FIPS-140，FIPS-140 的最高认证级别为 4 级。

3. 可信平台模块

可信平台模块(Trusted Platform Module，TPM)是计算机系统上的一个安全专用微控制器，用于通过密钥执行加密操作。TPM 芯片包含一个基于安全硬件的随机数生成器，可用于生成加密密钥以及用于证明安全密钥的安全水平和真实性等各项其他功能。TPM 通常用于数字版权管理(Digital Rights Management，DRM)以及防止多种在线游戏中的作弊行为，TPM 模块已经广泛运用于 Microsoft 产品。在 Windows 11 中，通常需要使用 TPM 2.0，以增强勒索软件和固件攻击的安全防护水平。

6.1.2 安装与配置管理工具

由于云环境完全依赖虚拟化技术，正确安装和配置控制虚拟化环境的管理工具是构成云数据中心安全的关键核心组件。如果虚拟机管理程序和管理平面(Management Plane)没有采用适当的控制措施和持续监测机制，云环境可能是不安全的，并容易受到各种攻击。当虚拟化管理工具受到攻击或破坏时，可能威胁和破坏底层数据中心基础架构以及部署于其中的主机。

在各种不同的虚拟化平台和软件中，每家供应方将发布各自的实用工具和指导准则，以帮助组织理解如何最为妥善地保护虚拟化平台安全地运行。总而言之，负责虚拟化软件的供应方需要提供保护自家产品配置的最佳实践。与虚拟化供应方合作有助于云服务提供方更为深入地理解组织的安全需求。

就可行性而言，组织应该在早期规划阶段就与供应方合作，以允许云服务提供方能够使用最佳方式设计数据中心基础架构，并满足虚拟化平台的安全需求，而具体的安全需求最终可能极大地影响组织选择虚拟化平台的类型。

保护虚拟化基础架构的流程通常涉及数据中心和运营的多个不同方面。最明显的出发点是虚拟化平台本身的配置和安全选项，包括基于角色的访问控制(Role-based Access Control，RBAC)、安全通信方式和 API 安全，以及记录和持续监测(Monitoring)特权用户在应用程序软件中所执行的事件和操作痕迹日志。然而，在虚拟化平台的配置外，组织应该使用物理或逻辑方式隔离和分离虚拟机管理程序和管理平面与用户流量，特别是与外部流量的隔离，以维护安全的云计算环境。

提示：

考虑到供应方提供的软件和工具对保护虚拟化环境的管理工具至关重要，云安全专家有责任确保定期更新并修补软件和工具。包括遵循大多数供应方使用的定期修补周期，同时确保云服务提供方拥有记录和经过测试的流程，在发现某种漏洞时能够紧急推出修补程序。设计具备足够冗余的系统非常重要，以帮助组织确保在修补流程中应用程序不会停机。如果在设计中缺乏冗余，应用程序团队与系统或安全团队可能在部署补丁的紧急性和部署补丁的进度方面产生较大分歧。

通常而言，所有系统的安全能力都应该适用于虚拟化管理工具的安全原则。利用实际虚拟化管理设备之间的安全协议分离和隔离网络的方式称为分层防御(Defense in Layer)。通过采用强大的基于角色的身份验证(Role-based Authentication)技术，严格限制访问虚拟机管理程序和管理平面的人员数量，组织能够在系统中建立强大的访问控制措施。与所有系统一样，即使拥有严格的隔离和访问控制措施，主动、全面的日志记录和持续监测也是确保管理人员仅能够使用适当类型的访问方式和适当的系统资源的关键。

6.1.3　虚拟化硬件特定的安全配置要求

在配置虚拟硬件时，掌握底层主机系统的要求非常重要。在许多情况下，为了与物理主机(Physical Hosts)的能力和要求相匹配，虚拟机(Virtual Machines)上需要使用特定的设置和配置。具体要求将由虚拟主机(Virtual Hosts)供应方明确说明，并且需要由构建和配置虚拟设备镜像的人员执行匹配的操作。虚拟机设置允许组织正确分配并管理主机系统上运行的虚拟机 CPU 和内存资源。

从存储方面而言，组织应该采取几个步骤以完成适当的安全配置工作。在安装虚拟机后立即更改供应方提供的所有默认凭证。默认凭证对于潜在攻击方而言是众所周知的，并且通常是用于破坏系统的首要目标。组织应该禁用所有非必要的接口和 API，以防止潜在的危害，并节省系统资源开销。组织应该开展测试工作，以确保存储控制器和系统能够处理预期的负载，并满足冗余和高可用性的需求。与任何类型的系统或配置一样，组织需要始终参考供应方的最佳实践建议，并根据特定环境不断调整。

提示：

请确保在初始化具有默认安全凭证的系统或平台后，立即更改默认安全凭证。供应方所提供的默认安全凭证通常是众所周知的，大多数恶意脚本和自动化工具将首先尝试默认安全凭证。许多管理员将更改默认接口的重要程度降至最低，管理员们通常认为边界安全方法足够确保安全水平。如果接口的唯一可用访问权限仅限于授权人员，那么立即更改的需求将有所降低。云安全专家需要确保组织在任何环境中都不应该持续采取这一措施。如有可能，组织应该在所有新主机投入使用前利用自动化工具扫描默认安全凭证。扫描默认安全凭证的活动通常需要在定期执行漏洞评估工作的同时完成。

在云环境中主要有两种网络模型，组织应该根据云环境的特定需求和配置选择适当的模型。传统网络模型在虚拟机管理程序(Hypervisor)层将物理交换机与虚拟网络结合。聚合网络模型将存储和数据/IP 网络组合到一个虚拟化设计中，并在云环境内运行。传统网络模型可以采用常规的安全网络工具，而聚合网络模型将采用完全虚拟化的工具。然而，由于传统网络模型的特性以及物理和虚拟化系统的结合，有时在虚拟化网络的完全可见性方面二者之间可能存在差异。聚合网络模型是为了云环境使用而设计和优化的，通常能够在云操作负载下保持更好的可见性和性能。

1. 网络设备

在云环境中，物理和虚拟网络设备都扮演着重要角色。虚拟网络设备的运用导致云环境比传统数据中心模型更加复杂。尽管物理和虚拟网络设备可能执行类似的操作，但在安全水平、潜在问题以及对数据中心的影响方面，物理和虚拟网络设备存在不同的考量。

- **物理网络(Physical Networks)：** 由于物理布线和交换机端口是分开的，物理网络允许特定系统与其他系统完全隔离。每台服务器都有一条独有的物理网线，连接到网络交换机上的唯一端口；服务器不共享网线或交换机端口。从而可完全隔离网络流量和带宽，同时能够隔离任何潜在的硬件问题。从硬件角度来看，任何电缆或交换机端口损坏，都将影响使用对应网线或端口的主机。物理网络组件也倾向于提供非常强大的日志记录和取证功能，允许组织全面自查通过物理网络组件的所有流量和数据包。

- **虚拟网络 Virtual (Networks)：**虚拟网络设备作为在云环境等虚拟化系统中运行的虚拟设备，试图复制物理网络设备的基本功能和隔离功能。物理网络设备和虚拟网络设备之间的主要差异在于利用网线和交换机端口提供的物理隔离。在物理网络中，如果网线或者交换机端口损坏，那么单台主机或者设备可能受到宕机的影响。有时，完成修复工作可能需要更换整台交换机，组织可以通过实施特定规划和计划减少停机时间，并且能够在过渡期间将受影响的主机移动到不同的交换机或电缆上，直到可以更换或修复网线或交换机端口。通过虚拟网络，多台主机都能够绑定到同一虚拟交换机上，由于主机之间的硬件是共享的，虚拟网络交换机的故障问题将影响服务的所有主机。另外，虚拟交换机在虚拟机管理程序下运行，将产生额外的负载并消耗同一系统上分配给其他主机的资源，然而物理网络交换机不影响连接主机的资源与负载。此外，虚拟主机服务的虚拟机越多，消耗的资源也越多。

2. 服务器

总体而言，无论是传统数据中心的物理服务器还是云环境中运行的虚拟机，在服务器保护方面涉及的流程和原则基本相同。服务器必须依照安全建设方法论，并采用符合最佳实践和供应方建议的初始配置开展安全保护工作。安全建设流程通常应该包含操作系统供应方的建议以及来自监管机构和组织策略的要求。尽管操作系统的供应方经常面向最佳实践和建设要求发布建议，但法律法规监管合规要求和组织策略也将扩展供应方的建议，并要求实施更为严格的配置。通常，在很大程度上也将取决于系统中所存储的数据的分类分级流程。数据越敏感，基于法律法规监管合规要求和组织策略的初始配置就越严格。

除了已使用的构建镜像和主机的初始安全配置，组织还应该采取额外措施加固和锁定主机。加固包括从主机中移除所有不重要的服务、软件包、协议、配置和实用工具。每个组件都可能增加复杂性和潜在攻击向量。通过移除所有不重要的组件，能够帮助组织减少成功攻击的潜在途径数量，并允许系统持续监测人员和系统支持人员仅需关注主机的核心组件和功能。

提示：

多数场景下，系统管理员可能希望简单地禁用系统中非必要的组件，而不是彻底从系统中移除。尽管禁用组件能够在一定程度上保护系统，相较于继续运行组件更为安全，但相比完全移除组件，禁用组件也可能导致系统面临更大的风险。如果保留组件在原位，将存在以下可能性：系统管理员或者具有系统管理权限的人员无意中启动组件或者运行组件。在这种情况下，由于组织已经假设系统不使用组件，可能不会启用额外的安全措施，如持续监测，因此，系统可能更加脆弱，且缺乏对所有潜在威胁的监察措施。

组织一旦从主机上移除所有非必要组件，应该尽可能地锁定并限制剩余组件，以进一步减少潜在攻击途径和漏洞。组织应该采用基于角色的访问控制(Role-based Access)机制，确保只有存在合理需求的用户才有权访问系统，并且一旦用户拥有访问权限，也仅允许用户拥有完成工作所需的最低级别权限。此外，组织需要将服务器配置为仅允许用户通过安全方法访问服务，以确保网络嗅探无法暴露安全凭证或者敏感信息，并且组织应该限制网络访问，仅允许合理的网络、主机或者协议访问服务器。通过在网络层面上限制访问，组织能够最大程度地减少暴露在特定网络或主机集合的风险和威胁，同时可使用额外的持续监测措施，而不是开放广泛的网络访问方式，潜在威胁可能来自多个不同来源。任何时候，组织都不应该直接允许用户从外部来源管理服务器或执行特权访问活动，也不应该允许在无法将账户活动追溯到具体用户实体的情况下，使用共享凭证或访问权限。

即使组织在最小化风险的原则下合理地构建、配置和加固服务器，服务器的安全状态也仅是在部署时或者成功通过扫描的特定时间段内有效。操作系统和软件部署需要不断对持续演变的威胁和攻击作出响应，并持续加固和更新。因此，一套强大的补丁管理程序和监察程序对于维持服务器的安全状态而言至关重要。系统管理员应该积极、不间断地持续监测补丁程序，并通过供应方的公告评价每个补丁对组织服务器的风险和影响。同时，在部署补丁时需要考虑所有特殊的配置要求。在云环境中，对于与服务器特别相关或者与服务器配置紧密相关的补丁而言，组织应该在环境中完成测试和验证工作之后，立即投入于生产环境。以帮助组织最大限度地减少潜在风险，特别是当漏洞利用方式公开宣布后，很多安全从业人员已能够熟练利用漏洞破坏系统。某些情况下，如果基于服务器的使用情况和特定需求无法立即部署补丁，也可以采取其他缓解措施。例如，限制访问或者暂时禁用某些服务与组件，直到完成服务器加固工作为止。熟悉系统内数据的分类分级流程和管理层的风险偏好，将有助于组织降低风险并规避数据泄露。从这个意义上而言，补丁适用于安装在服务器上的所有软件，无论是操作系统本身还是运行在系统上的软件包。

考试提示：

请记住，在无法立即部署补丁的情况下，组织需要采取缓解措施。例如，临时禁用服务，或者进一步限制用户访问服务和 API 的行为。

除了部署补丁，组织应该实施定期或者持续的扫描活动，使用已更新的签名，主动发现任何未部署补丁的系统，验证是否已成功部署补丁，并通过渗透测试发现其他的潜在漏洞。(译者注：在安全扫描中，签名是指用于识别恶意软件或攻击模式的特征代码。)

3. 存储通信

在完全虚拟化的云环境中，存储设备之间的通信也是通过网络设备和连接完成的，与其他设备的通信方式相同。在传统数据中心之中，物理服务器和主机直接连接至专用的存储硬件，或者通过控制器与光纤信道网络连接至存储网络。与物理设备中的网络相同，物理服务器与存储网络的通信是通过专用硬件和电缆完成的，通常电缆和存储网络上的交换机端口无法与其他主机共享；物理服务器使用电缆与存储网络上的专用交换机端口通信。

对于虚拟化系统而言，组织应尽可能在局域网(LAN)中分离和隔离存储流量。由于存储系统的网络利用率和重要程度较高，因此，组织通常将存储流量视为局域网流量而非广域网流量，因为与普通网络流量相比，存储系统更加关注延迟问题，而普通网络流量则具备更多的弹性和灵活性。尽管 Web 服务调用和常规应用程序的流量通常内置了加密通信功能，或者可以轻易部署加密通信功能，但存储系统往往不具备加密通信的能力。在供应方提供加密功能的情况下，组织应该持续使用加密功能，但在无法加密或者不支持加密的情况下，将存储流量与应用程序和用户流量分离到不同的 LAN，也有助于组织提高数据传输的安全水平和机密性。

网络存储中最常见的通信协议是 iSCSI，iSCSI 协议允许在基于 TCP 的网络上传输与使用 SCSI 命令和功能。传统数据中心通常使用具有专用光纤信道、线路和交换机的 SAN 配置，而在云数据中心之中，使用虚拟化主机通常难以实现。这种情况下，iSCSI 允许系统使用块级存储(Block-level Storage)，块级存储的功能和效果类似于使用物理服务器的 SAN，但块级存储采用了虚拟化和云环境的 TCP 网络。

iSCSI 提供了多种适合云环境和安全的特性。出于安全原因和数据隐私保护的考虑，建议将 iSCSI 流量运行在隔离的网络上。然而，iSCSI 支持通过 IPSec 等协议执行加密通信，组织应该尽可能使用加密技术保护虚拟机和存储网络之间的通信。此外，iSCSI 也支持各种身份验证协议，例如，Kerberos 和 CHAP 协议，用于保护网络内的通信和机密性

注意：

请牢记，组织必须使用本节所提到的技术保护 iSCSI，因为 iSCSI 本身并未加密，必须通过其他方式加强保护。

6.1.4　安装访客操作系统虚拟化工具包

由于虚拟化环境可以运行各种不同的操作系统，因此，确保安装合适的工具包并保证工具包处于可用状态非常重要。所有的操作系统供应方都拥有各自的虚拟化工具和云环境专用工具包，这些工具应该始终用于确保操作系统在云环境中的最佳兼容性和性能。组织可通过第三方专用工具包或者其他专用工具包扩展访客操作系统虚拟化工具包，但需要遵循供应方推荐的最佳实践和配置指南，以确保访客操作系统的最佳性能、安全水平和可见性。

6.2　云环境的物理和逻辑基础架构运营

运行云环境的物理基础架构涉及访问控制系统、网络配置、系统和资源的可用性，以及通过基线和合规要求加固操作系统。为了在云环境的基础架构中以最佳状态运营一套可靠、

安全和可支持的逻辑环境，组织需要合理地规划并设计网络和操作系统层的安全能力。安全设计很大程度上是出于云环境本身的特性(例如，租户模式和租户数量)，以及云客户所绑定的特定数据分类分级流程和法律法规监管合规要求的组合所驱动的。大多数情况下，云环境的物理基础架构运营会遵循特定供应方的建议和指导原则。

6.2.1 本地和远程访问的访问控制措施

无论采用哪种类型的云实现或服务模型，云客户和云用户都需要远程访问应用程序和主机，以完成工作或访问数据。访问可能是出于商业目的、提供个人服务的公有云，或者是人们使用 IT 服务的任何其他系统和数据。由于云实现的特性以及云环境对虚拟化技术和多种网络访问方式的依赖，对于云客户和云用户而言，所有访问系统的行为都属于远程访问。与传统的数据中心不同，云客户在任何时刻都无法直接访问系统，甚至系统管理人员也将依赖远程访问完成工作。

云安全专家需要确保适当的用户能够按照组织策略的定义，以高效且安全的方式执行身份验证活动并获得云环境中托管的系统和应用程序的访问权限，同时执行身份验证的方式应采用最小特权(Least Privilege)原则，并确保数据的完整性和机密性。

对于物理基础架构而言，远程访问将受到非常严格的限制，仅保留给云服务提供方的管理人员使用；而对于逻辑基础架构而言，需要允许研发团队、云客户和其他潜在受众远程访问虚拟机。由于许多云用户都需要远程访问环境，因此，组织可通过采用多种安全预防措施和最佳实践确保高水平的安全能力。

为了促进最为安全的访问方法，组织应该在所有通信中使用 TLS 或类似的加密技术。使用 Citrix 等技术也将大大提高远程访问的安全水平。通过强制要求用户使用安全服务器而非直接访问，组织能够消除许多恶意软件或其他攻击利用的攻击向量(Attack Vector)，对于使用个人和不安全设备的用户而言尤为重要。通常，组织将安全控制措施限定在用于直接访问的服务器上，而无需监视大量设备、不同的访问方法与技术。文件传输也可利用通过安全的 Citrix 服务器传递的相同机制，在集中位置强制执行强有力的控制措施和扫描流程。

通过集中式访问方法，组织还能够集成强大的持续监测和日志记录功能。由集中管理机构控制所有会话数据和活动，并且集中管理机构还可以强制执行严格的凭证要求和验证工作。集中式访问技术允许系统在检测到恶意软件企图或者发现用户以异常的方式访问时，轻松终止远程会话。这可能包括攻击方式试图未授权访问数据，或者当用户凭证失窃时。集中式访问方法的运用还将为云服务提供方或者管理员在必要时强制执行各种限制，例如，时间限制、会话时长限制和终止空闲会话。

无论针对特定系统或应用程序采用何种集中化访问方式，组织都应该始终采用多因素身份验证机制，除非存在由于策略或技术限制而无法使用的特定情况。在无法使用多因素身份验证的情况下，组织应该记录正式文档并由管理层接受风险，此外，组织应该全面调研任何可能替代多因素身份验证的技术。

1. KVM 安全

使用键盘、视频和鼠标(Keyboard-video-mouse，KVM)访问特定系统或应用程序时，组织应遵循一些最佳实践以确保满足安全保护措施的要求。与存储设备类似，KVM 连接需要隔离在自身特定的物理层信道上，以防止通信数据包泄露或暴露。KVM 需要具备广泛的物理保护措施(以防止固件恶意更新或损坏)和防篡改的物理外壳保护。当打开或损坏物理面板，并更换或篡改任何线路时，外壳应该同时设置告警和通知功能，以防止恶意攻击方安装组件窃取安全凭证或访问权限。KVM 通常需要配置为每次只允许访问一台主机，而不允许通过 KVM 在主机之间传输任何数据。此外，组织应该将 KVM 配置为除鼠标或键盘等输入设备之外，不允许连接和使用任何 USB 设备，更不允许使用能够存储或传输数据的 USB 设备。

2. 基于控制台的访问机制

虚拟机的控制台访问是所有虚拟机管理程序(Hypervisor)实现的功能。系统管理员能够正确维护虚拟机是首要任务，尤其是在发生崩溃并需要执行启动和关闭等故障排除操作的情况下。与通过管理平面访问或通过虚拟机管理程序完成管理访问的方式相同，组织应该保护并严格限制用户访问控制台，因为访问控制台的行为可能导致潜在攻击方深入掌握和控制虚拟机。由于控制台访问是虚拟机管理程序供应方实现的必要组件，控制台访问通常还允许强大的访问控制机制以及日志记录和持续审计功能。组织应该实施所有控制措施并定期执行审计工作，以确保管理员/特权用户合理使用访问权限，并帮助云环境满足法律法规监管合规要求。

3. 远程桌面协议

远程桌面协议(Remote Desktop Protocol，RDP)是美国 Microsoft 公司研发的一项专有技术，允许用户通过网络连接到远程计算机，并利用图形化界面与操作系统交互。美国 Microsoft 公司为客户提供的 RDP 协议支持多种不同版本的操作系统，以连接到 Microsoft 公司的服务器或台式机上，多个版本的 Linux 和 UNIX 也已经实现了类似的系统功能。

远程桌面协议(RDP)与其他远程访问方法一样，必须足够安全以防止会话劫持或数据泄露。RDP 可基于用户和角色实现提供不同级别的访问权限，但来自外部或网络的任何针对 RDP 的攻击都可能为攻击方提供系统访问权限，从而发起其他攻击或利用工具包提升权限。由于攻击方可能通过入侵 RDP 进入本地系统，因此，攻击方也可能处于大多数基于网络的保护机制失效的位置。

注意：

将 RDP 暴露到 Internet 或置于受保护的网络之外是绝对禁止的。RDP 是一个不安全的协议，可能导致系统暴露于重大漏洞之下。RDP 应该始终在 VPN 等机制的保护下运行。

4. SSH

Secure Shell(SSH)是一种通过网络访问系统和服务的加密网络协议，最常用于UNIX/Linux系统的shell访问，以及在主机之间远程执行命令。SSH已经扩展并合并到许多不安全的协议中，例如，Telnet、rlogin、rsync、rexec和FTP，SSH允许协议以安全和加密的方式操作的同时，仍然保持相同的功能。

SSH工作在客户端和主机系统之间。当在两个组件之间建立通信连接时，通信连接是加密的，并通过传递凭证或者使用系统之间可信的密钥安全地完成身份验证(Authentication)工作。

5. 跳板机

跳板机(Jump Box)是一种经过安全加固的系统，允许机器在网络的不同安全域之间执行安全通信活动。常见使用方式是允许用户从公共Internet进入管理区域，以执行管理任务。跳板机允许通过一个受到完全加固、监测和审计的统一接入点执行访问，而不是拥有许多不同的接入点和路径，避免导致大量可能的漏洞和攻击向量。

6. 虚拟客户端

虚拟客户端具有多种形式，允许组织安全地访问受保护区域内的系统和服务。通常，主要云服务提供方将提供常见的虚拟客户端，通过云服务提供方维护的Web门户，用户可以访问虚拟主机的控制台或终端。一般而言，在用户为虚拟机或专用工具包准备和更新配置的同一界面中，还可在同一浏览器窗口中启动控制台并访问资源。通过在管理门户中嵌入虚拟客户端，组织能够控制访问活动，并部署严格的安全控制措施以保护用户会话，包括多因素身份验证技术或者其他通常无法直接在供应方提供的控制台和终端程序代码中采用的安全策略。与跳板机原理相同，云服务提供方可以通过一个经过加固、监测和审计的单一资源访问所有系统。

6.2.2 网络配置安全

网络层对于整套系统和数据中心的安全而言至关重要，下面详细介绍主要运用于网络层安全的技术。

1. 虚拟局域网

在云数据中心，网络隔离和分离的概念对于确保最佳安全水平非常重要。由于在云数据中心内难以实现在物理网络层面隔离虚拟机，因此，采用虚拟局域网(VLAN)是不可或缺的。至少所有的管理网络都应该与其他流量完全隔离和分离。同样的规则适用于存储网络和iSCSI流量。

虚拟机仍然保留与传统数据中心相同类型的隔离方式，通过利用VLAN复制物理网络隔离。隔离方式包括生产和非生产系统的隔离，以及各应用层间(特别是表示层、应用层和数据层或网络域)的隔离。通过在 VLAN 中正确配置计算机的分组，计算机只能发现同一 VLAN 中的其他服务器，因此，组织能够更加容易和更大程度地限制 VLAN 之外的通信行为。同时，VLAN 允许以更加简单高效的方式完成内部服务器间的通信。

尽管使用 VLAN 可以增加额外的细粒度和安全隔离，但是在持续监测和持续审计方面，与其他系统相同的规则仍然适用。持续监测和持续审计网络流量和路由是至关重要的，以帮助组织验证 VLAN 方法所提供的分离与隔离功能是否已正确配置并正常运转，并且 VLAN 之间不允许执行未授权或非预期的数据访问行为。

考试提示：

CCSP 考生需要确保透彻理解 VLAN 知识以及实施 VLAN 的不同原因，例如，在应用程序中分离不同的云客户或者不同的网络域。

2. 传输层安全

传输层安全协议(Transport Layer Security，TLS)已经取代 SSL，成为组织在加密网络流量方面的默认可接受方式。TLS 使用 X.509 证书为通信双方的连接提供身份验证与流量加密功能。由于通信流量的传输是加密的，TLS 能够保证信息的机密性。TLS 广泛运用于所有行业，确保了 Web 流量、E-mail、消息客户端和语音 IP(VOIP)等场景的安全。接下来，将详细介绍 TLS 的两个层。

- **TLS 握手协议(Handshake Protocol)**：TLS 握手协议是用于协商和建立通信双方之间的 TLS 连接，并启用安全通信信道以处理数据传输的协议。TLS 握手协议通过多次消息交换行为实现交换双方建立连接所需的所有信息，消息包含用于密钥交换和建立整套交易的会话 ID 信息和状态代码。在握手协议阶段，证书用于验证通信双方的身份并建立双方认可的连接，同时协商加密算法。TLS 握手协议需要在数据传输之前完成。
- **TLS 记录协议(Record Protocol)**：TLS 记录协议是数据传输的安全通信方式。TLS 记录协议负责在通信双方传输数据期间加密数据包并执行身份验证，并在某些情况下压缩数据包。由于 TLS 记录协议是在成功完成握手和连接协商之后所使用的，因此，TLS 记录协议仅限于发送和接收操作。TLS 握手协议可以保持安全通信信道处于开放状态，此时 TLS 记录协议将根据所需使用发送和接收功能传输数据。TLS 记录协议完全依赖握手协议在交易和函数调用期间使用的所有参数。

3. 动态主机配置协议

动态主机配置协议(Dynamic Host Configuraton Prorocol，DHCP)对云环境中的自动化和编排至关重要。安全领域的从业人员都熟知一句老话：在数据中心和服务器中永远不要使用 DHCP，而应该以静态方式配置和设置 IP 地址。尽管如此，这种观念基本已经过时，人们更倾向于在 DHCP 中使用预留地址。当部署 DHCP 时，IP 地址并非总是从 IP 地址池中动态分配。在云环境中，DHCP 技术用于集中分配 IP 地址并以静态方式维护，其中 IP 地址、MAC 地址、主机名和节点名都预先设置为固定值，无法更改，并始终分配给同一台虚拟机。DHCP 将极大地提高自动化的速度和灵活性，不再需要在主机层面实施网络配置，而是集中维护和管理。

保护 DHCP 系统对于维护网络安全而言至关重要。如果 DHCP 系统受到攻击，攻击方将获得网络的虚拟控制权，并能够篡改系统的主机名和 IP 地址，从而可能将合法流量定向至受到攻击或者伪造的系统。

4. 域名系统

在云环境中，域名系统(Domain Name System, DNS)的安全至关重要，因为，一旦 DNS 受损可能导致攻击方劫持并重定向网络流量。通常，确保 DNS 安全的最佳实践是锁定 DNS 服务器并禁用区域传输，使用 DNS 安全扩展(DNSSEC)能够在很大程度上防止流量劫持和重定向攻击，因为即使 DNS 服务器受到攻击，在没有建立 DNSSEC 信任锚(Trust Anchors)的情况下，主机也无法接受新数据。

域名系统安全扩展(DNSSEC)： DNSSEC 是常规 DNS 协议和服务的安全扩展协议，允许验证 DNS 查询的完整性。尽管 DNSSEC 无法解决机密性或可用性问题，但允许 DNS 客户端执行 DNS 查询，并通过 DNS 响应包含的加密签名验证来源和权限。DNSSEC 依赖于数字签名，并允许客户端向权威来源查询验证 DNS 记录，这一验证流程称为区域签名(Zone Signing)。当客户端发起 DNS 查询请求时，数字签名可验证 DNS 记录的完整性，同时使用传统方式处理和缓存 DNS 记录，因此，使用 DNSSEC 无需修改应用程序和代码。集成与验证 DNSSEC 也并不需要执行任何额外的查询操作。

DNSSEC 协议通常可用于缓解多种攻击和威胁。DNS 攻击的主要目标是 DNS 资源的完整性或可用性。尽管 DNSSEC 无法防止或缓解针对 DNS 服务器的 DoS 攻击，但可用于极大地缓解或消除常见的完整性攻击。使用 DNS 协议时，最为常见的攻击方式是将流量从 DNS 记录中的指定主机重定向到一个伪造的物理位置。因为重定向后的流量需要使用 DNS 解析的主机名，如果没有其他机制用于验证响应中接收到的 DNS 记录的完整性，应用程序或者用户通常是无法感知到自身正在访问恶意网站。通过使用 DNSSEC，组织可验证 DNS 记录来自官方签名和注册的 DNS 区域，而不是来自恶意 DNS 服务器或其他试图将恶意流量注入数据流的恶意进程。

5. 虚拟私有网络

虚拟私有网络(Virtual Private Network，VPN)可实现私有网络在公共网络上的延伸和扩展，并帮助设备直接运行在私有网络上。VPN 的工作原理是通过软件应用程序实现从设备到私有网络的点对点连接，但也可通过硬件加速器实现。在几乎所有情况下，安全隧道技术(Secure Tunneling Technologies)用于加密和保护通信流量，尤其是 TLS 协议。一旦设备通过 VPN 发起连接，组织就能够对通信活动采取与直接连接到同一私有网络的设备相同的策略、限制和保护措施。在组织环境中，VPN 最大的应用场景是用户通过 VPN 从其他办公室或地点完成远程工作，但 VPN 技术已扩展到更多的私人用户场景，用于确保用户连接到公共 Wi-Fi 热点时的通信安全，或仅用于一般的隐私保护。

6. IPSec 协议

IPSec 协议用于在通信双方的数据传输期间加密数据包和执行身份验证操作，通信双方可以是一对服务器、一对网络设备，也可以是网络设备和服务器。IPSec 协议在连接开始时验证双方身份并协商安全策略，然后在整个使用过程中维护策略。IPSec 与其他协议(例如，TLS 协议)之间的主要区别在于 IPSec 运行在 Internet 的网络层而不是应用层，允许对所有通信和流量实施完整的端到端加密。这也意味着加密和安全措施可以由系统或网络自动实现，而不依赖于应用程序框架或代码处理加密和安全，从而帮助应用程序研发团队免于通信安全需求的困扰，并允许特定的通信安全人员处理相关请求。

IPSec 协议也存在一些缺点。首先是 IPSec 对于系统和网络增加的负载。在小型应用程序或者限定的实施场景中，负载可能无法构成重大问题或风险，但在较大的网络或处理流量较大的系统中，特别是在数据中心跨越多个系统和网络使用时，累计负载可能较大，云安全专家和运维人员需要共同确保系统和网络能够处理负载，而不会对用户体验或系统性能造成不可接受的降级。采用 IPSec 协议将导致每个传输的数据包都增加 100 字节或更多开销，因此，在具有大量流量的大型网络上，对资源的影响是巨大的。

第二个考虑因素是在整套系统或数据中心内实施并支持 IPSec 协议。由于 IPSec 协议不是在应用层实施，所以系统或网络人员有责任实施和维护 IPSec 协议。IPSec 协议通常不是在任何系统上默认启用或安装的协议，因此，正在使用 IPSec 协议的系统或网络将产生额外的工作量和设计开销。在云环境中，如果云客户需要使用 IPSec 协议，则 IPSec 协议将成为合同和 SLA 问题，并且根据部署的是基础架构即服务(Infrastructure as a Service，IaaS)、平台即服务(Platform as a Service，Paas)还是软件即服务(Software as a Service，SaaS)模型，支持问题可能非常昂贵且复杂，甚至云服务提供方可能根本不希望提供支持。

6.2.3 网络安全控制措施

与传统数据中心模型相似，云数据中心的网络安全也基于分层安全(Layered Security)和深度防御(Defense-in-Depth)原则。这是通过运用包括服务器、专用工具包和软件在内的各种技术实现的。

1. 防火墙

防火墙(Firewall)通过在设备上配置的规则控制进出网络的流量。防火墙通过只允许连接到已定义的网段之间的特定端口(可以是单个 IP 地址、VLAN 或一系列 IP 地址)控制受信任和不受信任网络之间的通信流。防火墙可通过硬件也可通过软件实现，具体取决于环境的需求、资源和能力。传统数据中心严重依赖基于硬件的防火墙设备，而在云环境中，主要使用虚拟防火墙或基于主机的软件防火墙。大多数情况下，虚拟防火墙设备与基于硬件的防火墙设备的运行原理基本相同。无论是物理机服务器还是虚拟服务器，软件防火墙作为供应方提供的操作系统软件包的组成部分或者作为附加软件包、第三方软件包的防火墙，都以相同方式运行。虽然基于主机的防火墙能够实现高强度保护，但与基于硬件的防火墙或者外部防火墙相比，基于主机的防火墙并不理想。运行在主机上的软件防火墙可能给主机增加额外的性能负载，并消耗原本为应用程序预留的资源。从安全角度而言，组织还可能面临主机受损的风险，导致攻击方能够禁用或篡改运行在主机上的软件防火墙。通过将软件防火墙与主机隔离，组织利用隔离策略能够避免进一步暴露受危害的主机。

2. 入侵检测系统(IDS)

入侵检测系统(Intrusion Detection System，IDS)旨在分析网络数据包，将数据包的内容或特征与一组配置或签名对比，并在检测到任何可能构成威胁或特定需要告警的情况下向相关人员发出告警。防火墙只查看流量的来源、目的地、协议和端口，而 IDS 通过深入分析网络数据包，可检测到比防火墙更为广泛的威胁并发出告警。运用 IDS 最大的挑战是 IDS 经常生成大量误报。组织可通过持续的评价和调优流程在一定程度上减少 IDS 误报情况，但也可能增加大量的人力资源需求。值得肯定的是，由于 IDS 能够深入分析数据包，在很多情况下也可用于帮助排除网络或应用程序问题。通常，业界将 IDS 分为基于主机的和基于网络的两种类型。

- **主机入侵检测系统(Host Intrusion Detection System, HIDS)**：HIDS 运行在单台主机上，只分析主机的出入站流量。HIDS 除了监测网络流量，通常还将监测关键系统文件和配置文件的修改情况。HIDS 在生产系统中尤为重要且具有价值。因为在生产系统中，系统变更将是最小的，并且组织应该确保只有在通过严格的变更管理流程审批时，才能够执行修改操作。从本质上而言，由 HIDS 检测到的任何文件修改都应该经过管理员确认，并且在 HIDS 接收到告警前，管理员应该能够预测且掌握修改情况。HIDS 主要缺点与其他基于主机的防火墙设备非常相似：如果主机本身遭到破坏，进而攻击方可实现管理和控制系统，从而组织就无法阻止攻击方禁用 HIDS 或者篡改配置。通常而言，组织响应这种可能性的常见做法是，将 HIDS 的签名和配置文件保存在只读存储器之内，或者从外部系统与外部存储器访问配置文件。HIDS 中的日志还应配置为立即发送到单台(单向)主机和日志系统收集器或 SIEM 系统，以检测任何异常情况或防止攻击方篡改日志，并从系统中移除攻击痕迹。
- **网络入侵检测系统(Network Intrusion Detection System，NIDS)**：HIDS 专门用于单台主机，并分析主机的数据包，而 NIDS 则位于网络的多个不同位置，用以分析所有网络流量，寻找相同类型的威胁。在网络层面上，NIDS 可监视多套系统，根据潜在威胁和攻击尝试向安全人员发出告警，并检测攻击趋势和攻击行为。如果分析行为集中在每个主机上，则攻击趋势和数量可能较小，但从整体网络层面，组织能够观察到全局范围内的任何特定类型攻击尝试的规模和范围。NIDS 最大的挑战是网络的规模和流经网络的巨大流量。NIDS 通常部署在战略资产或具有高价值数据的特定子网周围而非试图监测全局网络。然而，对于小规模实施或在满足法律法规监管合规要求的情况下，组织可以采用更大规模和更加全面的持续监测技术。

考试提示：

一定要记住 NIDS 和 HIDS 的方法以及缩写词的含义，同时研究比较两者之间的关键挑战和优势。

3. 入侵防御系统(IPS)

入侵防御系统(Intrusion Prevention System，IPS)的工作方式与 IDS 基本相同，主要区别在于 IDS 和 IPS 的响应方式：IPS 可在攻击发生时立即自动停止和阻止攻击，而不仅是提醒安全人员可能发生攻击行为。由于 IPS 能够深入分析网络数据包，因此，存在多种阻止或终止攻击行为的方式。IPS 能够阻止特定的 IP 地址、用户会话、基于数据包特征的流量或者网络流量的任何其他方面。由于 IPS 能够根据数据包的特定特征阻断攻击行为，因此，组织能够有效地应对分布式攻击。在这种情况下，拦截封禁大量 IP 地址既不实际也不可取。IPS 能够仅阻止部分流量或攻击，同时允许其余正常流量继续通过。另一个主要示例是当处理特定类型的电子邮件附件时，只移除包含可执行代码或者与签名特征相匹配的附件包，同时放行其余的电子邮件。在某些情况下，如果按照组织策略配置并允许，IPS 可以启用自动更改防火墙或网络路由条目的配置，以防止或缓解持续的攻击，甚至能够更改单台主机的配置。

警告：

IPS 和 IDS 在处理加密流量时面临相当大的挑战。如果应用程序加密了数据包内容，基于特征签名的分析将全部失效，可能导致 IDS 或 IPS 系统无法检测数据包。云安全专家需要查验特定应用程序或系统，以确定是否能够在特定节点解密所有或者部分流量，并执行 IDS/IPS 检查工作。

4. 蜜罐

蜜罐(Honeypot)是一个与生产系统隔离的系统，用于诱导攻击方将蜜罐错认为是生产系统的组成部分，并包含有价值的数据。当然，蜜罐内的数据都是伪造的，且蜜罐通常建立在隔离的网络上，因此，任何破坏蜜罐的行为都无法影响环境中的任何生产系统。创建蜜罐的目的是诱使潜在的攻击方攻击蜜罐而非生产系统。安全专家可以在蜜罐上配置多种持续监测和日志记录技术，监视攻击类型以及试图破坏蜜罐的行为。然后，使用蜜罐捕获的信息在实际的生产系统中建立安全策略和过滤器。管理员通过建立一套与生产系统相同但使用虚假数据的蜜罐系统，能够发现集中在蜜罐系统上的攻击方特征和来源，安全专家也有能力评价导致攻击成功的漏洞，并利用捕获的信息进一步加固组织的生产系统。

5. 漏洞评估

漏洞评估(Vulnerability Assessments)旨在以非破坏性的方式检测存在已知漏洞的系统，以识别需要立即补救的问题或者需要集中处理的系统。虽然漏洞评估活动将使用已知和常见的攻击方式测试目标系统，但漏洞评估不会试图更改数据或将执行破坏性攻击行为，因此，不会影响系统或数据。

组织可出于各种原因和作用开展漏洞评估工作。通常基于系统中包含的数据类型以及相关的法律法规监管合规要求。组织可根据各类指导准则的特定要求和测试类型确定漏洞评估范围，在很多场景下，漏洞评估也作为正式的审计报告和正在执行测试工作的证据。

从物理基础架构的角度来看，云客户通常拥有特定的合同和 SLA 要求，要求云服务提供方定期对系统开展漏洞扫描工作。对于任何漏洞评估活动，数据和报告的安全问题都至关重要，因为数据和报告一旦泄露，将导致云服务提供方下的所有租户面临潜在风险。所有报告都将受到合同和证书的约束，包括哪些内容可以披露、何时披露以及由谁披露。

通常，云服务提供方和云客户之间的合同和 SLA 也将详细说明用于评估的工具。现在有许多可以用于扫描漏洞的评估工具，而且越来越多的工具专门为云环境及底层基础架构而设计。对于云安全专家而言，熟悉哪些工具适用于评估工作是非常重要的，以帮助云安全专家评价特定工具的业内声誉和价值。

提示：

云安全专家应该彻底地掌握用于漏洞评估的工具，包括了解每款工具使用的特定模块。若云服务提供方仅简单声明开展评估工作是不够的，云客户必须了解评估工作的执行方式和认证方式。如果云安全专家不了解组织所使用的专用工具包，就无法确保评估工作是彻底的，能否满足监管机构的监督和审查，也不可能在云客户的系统遭到破坏时尽到充分的保护责任。另外，云服务提供方希望表现出在保护系统和数据方面已尽职。

在许多情况下，云服务提供方会聘请外部独立的审计师或者安全团队共同开展漏洞评估工作，以增加可信度和独立性。通常，聘请外部团队开展漏洞评估工作也是云服务提供方的主要卖点，因为云服务提供方可以提供由信誉良好的独立审计师执行评估工作并经过认证的证据。许多云服务提供方还将为数据中心和基础架构获取特定行业或政府的认证，以服务于需要相关认证的云客户，并将认证作为向潜在客户推销的亮点。

虽然云服务提供方提供对基础架构的漏洞评估服务，但许多云客户可能希望自行开展独立评估工作，或者云客户的监管合规条款可能要求云客户亲自完成评估工作。如果云客户希望开展独立评估工作，则应该在合同要求中明确说明，且明确执行评估的流程和工作程序，因为云服务提供方必须是此类独立评估工作的重要组成部分。云服务提供方通常不希望云客户自行开展评估工作，因为大多数云服务提供方同时在服务大量云客户，允许所有云客户自行开展评估工作是不符合实际情况的。这也意味着，在每次评估活动中，云服务提供方需要公开系统的访问权限，以供云客户开展测试工作，一旦大量开展类似的自行测试，泄露云客户私有信息或敏感信息的可能性将大大增加。大多数云服务提供方寻求缓解这一难题的方法是聘请行业内知名的标准机构认证各自的云基础架构，然后允许云客户在租用的云环境系统中直接引用认证成果。通过聘请第三方机构认证的方式能够帮助云客户在租用的范围内实施审计，并接受云环境的整体认证。云平台认证为所有云租户节省了资金，也节约了云服务提供方的资源和时间，同时保护了云平台多租户的隐私。

6. 网络安全组

网络安全组包含一组可用于处理和管理网络流量的网络资源规则集。网络安全组包含用于根据流量方向、源地址、目标地址、源端口和目标端口，以及用于传输的协议过滤流量的信息。通常，网络安全组适用于各套系统，需要从单一来源维护，因此，对于安全组和策略的任何变更都将在配置安全组的位置立即生效。

7. 堡垒机

堡垒机是一种经过高度强化的系统，作为不可信网络和可信网络之间的跳板机或者代理。由于堡垒机面向公网开放，所以受到高度监测。为了提高安全水平，堡垒机上还移除了对功能和需求并非绝对关键的服务、软件和协议。由于组织移除了各种非必要的软件和开放端口，潜在漏洞和攻击向量的数量非常有限，从而能够帮助组织针对剩余仍在运行的软件或者服务实施特定和集中的持续监测和持续审计。堡垒机通常还高度优化了网络性能以处理针对堡垒机的所有基于网络和负载的攻击。

6.2.4　通过应用程序基线加固操作系统

将基线应用程序用于操作系统与使用物理资产的方法相同，是一种广泛使用的确保安全配置的方法。无论系统如何，任何基线都应配置为只允许系统运行所需的最小服务和访问，并应满足安全配置的所有监管合规要求和组织安全策略要求。所有操作系统和版本都拥有各自的基线配置和策略。许多组织还可能选择为同一操作系统中不同类型的镜像建立基线。例如，如果组织为 Web 服务器、数据库服务器等创建不同的镜像，建立不同的基线，则能够在初始构建阶段帮助组织更加快速地完成配置工作，并提供更高的安全保护水平。

无论使用哪种特定的操作系统，都有一整套步骤用于建立所需的基线。第一步是采用操作系统供应方提供的全新纯净版本安装系统，尽可能采用最新的可用版本(除非需要特定版本)。初始安装后，组织需要移除所有非必要的软件、实用工具和插件，并停止、禁用或移除所有不必要的服务。当组织移除所有不必要的软件和服务后，应该将所有应用程序补丁更新为当前最新版本和设置。因为优先移除了所有不重要的软件和服务，所以补丁更新将是一个更加简化的流程。安装补丁程序后，组织应该使用监管合规和组织安全策略所要求的全部配置项。此时，从配置的角度来看，基线镜像是完整的，但组织应该对系统执行完整的镜像扫描以确保基线合规，并发现遗漏或不正确的任何配置。最后，组织应该建立关于创建、测试和维护基线的完整文档。

此外，文档化的配置项信息应体现在变更管理流程和库存数据库(Inventory Databases)(译者注：即 CMDB)中。

根据平台和操作系统的不同，组织可能需要考虑建立基线的其他因素。通常，操作系统供应方也需要提供管理系统和执行维护活动的特定工具，尤其是在补丁管理领域。

1. Windows 操作系统

Microsoft 公司提供 Windows 升级服务(Windows Server Update Service，WSUS)专用工具包，用于在 Windows 操作系统上管理补丁程序。WSUS 工具通常在 Microsoft 服务器上下载补丁和修补程序代码，管理员可采用集中和自动化方式更新 WSUS 管理控制下的 Windows 操作系统的机器。WSUS 是一项免费服务，是 Windows 的组件。

Microsoft 公司还提供 Microsoft 部署工具包(Microsoft Deployment Toolkit，MDT)。MDT 是一套工具和流程的集合，通过配合系统镜像帮助自动化部署服务器和台式机，MDT 还用于配置管理和安全管理角色。MDT 的多款工具相互补充，工作重点各不相同，但最终可用于实现管理和维护 Windows 环境的全面战略。

2. Linux 操作系统

Linux 操作系统有许多不同的风格和版本，基础版本包含多套专用工具包和实用工具。Linux 版本可以是非常精简的最小发行版本，也可以是安装了各种实用工具和专用工具包的功能齐全的版本。特定版本及特性将在很大程度上推动建立基线的流程和方法，因为特定版本将推动基于默认的服务、配置以及在默认安全实现之上建立基线。为完成 Linux 基线，云安全专家经常利用已建立的 Linux 基线流程，并根据具体实现在必要时实施变更活动。并非所有 Linux 发行版都包含相同的专用工具包、实用工具、应用程序或配置范例，虽然 Linux 建立基线的方法总体是一致的，但 Linux 操作系统的具体配置基线方法往往依赖于已发行版本。

3. VMware

VMware 内置了创建基线的工具，是供应方打包的组成部分。组织可使用工具建立基线，以满足组织安全策略或者法律法规监管合规要求，并为数据中心内不同类型的系统和部署构建各种不同的基线。VMware 附带 vSphere 更新管理器(vSphere Update Manager，VUM)实用工具，可以为 vSphere 主机和其上运行的虚拟机自动更新补丁。管理员通过比较主机的状态和已建立的基线，可更新任何系统以帮助虚拟机系统满足合规要求。VUM 还提供仪表盘(Dashboard)功能，使云安全专家在全局基础架构中快速、持续监测补丁状态。

4. 操作系统基线合规的持续监测和补救

一旦基线部署到主机上，组织需要确保基线已成功、完全安装，并按预期启用。大多数情况下，组织可以通过加载基线配置的自动化扫描软件完成扫描工作。然后，标记扫描期间任何不符合监管合规要求的主机。系统工作人员可在必要时实施补救措施，帮助存在问题的主机满足基线要求，并分析和确认主机最初不符合要求的原因。此步骤对于发现管理员或研发团队所执行的未授权变更行为而言非常重要。还可检测到自动化工具间的差异，并找出发生偏差的原因。

扫描流程的另一个重要部分是允许已批准的偏差。特定偏差应该经过组织的变更管理流程批准，并按组织的策略完成记录。组织需要定期执行扫描工作，以确保满足法律法规监管合规要求，且组织应该在系统配置变更、补丁部署、升级和新软件安装后执行扫描活动，因为所有操作活动都可能引入新的潜在弱点，或可能导致与可接受基线的偏差。随着时间的推移，由于新软件和新版本的引入以及配置的改变，基线将持续同步更新，部分变化将逐渐成为组织策略的新基线。

提示：

最理想的情况下，经过变更管理批准的基线偏差可与自动化扫描工具结合。从而保证报告不会将新批准的偏差标记为新发现，但仍会在报告中将偏差标记为已批准的变更项。如果无法做到这一点，则组织需要维护一份已批准的偏差列表，用于在生成报告的正式结果中移除已批准的偏差。

6.2.5　补丁管理

无论涉及何种类型的系统或应用程序，所有固件和软件需要执行定期的补丁管理。补丁用于修复软件中发现的错误，解决稳定性问题或引入新功能，最重要的是能够修复安全漏洞。从管理角度来看，补丁管理涉及一系列流程，用于保护运营，并通过尽量减少停机时间或服务水平中断的方式合理地验证、实施和测试补丁流程。

补丁管理的第一步是了解可用的补丁。大多数供应方提供通知机制或计划向系统维护人员或安全人员发出通知，告知新补丁已发布。通知信息将有助于组织确定实施的优先顺序。如果组织拥有完善的补丁管理生命周期，且定期完善，那么许多补丁将添加到流程中，而无需付出额外努力。如果安全补丁已公布于众或已开始大规模利用，则补丁程序可能需要通过紧急或临时流程迅速更新。对于紧急修补工作，组织也应该有一套文档齐全且已成熟的测试和通知流程。

一旦组织发现系统或软件存在可用的补丁版本，下一步就是获取补丁文件。根据供应方和软件实现方式的不同，补丁有多种形式。多数场景下，补丁是各种形式的、可供用户下载的文件。补丁可以是 ZIP 文件、专有格式、脚本或者二进制可执行文件。某些情况下，补丁程序将直接发布到供应方的系统中，以供下载和部署。然而，从安全角度来看，直接下载补丁的方式往往不可取，组织应该尽量规避，因为直接下载补丁的方式需要系统通过 Internet 与组织或云服务提供方控制之外的系统建立开放的网络连接。许多软件供应方为软件包提供哈希值，一旦获取哈希值，则组织应该始终使用同一哈希值，以确保和验证已下载的补丁程序文件与供应方正式提供的文件匹配。

组织在完成补丁评估工作，并获取软件或者脚本之后，下一步是部署补丁。组织应该始终在非生产环境中部署补丁，并在引入生产系统之前执行全面测试工作。基于设备的类型，补丁可能并非总是可行的，但在一定程度上，任何组织都应始终贯彻适度勤勉(Due Diligence)。大多数情况下，自动化软件实用工具用于在多个系统上部署补丁。在使用自动化软件类实用工具时，组织必须持续监测补丁完成和实施成功或失败的状态，确保所有主机或设备正确地安装补丁。在云环境中，组织通常通过为虚拟机或设备构建新镜像的方式更新补丁，然后为每个系统的新基线重新构建镜像。无论组织采用哪种方法，通常仅需建立和记录策略组和实务，且取决于系统的特定配置和需求。

在补丁安装完成后，最后的步骤(也是非常重要的步骤)是验证补丁是否安装成功。根据补丁的性质，组织可通过多种方式验证补丁的安装是否成功。组织始终要关注软件供应方发布的随附补丁的文档。大多数情况下，软件供应方将提供用于验证补丁的脚本或说明。至少，安装补丁的流程应该向补丁安装人员提供成功或错误的反馈信息。一旦补丁成功安装且通过验证，应测试托管软件和应用程序，确保仍然按照预期运行。

提示：

通常，组织如果认为补丁无法对于应用程序造成任何影响，也不会在部署补丁后全面测试应用程序。例如，如果软件系统运行的是一套 Java 应用程序，而补丁是一个与软件系统无关的操作系统补丁，考虑到风险较低，组织可能在最小化范围内执行测试。然而，由于任何更改操作系统的行为都可能影响应用程序，因此，应用程序的功能测试应该按照预期的标准执行，以满足组织管理层的风险偏好。

补丁管理也面临很多挑战，尤其是在云环境中以及对于规模更大的系统和实现。在传统数据中心有效运行的补丁管理解决方案和流程在迁移到云环境时可能无法正常工作。对于从一个云环境迁移到另一个云环境，甚至在同一云环境中跨不同物理位置主机的补丁解决方案亦是如此。组织必须特别小心，确保特定补丁解决方案既能在环境中有效运行，又能满足组织及系统的特定要求。即使在云环境中，一个云租户使用的补丁解决方案也不一定适用于另一个云租户。

对于云环境中的大型实现场景，补丁管理系统的可伸缩性是一个至关重要的问题。这一特定领域的另一个复杂问题涉及启用自动伸缩策略的云实现方式，并且每个补丁周期在特定时间点因主机数量和类型而表现出不同特征。在虚拟化环境中，还有一个问题是，主机当前未启用且处于非活动状态(指镜像)，但仍作为虚拟机存在于存储解决方案中。因为非活动状态主机可在任何时候通过自动化流程启用，因此，非活动状态主机应在同一补丁管理系统下实施管理活动，并执行适当的验证和测试工作。

云系统的其他复杂性包括分布广泛以及基于特定服务的时区和需求的时间设置。虽然云服务提供方可能托管一个或多个物理数据中心，但是虚拟机可能根据实际系统用户及需求配置了各种时区。在实施补丁策略时，主机属于哪些类别，以及何时可实施补丁策略都是重要考虑因素。根据每台主机的特定时区和高峰使用时间，组织需要考虑在何时部署补丁。对于遍布全球的大量服务器和用户群体而言，部署补丁可能是一个几乎覆盖每天所有时间的周期性流程。

6.2.6　基础架构即代码策略

基础架构即代码(Infrastructure as Code，IaC)是通过定义文件而非采用传统的配置工具管理和部署基础架构组件的一种方式。通常，管理员需要维护包含部署虚拟机或者其他虚拟基础架构所需的所有选项和设置的定义文件。然后，组织可以将定义文件作为编排工具的输入，编排工具将根据定义文件中的所有设置和选项完全部署虚拟基础架构。一般而言，基础架构即代码服务在使用编排和自动伸缩的云环境中非常实用，组织需要配合云服务提供方提供的所有 API 和钩子使用。通过使用脚本和定义文件，管理员可以将配置完全集成到代码构建中，并使用类似于 Git 的版本控制系统(Version Control System)和存储库。

6.2.7　独立主机的可用性

在数据中心内，组织通常将主机配置为独立配置或集群配置。在传统的独立主机模型中，物理主机所执行的工作与其他系统隔离；即使物理主机是资源池的组成部分，物理主机仍独立于其他系统运行。随着向云虚拟化环境的迁移，同样的配置也能够实现，许多组织选择继续使用相同配置。独立主机模型有助于系统从传统数据中心轻松迁移到云环境，而无需更改系统配置或重新设计部署。然而，通过向云虚拟化环境的迁移，系统可利用云环境的底层冗余技术和高可用性。尽管独立主机配置并不会降低因应用程序或软件发生故障(通常是故障的主要原因)所造成的单个主机故障，但独立主机配置方案有助于缓解物理服务器可能发生的硬件故障风险。

6.2.8　集群主机的可用性

集群(Cluster)是由集中式管理系统物理或逻辑地组合使用的一组主机，旨在实现冗余、配置同步、容灾切换和最小化停机时间。使用集群技术，将资源池化后在成员之间共享，并作为单个单元执行管理活动。集群原理和技术可用于各种计算资源，包括应用程序、服务器、网络设备和存储系统。

1. 分布式资源调度(DRS)

在所有集群系统中，分布式资源调度(Distributed Resource Scheduling，DRS)通常用于为集群提供高可用性、扩展性、管理、工作负载分发以及工作和进程平衡。从物理基础架构的角度来看，DRS 用于在云环境的物理主机之间平衡计算负载，维护物理主机上所需的阈值和限制。随着负载的变化，虚拟主机可在物理主机之间迁移，以保持合理的平衡，并以对用户透明的方式实施迁移工作。

2. 动态优化(DO)

从本质上而言，云环境是一套动态的环境。随着虚拟机数量以及系统负载的不断波动，资源也不断变化。通过运用自动伸缩和弹性技术，组织能够确保云环境在不同时刻所利用的资源总是不同的，并通过自动化方式实现自动调配，而无需任何人为干预或操作。动态优化(Dynamic Optimization，DO)是一套不断维护云环境的流程；通过动态优化流程，云服务提供方能够确保资源在需要的时间和物理位置的可用性，并且在其他节点未充分利用的情况下，物理节点不会过载或接近容量极限。

3. 存储集群

与集群服务器的优势类似，存储系统的集群能够提高性能、可用性和累积容量。在集群配置的存储系统中，云服务提供方可确保满足 SLA 的可用性要求，特别是在云环境中，虚拟化技术意味着机器也可能是存储在系统上的文件，因此，高可用性和性能至关重要。这也意味着，存储系统出现任何问题时，都可能立即影响大量机器的正常运转。同时，由于云环境使用多租户模式，还可能影响多位云客户。

4. 维护模式

在云环境中，维护模式(Maintenance Mode)是指需要执行升级、部署补丁或其他运维活动时的物理主机和时间窗口。处于维护模式时，任何虚拟机都无法在物理主机上运行。通常，组织需要在将物理主机置于维护模式之前，将虚拟资源协调和迁移至其他物理主机上。为了保证满足 SLA 中关于可用性的要求，所有虚拟资源在进入维护模式之前都应该以编程方式或手动方式迁移，而在大多数情况下，迁移可能是一个完全自动化的流程。

5. 高可用性

高可用性(High Availability，HA)是云环境的关键组件，几乎成为云环境的同义词。在云环境中，资源池和集群常用于确保系统和其中托管的平台具有高度冗余性。为实现高可用性，系统可用和运行所需的所有组件都需要具有冗余性和可伸缩性，包括服务器、存储系统、访问控制系统和网络组件。如果没有上述所有方面的高可用性，全局环境都可能失去高可用性。在云环境中，云客户和云服务提供方之间的 SLA 将阐明可用性的期望，云服务提供方有责任确保满足云客户的期望。云服务提供方还可选用其他云系统或环境以确保满足高可用性要求，如果系统和流程可在分配的允许时间内执行故障切换和迁移活动，也将满足在 SLA 需求中关于发生故障事件的条款。

6.2.9 访客操作系统的可用性

云环境的主要优点是系统的冗余和容错能力，以确保可用性。云环境比使用物理服务器有更高程度的可用性，因为冗余级别非常高，无须依赖集群技术确保可用性。云客户对于可用性的需求和期望应在合同和SLA中明确说明。

在同一环境中，容错和高可用性之间存在很大差异。高可用性利用共享资源最大限度地缩短停机时间，并在发生宕机时快速恢复服务。容错则采用专用硬件检测故障，并根据故障类型自动切换到冗余系统或组件。尽管容错有助于获得非常高的可用性，但由于容错通常将使用备用硬件，而备用硬件大部分时间都处于空闲和未使用状态，因此，可能导致成本更高。容错的一大缺点是只关注硬件故障，但无法处理软件故障，而绝大多数系统可用性问题是软件故障。

6.2.10 性能持续监测

对于云服务提供方而言，通过持续监测环境以获取性能指标是至关重要的，因为性能指标是云服务提供方和云客户之间的合同和服务水平协议(Service Level Agreement，SLA)的关键内容。云环境的关键物理组件还包括性能持续监测的指标。4个关键组件是CPU、磁盘、内存和网络。云服务提供方需要确保有足够的资源满足当前和未来可能的需求，并确保资源以足够的速度和可靠性响应，以满足SLA条款。

考试提示：

请记住物理云环境的4个关键组件：中央处理器(Central Processing Unit，CPU)、磁盘、内存和网络。这一问题往往会出现在使用不同术语的考试中。

对于4个组件中的每一项而言，所用系统和软件的供应方将建立一套自有的性能指标、持续监测能力和技术，并制定规划和实施的最佳实践。供应方所确定的参数和最佳实践将在确定资源阈值、资源规划预期需求，以及资源增长方面发挥主要作用。云环境不仅必须确保能够完全支持当前每个租户的需求，还必须支持潜在的自动伸缩和增长。随着组织采用程序化的自动伸缩方式应对负载需求的变化，无论是合法的突发流量还是类似拒绝服务(DoS)攻击等情况，都可能导致全局环境中物理容量需求迅速增加。

6.2.11 硬件持续监测

虽然所有云环境的关注焦点似乎总指向虚拟基础架构及其所使用的资源，然而实际处在虚拟基础架构下的物理硬件仍具有与传统数据中心中的物理主机相同的问题和顾虑。在性能持续监测中所列的4个关键组件也同样适用于物理主机。

通常而言，与持续监测任何系统相同，组织需要遵循硬件供应方的建议和最佳实践。尽管不同供应方的硬件相似，但仍然各具特色，因此，所有供应方都将提供各自的建议和实用工具，以用于监测系统。在可能的情况下，硬件供应方提供的工具和实用工具通常作为持续监测的主要技术手段，如有可能还应增加额外功能。大多数情况下，供应方的监测数据或实用工具可集成到用于监测整体环境的虚拟系统和其他设备的同类工具与报告代理中。集成允许相同的人员从全局角度持续监测系统，并确保持续监测报告和告警的一致性。

云系统本质上是基于冗余原则搭建的。冗余原则能够帮助组织获得额外的收益，即负载分发以及拥有比执行当前运营所需的性能更高。但冗余原则也增加了持续监测系统的复杂度，因为组织无法单独查看每台物理主机，而是必须与服务于相同集群或冗余池的其他物理主机一起分析。这也意味着，由于意外情况或计划升级，以及维护中断导致冗余组件在任何时候移除或不可用的情况下，必须灵活告警并作出响应。在这些时间段内，整体资源池可能有所减少；即使可用资源池总是在不断变化，持续监测和告警也需要能够识别故障期，并保持整个云系统的健康状态。

6.2.12 备份和恢复功能

与任何系统上各种类型的数据一样，配置数据(Configuration Data)具有极高价值，是数据中心中所有备份和恢复操作不可或缺的组成部分。备份与恢复操作是另一项必须严格遵循硬件供应方的推荐和建议的领域。硬件供应方为了实现备份与物理设备的协同工作，通常需要提供 API 或服务，以允许备份系统能够捕获配置数据。当配置信息暴露给服务或实用工具时，就存在未授权访问的固有安全风险，因此，硬件供应方应完全掌握哪些是允许公开的内容以及如何保护配置信息。

基于云服务的模型，配置数据是否公开也可能需要云客户和云服务提供方之间协商。这在很大程度上取决于合同和 SLA 条款，并确保正确保护公开配置数据的系统，且与其他租户或系统隔离。

6.2.13 管理平面

在传统数据中心，许多操作都可能影响单一客户或系统，因为大多数操作直接在物理硬件上执行，并与其他系统隔离。当然，对于企业级服务(例如，DNS、文件服务器等)也有例外。然而，在云环境中，审慎的协调和管理非常重要，因为许多系统和不同的云客户都直接受到运营决策的影响。在大型云环境中，谨慎的规划和管理对运营云平台而言尤为关键。

1. 调度

在传统的数据中心之中，由于只涉及一个客户，调度(Scheduling)潜在的停机时间更为简单，因为组织可以在系统使用量最低的时间执行停机操作，无论是在一天中的某个时间段，一周的某一天，还是在系统频繁使用的周期内。而在云环境中，由于可能存在大量的云租户，相同的停机操作是不可行的，因为几乎不可能找到所有租户都适合的一个停机时间窗口。在某些情况下，组织可以根据时区设置和云客户的物理位置，在工作日对业务影响最小时刻执行停机操作。与此同时，大多数主要系统都是24/7全天候运转，无论一天中的某个时间或日历上的某个日期，这类停机时间实际上是不可行的。云服务提供方应该基于客户信息和云平台的可用资源，在任何停机期间或设备轮换维修时，确定运营的最佳行动方案。无论选择何时执行停机操作，与云客户的全面沟通都是至关重要的，并且在SLA中需要详细阐述期望指标。

2. 编排

编排(Orchestration)与云环境相关，涉及大量自动化任务，例如，云资源调配、伸缩、分配资源，甚至云客户计费和报告。编排是在云环境中规划或执行任何运营活动时需要考虑的重要概念，因为，云客户能够在任何时间变更配置或者扩展环境，云服务提供方的人员根本无须介入。当执行维护活动或者任何可能影响云客户在云环境中的运营能力的操作时，通常需要仔细考虑编排活动，以免违反SLA条款。

3. 维护

云系统与任何系统和基础架构一样，需要执行定期维护，而维护可能影响云客户的运营。由于云系统上存在的大量租户以及云平台的虚拟化特性，维护工作在某种意义上将更加容易，但在另一种意义上又更具挑战性。对于升级任何虚拟化主机或者更新补丁操作而言，组织通常需要进入维护模式。在维护模式下，组织无法从虚拟化主机上提供任何虚拟系统服务，这意味着组织必须停止虚拟系统或者将云系统迁移到另一主机。大多数情况下，云服务提供方将选择迁移到另一台主机，以避免任何潜在的停机或对客户的影响。尽管维护模式通常对客户完全透明，但云服务提供方必须发出通知，声明要做什么、云服务提供方正在采取哪些步骤避免停机、预期的影响，以及维护窗口的持续时间。只有在云服务提供方执行了严格的变更管理流程并获得所有变更和操作的批准，以及验证变更已在云环境中完成合理测试工作之后，才应该发出通知。

云服务提供方的重要考虑因素涉及在维护期间使用维护模式并将虚拟机迁移到其他主机。尽管云环境的这一特性非常具有吸引力，能够在维护期间内最小化或者消除对云客户的影响，但同时也意味着整体云环境在维护期间内将减少一组资源。考虑到云环境的自动伸缩和自助配置，云服务提供方需要确定是否拥有足够的资源满足维护期间的潜在需求，以及在不引起潜在问题的情况下，能够在给定时间内维护整体环境。

6.3 实施运营控制措施和标准

运营最重要的组成部分是满足法律法规监管合规要求和控制措施，可通过一系列管理组件实现。管理组件共同确保适用的文档、审计和可问责性工作程序得到充分满足。相关组件确保满足法律法规监管合规要求和内部策略组，并形成一套结构化的运营管理计划，推动流程并实施管理监察治理。相关组件均封装在信息技术基础架构库(Information Technology

Infrastructure Library，ITIL)之中(https://www.axelos.com/best-practice-solutions/itil)。本节将详细讨论以下 ITIL 组件：

- 变更管理(Change Management)
- 持续管理(Continuity Management)
- 信息安全管理(Information Security Management)
- 服务持续改进管理(Continual Service Improvement Management)
- 事故管理(Incident Management)
- 问题管理(Problem Management)
- 发布管理(Release Management)
- 部署管理(Deployment Management)
- 配置管理(Configuration Management)
- 服务水平管理(Service Level Management)
- 可用性管理(Availability Management)
- 能力管理(Capacity Management)

6.3.1 变更管理

变更管理(Change Management)可能是 IT 运营和管理监察中最知名的组件。总体而言，变更管理包括允许组织以结构化和受控方式执行变更 IT 系统和服务的流程和工作程序，以及通过文档记录与审计所有变更流程和参与方，以满足法律法规监管合规要求。变更管理流程致力于实现升级和变更生产系统，同时尽量减少对用户和客户的任何潜在影响。

在 ITIL 框架内，变更管理的子组件将整体流程细分为一系列精细的事件和目标。第一个组件是整体管理流程，用于实现铺垫的作用，收集必要的信息和策略，允许组织继续执行变更活动。整体管理流程组件通常为组织提供确切的变更管理流程，并提供一套文件和流程，用于标准化组织的变更管理计划(Change Management Program)。

一旦管理层决定实施变更后，下一个组件将涉及分析变更建议和需求的概要。目的是在组织和企业内部评价潜在影响，并确定在设计和实施的早期阶段需要考虑的任何潜在问题。进入更加正式的变更流程和可执行项目之前，发现和分析任何潜在的依赖关系在早期阶段至关重要。

一旦完成概要综述和依赖性检查，并且没有发现重大障碍，下一个组件是创建正式的变更请求(Request For Change，RFC)和正式批准流程。根据组织采用的流程和系统，将创建一个官方的 RFC 工单。许多组织将使用变更管理软件处理正式 RFC 流程。变更工单包含与变更请求相关的所有信息，例如，发起人、实施时间表、正式变更细节、撤销应急方案、测试方案以及必须正式批准请求的利益相关方。一旦变更工单进入正式批准流程，确定的利益相关方将评价请求，确保所有要求的信息都存在且有效，并且所提出的时间表和业务应急方案与管理层的策略组匹配。如果所有信息都是有效和适当的，那么各自领域内的每个利益相关方将给予批准，一旦获得并记录了所有必要的批准，RFC 将视为正式批准，以用于执行审计实务活动。

正式批准涉及组织各个部门的利益相关方，通常包括研发团队、系统和运维团队、安全团队、项目经理和管理层。通常，有两个正式批准的专门负责变更流程管理的审批角色：变更顾问委员会(Change Advisory Board，CAB)和变更经理。两个角色旨在专门负责变更流程和策略的执行与监察，与实际工作的工作组和与之有利害关系的工作组的人员是分离的。两者旨在成为独立的监察和仲裁方。CAB 和变更经理之间的主要区别是在批准变更或变更修改中所扮演的角色。CAB 由来自组织各个部门具有不同职责的代表组成，有权批准重大和重要变更事项。变更经理在 CAB 中扮演着重要角色，大多数情况下，只能批准较小的或纠正性的变更，而无需与 CAB 一起完成整套小型变更流程。

注意：

许多组织选择对小型变更建立一整套正式审查的流程和工作程序，CAB 负责批准变更流程而不是具体的变更活动，通常适用于小型和可重复的功能变更，例如，补丁部署、DNS 变更和账户创建等。一旦 CAB 批准了变更流程，则变更经理(甚至是运营团队)就有权批准变更并遵循必要的变更工单和文件要求，而无需 CAB 每次都执行全面的变更行为批准活动。既可极大地简化流程，又能够为审计目的保留安全策略控制措施和文档记录。

变更活动一旦获得批准后，将进入调度和构建发布流程。变更实施阶段需要准备构建包和所需的所有不同组件，以及成功实施变更活动所需的文档。完成变更版本的调度和构建包组装后，将获得正式授权，以发布变更并执行适当的配置更改。变更活动还涉及采用早期研发的测试计划，对构建包和部署步骤执行功能测试和验证工作，确保所有组件都按照预期工作。

变更管理流程的最后一步是组织应该在变更实施完成并经过测试后，审查将要发布的内容。最终审查包括对部署和测试活动的审查和分析。最终审查步骤有两个目的。首先是完成一份总结经验教训的报告，以改善未来的变更流程，确保更高的成功率和效率。第二是确保已成功完成发布的所有文档，以备将来的审计或满足法律法规监管合规要求。

6.3.2　持续管理

持续管理或业务持续管理(Business Continuity Management，BCM)专注于规划在发生意外停机、事故或灾难之后成功恢复系统或服务。BCM 可能包括引发关闭系统或服务的安全事故、硬件系统、全局数据中心的物理问题、公用设施或网络连接的丢失，以及影响大范围地理区域的自然灾害。

为了制定一套持续性方案，组织应该首先确定并优先考虑系统和服务。完整列出所有服务，以及支持服务的底层系统和技术。这有助于组织确定哪些系统最重要且需要快速恢复，哪些系统可承受更久的宕机时间，甚至在主托管设施恢复前能够完全停机。通常而言，组织通过开展业务影响分析(Business Impact Analysis，BIA)工作完成业务持续方案，业务影响分析包括识别服务和系统，以及管理层和利益相关方设定的优先级排序。

业务持续方案(Business Continuity Plan)概述了触发方案生效的事件(Event)和事故(Incident)，并定义了不同的严重程度。如果有需要，方案中需清晰定义执行流程所涉及的全部人员角色和职责，定义方案的工作程序和通知流程。为保证完整性，业务持续方案还应规定在成功关闭事故后将生产系统恢复到原始状态的工作程序，云安全专家应确保定期更新和测试业务持续方案，因为大多数系统和服务都在不断变化之中。

6.3.3 信息安全管理

信息安全管理(Information Security Management)重点关注组织的数据、IT 服务和 IT 系统，及机密性、完整性和可用性的保证。根据 ITIL，安全管理包括安全控制措施的设计、安全控制措施的测试、安全事故管理，以及安全控制措施和流程的持续审查和维护。组织可将安全管理作为一个组件，整体 IT 服务组件和流程可确保安全成为所有讨论和项目(从构思到规划和实施)的组成部分，而不是在后期添加或考虑的工作部分；如果放在后期，信息安全管理难以实现且成本更高。信息安全管理将在不同程度上涉及本节描述的其他所有管理组件。

6.3.4 持续服务改进管理

持续服务改进(Continual Service Improvement，CSI)基于 ISO 20000 持续改进标准。CSI 流程运用质量管理原则以及广泛的度量和数据集合。所有组件都整合到一个正式的分析流程中，目标是为了在系统和运营中找到持续提高性能、用户满意度和成本效益的方法。

6.3.5 事故管理

“事故”(Incident)指任何可能导致组织服务或运营中断并影响内部或公众用户的事件。事故管理的重点是限制各个类型事件对组织及服务的影响，并尽快恢复到完全运行状态。事故管理计划(Incident Management Program)的宗旨是快速响应事件，防止演变为大规模中断和更为严重的问题。事故管理计划的关键部分是在事件发生后全面分析并总结经验教训。事故管理计划帮助组织从导致事件的一系列问题之中吸取教训，确定如何在未来减少同类事件发生的可能性，并评价响应问题和纠正措施的有效性。充分了解事故管理将帮助组织降低未来发生事故的可能性。即使事故真的再次发生，也能更快、更有效地响应。此外，组织需要详细记录更正和还原服务所需的步骤。事故管理流程通常由组织中的事故响应团队(Incident Response Team，IRT)或事故管理团队(Incident Management Team，IMT)处理。

对于任何事故或事件，首要工作是执行适当分类和优先级排序。排序基于恢复服务的影响和紧急程度。通常情况下，组织可能基于影响和紧急程度分别指定低、中或高级别。定义事故优先级可用于帮助管理层合理分配资源和关注事故本身。通常与先前设计的响应方案相匹配，并随后付诸实施。

无论特定事故的管理或类别如何，事故响应流程通常遵循相同的顺序，如图 6-1 所示。

图 6-1　事故响应周期和流程

6.3.6　问题管理

问题管理(Problem Management)的重点是分析和识别潜在的问题，落实流程和缓解措施，从源头上防止可预测的问题发生。问题管理是通过收集和分析来自系统和应用程序的数据和报告，以及历史安全事故的报告完成的，通过利用历史数据识别和预测潜在问题。虽然问题管理的目标是防止发生可预测的问题，但通过确定问题域、制定流程和落实安全措施，组织能够将无法预防问题的影响降至最低，或至少在发生问题时拥有迅速恢复的工作程序。

6.3.7　发布和部署管理

发布和部署管理(Release and Deployment Management)涉及对生产环境的变更活动和发布活动的规划、协调、执行和验证。主要关注的是正确规划发布所需的所有步骤，然后正确地配置和加载。发布和部署管理通常涉及业务所有方、研发团队、实施团队，以及在实施后验证和测试发布的人员之间的协调。发布团队通常在规划发布的早期阶段参与，记录所需的步骤和涉及的利益相关方，然后与研发团队一起构建发布包和说明。在组织发布并部署规划之后，发布管理团队将负责协调功能测试和修复任何小的缺陷。如果在发布后发现任何实质性缺陷，发布管理团队将与管理层协调讨论是否应该撤销发布，并按照发布说明建立的计划实施，确认是否需要采取回滚步骤。成功完成发布、功能测试与验证签名之后，发布管理团队负责关闭与发布相关的未结工单，并确保建立新的基线，将发布期间所做的变更作为新的生产状态。

6.3.8　配置管理

配置管理(Configuration Management)跟踪并维护组织内全部 IT 组件的详细信息。配置管理包含所有物理和虚拟系统，包括主机、服务器、专用工具包和设备。配置管理还包括有关每个组件的所有详细信息，例如，设置、已安装软件、版本和补丁程序级别。配置管理信息适用于传统数据中心或托管在云环境的系统。

配置管理流程是一个持续的迭代流程。当新系统上线并完成配置后，配置信息将立即添加到配置数据库中。随着时间推移将持续发生变更，配置信息不断更新，配置管理流程成为其他许多流程(例如，变更管理和发布管理)不可或缺的一部分。此外，配置数据库中包含的信息对于事故管理、安全管理、持续管理和能力管理等流程也至关重要。配置管理数据库中包含的信息也将用于监测并确保系统未发生未经授权的变更行为。

6.3.9 服务水平管理

服务水平管理(Service Level Management，SLM)的重点是协商、实施和监察服务水平协议(Service Level Agreement，SLA)。SLM 组件虽然专注于 SLA，但也负责监察运营水平协议(Operational Level Agreement，OLA)和支撑合同(Underpinning Contract，UC)。通过阅读本书前文可了解，SLA 是云客户和云服务提供方之间的正式协议，SLA 为合同中的详细元素映射出最低性能标准。OLA 类似于 SLA，但 OLA 用于同一组织内部的两个部门，而非客户和外部提供方之间。UC 是一个组织和外部服务提供方或供应方之间商定的合同。服务水平管理的重点是执行 SLA 的规定和指标，以确保合同合规且满足客户期望。

6.3.10 可用性管理

可用性管理(Availability Management)的重点是确保合理分配并保护系统资源、流程、人员和专用工具包，以满足 SLA 对性能的要求。可用性管理定义了 IT 服务可用性的目标，以及如何计量、收集、报告和评价可用性目标。可用性管理还致力于确保 IT 系统的配置和资源调配方式与组织的可用性目标或需求一致。

6.3.11 能力管理

能力管理(Capacity Management)专注于所需系统资源，以在可接受的水平且满足 SLA 要求的基础上提供性能，并以经济高效的方式执行。能力管理是运行任何 IT 系统的重要方面。如果系统资源配置不足，服务性能将下降，从而可能导致业务或声誉受损。如果系统的资源配置过度，则组织在维护服务方面所花费的资金将超过实际需要，可能导致收入和利润降低。

6.4 支持数字取证

近年来，“数字取证”(Digital Forensics)这一术语越来越普及，这不仅得益于收集数据和保留技术的不断改进，还由于深入分析事件的法律法规监管合规要求的增加。从广义上而言，取证就是使用科学的方法执行分析活动。

由于云环境的复杂程度以及与传统数据中心的根本区别，组织必须全面掌握云服务提供方如何处理数据，以及在处理法院传令相关的事件时如何统一格式和保存数据。合同中应明确说明这一点，并明确在收到法院传令时云服务提供方和云客户的具体角色和责任。如果没有深刻理解如何负责和处理法院传令，也没有相关协议，则不应将任何数据或系统迁移到云环境中。如果在迁移任何数据前未明确处理和保存传令相关数据的方式，组织一旦收到法院传令，将面临巨大的法律法规监管合规风险。

6.4.1　取证收集数据的适当方法

相同的要求适用于数字证据的收集和保留，这与非常正式和严格控制的证据保管链以及保持数据原始完整性的方法有关。虽然在传统数据中心中，数据收集活动具有成熟的方法和最佳实践，但在云环境中，数据收集活动面临着一系列全新的挑战。

云环境中的首个主要挑战是数据的物理位置。在传统数据中心，数据存储在服务器内部的物理驱动器上，或者存储在具有物理连接并位于同一数据中心的基于网络的存储设备上。在云环境中，所有数据存储都是虚拟化的，可位于整体云数据中心(或数据中心)的任何位置。组织应该确保已获知所有数据的物理位置，或者所有虚拟机和服务的物理位置，这可能是一项巨大的挑战。在实施任何数据收集和保留之前，掌握完整的物理位置和数据收集点是至关重要的。

在云计算环境收集证据的数据所有权同样值得关注。在传统数据中心，组织完全拥有系统和存储设备的所有权，且能够确切掌握系统和存储设备位于何处以及如何配置。在云环境中，根据云服务模型的差异，云客户将拥有不同程度的数据所有权和访问权。对于 IaaS 模型，云客户拥有访问和控制虚拟机与虚拟机所承载的所有内容的高级别权限。对于 PaaS 模型，尤其是 SaaS 模型，云客户的访问和控制权限将十分有限。无论使用哪种模式，云服务提供方都将是基础架构级系统和数据(例如，网络设备和存储系统)的唯一所有方和控制方。云客户和云服务提供方之间的合同和 SLA 必须清楚阐明事件所需的取证数据收集的访问、支持和响应时间表。无论 SaaS、PaaS 或者 IaaS 模型，云客户都无法独立完成全部的数据收集工作，因此，获得云服务提供方与管理员的支持十分重要。

在云环境中，数据和系统具有动态性且变化非常迅速。在传统数据中心，关于系统和数据的物理位置和所有权是毫无疑问的。在云环境中，虚拟机可以处于多个物理位置且随时变化，导致数据的收集和保持证据保管链(Chain of Custody)的完整性非常棘手。同时，在云环境中，需要保持同步并记录事故发生时数据所在的时区和数据收集地点的时区，这可能增加证据保管链问题的复杂性。

云系统完全基于虚拟化和虚拟机的使用。所以使用正确方式收集数据变得更加迫切。由于所有会话和其他信息都运行在虚拟内存空间中，而不是物理硬件上，关闭任何虚拟机都将导致丢失对于任何证据收集而言至关重要的关键数据。

多租户也可能导致数据收集和保留方面的问题。由于多个云客户可能将数据存储在同一物理主机或设备中，因此，获取的数据可能包含来自不同云客户的记录。为了确保数据的有效性和法庭庭审的可接受性，组织必须分离并记录相关系统捕获的数据与可能混入的其他客户数据。

由于数据所有权和访问权问题，云安全专家面临着在收集并保留数据、证据方面的巨大挑战。云客户完全依赖云服务提供方收集数据，而这也是合同和 SLA 条款如此关键的原因。云服务提供方负责确保云客户收集的数据是全面的，并且与其他租户的数据分离。合同和 SLA 条款还包括维持最初的证据保管链，以及保护数据的安全。数据所有权和访问权对于确保数据的完整性和证据的可接受性而言是至关重要的。

6.4.2 证据管理

维护数据的完整性和证据保管链对管理和保留收集的证据至关重要。如果没有适当的控制措施和流程，证据数据可能在后期受到严格审查，并判定为无效或不符合证据标准。云安全专家应始终确保数据和证据的收集仅限于要求的范围内，并且未超出额外的数据范围。将范围限制在特定请求范围内将有助于最小化披露，并减少敏感数据暴露的风险。证据收集还将为监管和监察提供书面证据，以确保披露的数据严格符合所收到的确切请求。在某些情况下，如果请求方是政府机构，或者请求内容涉及敏感的刑事调查，则组织应该将流程和请求本身视为机密信息，因此，组织需要严格限制参与收集证据的工作人员。在多租户环境中，披露收集活动或者流程时也可能出现同样的问题。云客户绝不能向其他租户披露任何收集要求、请求或活动。如果云服务提供方曾签署此类合同或 SLA 条款，则云服务提供方将通过沟通渠道和策略予以处理，绝不应该由云客户向其他云客户或潜在客户披露证据数据。

6.5 管理与相关方的沟通

在所有业务或运营过程中，沟通始终是至关重要的，尤其是在 IT 服务领域。云服务在常规沟通的基础上增加了另一层复杂性和考虑因素。为了帮助有效沟通并培育最佳合作关系，沟通需要既简明又准确。多数人员从小学习的沟通细节，对业务和运营过程中的沟通事项而言同样适用：参与方、事情、时间、地点、原因和方式。

6.5.1 供应方

云客户与供应方的沟通几乎完全通过合同和 SLA 条款驱动。从沟通类型和频率的角度来看，两者都能够清晰地表达沟通的要求。通常包括对报告的要求、报告包含的内容以及提供报告的频率等。与供应方之间的沟通在整个合作过程中都至关重要，包括从最初的合同生效和配置、生产运行和维护阶段，甚至是任何停止使用或合同终止流程中的沟通。

6.5.2 客户

因为受众和兴趣多种多样，了解客户的特殊需求并确定所传达内容的范围至关重要。从IT 运营或云安全专家的角度来看，客户可以是内部或外部的，具体取决于服务提供和交付方式。客户沟通的要素之一是了解角色和责任的归属。如果提供方希望客户维护的内容与客户实际维护的内容之间存在差距，反之亦然，则可能导致与客户关系的紧张、服务中断，或对立并引发冲突。大部分情况下，关于可用性、变更策略以及系统升级和变更的沟通对于维护提供方和客户之间的关系最为关键。

6.5.3 合作伙伴

合作伙伴在沟通方面与供应方有所不同，因为组织之间没有像云客户和云服务提供方那样的合同关系。在云环境中，最常见的合作伙伴关系示例是使用联合服务和联合访问资源与系统。联合组织之间通常需要签订正式协议，明确对合作伙伴关系的要求和期望。为了进一步帮助合作关系顺利运作并取得成功，有关期望、系统变更、安全事件和可用性的沟通非常重要。对于联合系统，确保清晰传达与理解适当的入职、离职策略和流程是至关重要的。

6.5.4 监管机构

无论 IT 运营是由传统数据中心还是云服务提供方托管，与监管机构的沟通都应置于首位。当组织考虑将 IT 服务和运营部署到云环境时，与监管机构的沟通更为关键。许多法律法规监管合规要求都基于地理位置和司法管辖权，当托管在传统数据中心时，两种方法都很简单。然而在云环境中，由于服务可轻松迁移，甚至可跨多个数据中心分布，很多概念可能极其复杂。当考虑迁移 IT 服务时，组织应该尽早与监管机构和审计师沟通，帮助组织在规划或迁移 IT 服务之前，发现潜在问题或需重点考虑事项。许多监管机构也在采纳和发布针对云环境的需求和建议，关于云环境的需求和建议可能有助于推动组织确定云托管的意向。

6.5.5 其他利益相关方

根据项目或应用程序的不同，可能需要其他利益相关方参与沟通流程，沟通流程通常是面向项目的特定需求或者特定的监管合规要求。云安全专家需要评价所有情况，以确定是否存在其他合适的利益相关方，以及所需的沟通类型和频率。

6.6 安全运营管理

部署并制定了大量合理安全控制措施和流程后，需要管理不同的需求，并确保需求得到合理执行与验证。

6.6.1 安全运营中心

安全运营中心(Security Operations Center，SOC)是一个集中化机构，负责处理组织内部的安全问题，负责安全事故的持续监测、报告和处理。安全运营中心的工作需要从技术和组织两个层面着手，涉及所有信息资产。SOC 通常配备具有分析能力和领导能力的 24/7 值守人员，并授权在必要时立即采取行动。组织应为 SOC 制定各类工作程序，用于实时响应事故，同时以合适的沟通和技术安全对策处理特定系统、数据或安全事故。

6.6.2 安全控制措施的持续监测

由于安全控制措施有许多不同的分层策略，因此，组织需要实施适当的持续监测活动，以确保正确实施控制措施，避免遭到篡改，且能够按照设计和要求正常运行。所有安全控制措施的文档应该保存在安全和受保护的物理位置，以供工作人员访问查阅。一旦基线完成创建并记录在案，组织对于安全控制措施的任何修改都必须实施合理的变更管理活动，以确保组织正确实施与记录变更活动，并确保安全控制措施作用于所有必要的地方。一旦成功部署某项控制措施，组织需要采用相应的方法以确保控制措施不会在变更管理流程之外由内部员工或者外部攻击方篡改。

6.6.3 捕获并分析日志

记录事件、保护日志并执行日志分析对于所有安全程序都至关重要，是云安全专家需要重点考虑的事项。

1. 安全信息和事件管理(SIEM)

安全信息和事件管理(Security Information and Event Management，SIEM)系统用于在集中物理位置收集、索引和存储应用程序的多个系统，甚至整个数据中心的日志。SIEM 允许搜索事件、报告事件和告警，可通过跨系统或关联方式查看事件，通常安全事件无法在一个单独系统中查看。例如，对于数据中心的攻击尝试可能仅是在每台服务器上所产生的少量攻击迹象，如果只是基于主机执行告警策略，则可能不会超过告警阈值。然而，当安全专家通过整体数据中心级别或更高级别观察安全事件时，将注意到很多零散攻击尝试同时访问多个不同主机，多次攻击聚合在一起将产生告警。SIEM 也可作为一个强大的故障排查平台，因为管理员只需要通过单一搜索就能够发现服务器、防火墙、存储设备等系统上发生的事件，而无需所有系统管理员单独介入查看问题，就能够发现问题所在。

将日志集中到 SIEM 解决方案上，也可以提取出可能受到攻击方入侵的系统日志，攻击方可能篡改或删除系统日志，以掩盖攻击行为的痕迹。具有系统日志实时镜像功能的 SIEM 解决方案能够有效防御针对日志的各类攻击尝试，并保留来自攻击或恶意内部人员以不当方式使用访问权限开展业务活动的证据。集中日志收集的缺点是提高了 SIEM 解决方案的安全风险。尽管是日志数据，且不应包含敏感信息，但若攻击方能够访问 SIEM 解决方案，攻击方可能获得关于系统或基础架构的大量信息，并利用信息查找其他漏洞。

2. 日志管理

在整体环境中，许多位置以多种不同方式生成日志。服务器生成系统日志和应用程序日志；网络设备、存储设备和许多不同的安全设备(例如，IDS 和 IPS)也是如此。当数据中心配置并上线时，云安全专家需要考虑的重要因素是物理资产的日志记录功能。云安全专家需要彻底掌握哪些设备的日志记录功能由供应方默认启用的，以及非默认的日志记录功能。许多情况下，默认的日志记录将处于信息级别或警告级别，而非获取与特定组织或系统相关的所有重要事件。

云环境的日志披露和可用性问题往往取决于所采用的云服务模型。云服务模型的差别也决定了谁负责收集和管理日志数据。使用 IaaS 服务模型，大多数虚拟机和应用程序日志的收集和维护将由云客户自行负责。云客户和云服务提供方之间的 SLA 需要阐明 IaaS 环境中除了可用日志外还有哪些日志，谁可以访问日志、谁负责收集日志、谁负责维护和归档日志，以及留存策略是什么。对于 PaaS 服务模型，云服务提供方将需要收集操作系统日志，可能还需要收集应用程序日志，具体取决于 PaaS 模型的实现方式以及使用的应用程序框架。因此，SLA 需要明确定义收集日志并提供给云客户的方式，以及在多大程度上支持日志管理工作。对于 SaaS 服务模型，所有日志都必须由云服务提供方通过 SLA 条款予以披露。对于许多 SaaS 实现场景，日志记录在某种程度上是通过应用程序本身向应用程序管理员或客户经理展示的，但日志可能仅涉及一组用户功能或只是高级事件。任何更为深入或更加详细的内容也需要纳入 SLA 条款中；对于 SaaS 模型而言，云服务提供方通常仅希望公开有限的云端数据，除非已经设计了实现日志管理功能的 API。

日志管理的另一个关键因素是日志文件的留存管理。根据监管合规要求确定留存的具体期限和类型；监管合规要求决定组织的最低留存标准，并可能基于组织的策略加以扩展。日志留存通常需要规定固定的时间周期，具体取决于系统存储的数据类型和敏感程度。除了所需的总时间，留存策略通常还规定了存储的类型和可访问性。例如，日志留存策略可能是一年，其中 30 天内的日志必须保证任何时间可立即访问，超出 30 天的则保存在更便宜、更慢的存储上，甚至可能写入磁带并存储在长期归档系统中。

6.7 练习

作为一名云安全专家，领导要求评价组织是应该继续从云服务提供方采购服务，还是考虑将当前的传统数据中心转变为组织的私有云。

1. 云安全专家如何处理此类分析？
2. 从传统数据中心发展为基于云技术的数据中心，云安全专家需要分析哪些关键因素？

3. 为了实现组织目标，哪些内部团队和小组需要改进流程？
4. 云安全专家需要与哪些利益相关方沟通？基于什么原因？

6.8 本章小结

本章讨论了维持云数据中心功能的运营组件。云数据中心侧重于各类逻辑和物理系统，两者的特性和考虑因素具有很大的相似之处。此外，本章介绍了 ITIL 组件，以实现整体系统和服务管理，与相关方沟通，并收集数字信息和证据，以满足法律法规监管合规要求或调查要求。

第 7 章

法律、风险与合规

本章涵盖知识域 6 中的以下主题：

- 与云计算相关的法律风险和控制措施
- 电子取证(eDiscovery and Forensic)要求
- 个人身份信息(Personally Identifiable Information，PII)相关法律法规监管合规要求
- 审计类型
- 云环境中的审计流程
- 与云相关的风险管理
- 将业务外包至云服务，并监督合同

云计算在法律法规监管合规要求和各国政策方面提出了许多独特的挑战，因为云计算经常跨越不同的司法管辖权区域，不同司法管辖权区域在数据隐私和保护方面制定了许多不同的法律法规监管合规要求。尽管持续审计所有 IT 系统是非常关键和敏感的流程，但是云环境对审计实务方面提出了更为独特的挑战和要求，原因就是云客户无法像传统数据中心那样完全访问系统或者流程。风险管理在云环境中也面临着特有的挑战，因为云计算扩大了组织的运营和系统范围。此外，云环境的现实状况也引入了更多的风险和复杂问题，多租户(Multitenancy)环境下尤其如此。本章将讨论关于管理与云服务提供方的外包和合同的要求。

7.1 云环境中的法律法规监管合规要求和独特风险

云环境经常跨越多个司法管辖权区域，并在各国政策方面产生大量与适用法律法规监管合规要求相关的复杂问题，以及与数据收集和数据探查(Data Discovery)要求相关的技术问题。

7.1.1 相互冲突的国际立法

随着计算服务和应用程序的全球化，几乎能够肯定的是，从讨论策略和技术的角度来看，云平台将跨越多个国际边界和司法管辖权区域。在全球框架内运营云平台时，云安全专家可能遇到多个司法管辖权区域和要求，有些司法管辖权区域和监管要求存在争议，可能并不明确是否适用于云环境。相关的监管要求可能涉及用户的物理位置(Location)、输入系统的数据类型、拥有应用程序的组织所受的法律法规司法管辖权、所有潜在的监管合规要求，以及托管 IT 资源和实际存储数据的司法管辖权区域所适用的法律法规监管合规要求。当然，数据也可能涉及存储在多个司法管辖权区域。

在系统跨越多个司法管辖权区域的情况下，当安全事故发生时，将不可避免地产生司法冲突，特别是涉及监管合规报告与信息收集、信息保留和信息披露等相关法律法规监管合规要求时。由于目前没有国际机构能够完全掌握司法管辖权并调解冲突，因此，安全事故可能非常复杂且难以解决。在许多情况下，组织需要在多个司法管辖权区域提起司法诉讼，司法诉讼的结果和裁决有可能相互补充，也有可能相互冲突，从而导致更加难以执行法庭命令和调查工作，在云计算浪潮的推动下更是如此。

7.1.2 评价云计算特有的法律风险

从法律角度来看，云计算增加了额外的复杂程度。在传统数据中心中，组织拥有并控制环境、系统和资源，以及托管的数据。即使在技术支持和托管服务外包给第三方的情况下，签约组织仍然拥有各自系统和数据的控制权，组织通常采用物理隔离的方式从网络方面隔离数据中心内部的数据，并部署在数据中心楼层上的隔离区域。从而帮助组织能够清晰识别所有可能出现问题的法律法规监管合规要求和相关责任主体。

当使用云环境时，云客户通常依赖于实际拥有和运营整套系统和服务的云服务提供方。从法律角度来看，区分云环境的主要区别在于多租户(Multitenancy)的概念，即多位云客户共享同一物理硬件和系统。多位云客户共享物理硬件和系统可能导致云服务提供方不仅需要与一家组织建立合同义务，还需要与使用相同托管环境的其他组织建立合同义务。通常，云服务提供方无法简单地获取系统并将所有数据移交给调查人员或者监管机构，因为云服务提供方需要确保未获取其他客户的数据或日志，并暴露给其他相关方。

无论系统和服务托管在何处，组织对所使用和存储的全部数据负有法律责任。当使用云服务提供方提供的服务时，合同需要确保云服务提供方接受并遵守适用于云客户的相同法律法规监管合规要求，包括基于客户或者数据物理位置的司法管辖权要求，以及适用于应用程序及数据的法律法规监管合规要求，例如，《健康保险流通与责任法案》(Health Insurance Portability and Accountability Act of 1996，HIPAA)和《2002 年萨班斯-奥克斯利法案》(Sarbanes-Oxley Act of 2002，SOX)，具体需要遵守哪一部法律法规监管合规要求取决于应用程序类型和数据的用途，而无需考虑数据的具体物理位置以及控制并处理数据的服务。

7.1.3　法律框架和指南

由于云环境的复杂程度和地理分散的现实情况，任何托管在云端的系统和应用程序都可能受到各种不同法律法规监管合规要求的控制。

在美国，系统必须遵守一系列的美国联邦和州级法律法规监管合规要求。美国联邦层面颁布了《健康保险流通与责任法案》(Health Insurance Portability and Accountability Act of 1996，HIPAA)和《2002 年萨班斯-奥克斯利法案》(Sarbanes-Oxley Act of 2002，SOX)等法律法规监管合规要求，以及基于特定商业类型和所涉及数据的联邦法律法规监管合规要求。对于以任何方式与联邦机构交互的系统，《美国联邦信息安全管理法》(Federal Information Security Management Act，FISMA)对于遵守联邦政府要求的安全控制措施提出了广泛的要求，详细要求取决于系统的分类分级流程与数据的使用情况。在美国州政府级别层面，系统可能面临其他要求，具体取决于所涉及的商业类型和所使用与存储的数据类型。特定要求也可能来自合同条款和司法管辖权区域内所需的特定权利和责任。

全球其他国家/地区均有各自的法律法规监管合规要求，可能与美国的要求类似，也可能不同。其中，最为突出的要求是由欧盟(European Union，EU) 提出的，欧盟非常注重个人隐私和数据保护工作。实际上，世界上许多国家和地区都采用了欧盟或者美国的指南与法律法规监管合规要求，即使部分国家和地区不属于欧盟或者美国的司法管辖权区域，这些国家和地区也可能借鉴欧盟或者美国的法律法规监管合规要求的模式。然而，在这一方面，欧盟指南的使用更为普及。

虽然没有直接涉及法律性质，但许多标准组织已经采用与实际法律法规监管合规要求相似或者紧密对齐的规则。规则适用于一些监管和标准化模型，例如，《支付卡行业数据安全标准》(Payment Card Industry Data Security Standard，PCI-DSS)和各种 ISO/IEC 标准。上述标准通常规定了安全控制措施的具体要求，以及处理特定类型数据和应用程序的工作程序与策略，并且通常作为组织层面和云客户与云服务提供方之间的合同要求而包含在内。

7.1.4　电子取证

电子取证(eDiscovery)是搜索、识别、收集和保护电子数据与记录，最终用于刑事或民事司法诉讼的流程。在传统数据中心之中，由于物理系统是已知的，且组织能够轻松隔离或者脱机并保存取证数据，因此，取证数据的收集和识别流程通常更加简单、复杂程度较低。但是在云环境中，所有系统和数据都是虚拟化的，因此，电子取证在云环境中存在额外的挑战和复杂问题。

在传统数据中心中，当组织接收到电子取证的请求或者需求时，通常能够更加容易确定涉及取证的范围和系统，因为，组织能够严格控制位于现场的系统，并且涉及的配置和系统也是众所周知的。安全团队通过与组织的法务和隐私团队协作，能够向应用程序和运维团队提出电子取证请求，确定取证所涉及的服务器和系统，并根据数据的收集和保留流程执行数据收集并保留工作，在大多数情况下无需过多外部人员参与。在云环境中，各项信息分散在虚拟机和存储设备上，虚拟机和设备也可能分散在不同的物理数据中心和司法管辖权区域。此外，当多个租户托管在系统上时，可能导致更加难以隔离和收集数据，并且还需要保护其他租户数据的隐私和机密性。在云环境中，组织通常无法简单地从物理层面隔离系统并保留数据。

1. 法律问题

从法律角度来看，电子取证过程中的特殊因素可能导致难以将云环境纳入合规体系。《美国联邦民事诉讼规则》(Federal Rules of Civil Procedure，FRCP)和《美国联邦证据规则》(Federal Rules of Evidence，FRE)均体现了部分法律现实。安全专家应该遵守规则，才能够以一种在法庭诉讼中可接受的方式识别、收集和保留证据。

一个重要的方面是，根据美国联邦民事诉讼规则 34(a)条，电子取证关注的重点是组织“拥有、托管或控制” (Possession，Custody，or Control)的信息。对于传统的数据中心而言，这一问题非常容易解决，因为所有信息都在特定公司或者组织的专用服务器和存储设备上。即使在租用数据中心空间的情况下，每个客户也需要将系统和资产部署在隔离的物理服务器上，并且放置在特定于自身系统的隔间中，以保护系统和资产免受其他客户系统的影响。当信息存储在虚拟化环境，特别是云环境之中时，云客户和云服务提供方之间关于控制和所有权的问题在法律上是相关的。关于谁实际拥有和控制信息的问题，应该在与云服务提供方的合同和服务条款中明确规定。虽然对于私有云而言，可能是一个复杂问题，但对于公有云而言则更加复杂，因为公有云规模更大，面向所有云租户开放，并且通常存储大量租户信息。

FRCP 的第二个主要问题是，组织通常认为并期望数据托管方非常了解系统和网络的内部设计与架构。在传统数据中心之中，组织拥有系统的完全所有权，且已经建立网络的内部设计与架构，组织能够很容易满足这一要求。但在云环境下，即使是使用 IaaS 实现，云客户也仅是基本了解底层系统和网络的相关信息。对于 PaaS 实现和 SaaS 实现，云客户所能够拥有的信息更为有限。

关于法律问题的另一个关键方面是，在云客户和云服务提供方之间的合同与 SLA 中，必须明确各自的角色和责任，以支持电子取证需求和组织所遵循的任何其他法律法规监管合规要求。

2. 在云端执行电子取证

通常在开展电子取证调查工作时，组织需要依赖云服务提供方的协助并响应调查令，云客户及安全专家与云服务提供方的支持团队保持良好关系是至关重要的。通常，良好关系应该在合同和托管安排的早期阶段开始培养，从而在没有实际事故或者调查令压力的情况下，建立并掌握电子取证流程和工作程序。此外，初步了解底层云结构和基础架构也是保持良好关系的组成部分。尽管初步了解对于调查而言，并非是全面且详细的，但也将奠定一定基础，以帮助云客户在处理实际调查令时能够更加快速和高效地工作。

合同的部分内容应该明确规定云环境中数据和应用程序的潜在托管区域。组织在执行数据探查(Data Discovery)和收集操作时，云环境中的数据可能驻留在多个不同的司法管辖权区域，而且很可能位于不同的国家，各个国家之间的法律法规监管合规要求可能截然不同。对于云客户而言，通过掌握不同的情况和应急方案能够更加有序地处理电子取证调查令，并能够作为准备各种事实和模板的基础。了解不同的法律法规监管合规要求、司法管辖权区域和期望是云安全专家有效执行和确保电子取证的重要前提。根据电子取证调查令影响的性质、范围和司法管辖权区域的不同，各国司法监管要求也可能相互冲突，需要以遵守当地法律法规监管合规要求并帮助组织遵守调查令的方式不断调整。

在云环境中，执行电子取证的确切方法和途径将由云客户和云服务提供方之间的合同要求决定，同时也在很大程度上由云客户采用的云模型所驱动。无论使用何种云模型，云服务提供方都将在电子取证流程中发挥核心作用。虽然云客户在 IaaS 实现中拥有最高级别的控制权、访问权和可见性，但即使在 IaaS 模型下，云客户的收集和隔离能力也将受到限制。在大多数情况下，只有云服务提供方才能够使用电子取证工作所需的工具集和实用工具，因为执行电子取证通常需要更为深入地访问底层系统和管理工具。在 PaaS 实现中，电子取证合规的责任主要由云服务提供方承担，因为来自云客户的访问行为将受到严格限制，甚至云客户可能几乎无法访问任何类型的管理工具集或者实用程序。对于 SaaS 实现而言，云客户可能需要完全依赖云服务提供，以实现电子取证的合规要求。尽管云客户可能具有一定程度的数据访问权限，甚至可能拥有从应用程序导出数据的能力，但能够肯定的是，数据几乎无法以符合电子取证调查令的形式呈现。

3. 针对云服务提供方的电子取证

虽然迄今为止的讨论和焦点一直集中在云客户、云客户的应用程序和数据的电子取证方面，但也有从针对云服务提供方本身的电子取证调查令的角度看待问题的视角。在这种情况下，电子取证要求与云环境本身有关，可能影响多个不同的云客户和数据集。根据针对云服务提供方的电子取证调查令的范围和要求，可能需要从环境中移交数据或者物理资产，其中可能包括属于云客户或者直接影响云客户的系统和数据。基于这一现实问题，云安全专家需确保在与云服务提供方的合同中，包含如何处理相关问题的条款，以防止在需要时可以由云服务提供方应对、解决和处理问题。

4. ISO/IEC 27050 标准

ISO/IEC 27050 致力于建立一套国际公认的电子取证流程和最佳实践标准。ISO/IEC 27050 标准包含了电子取证流程的所有步骤，包括识别、保留、收集、处理、审查、分析和要求归档数据，ISO/IEC 27050 标准试图解决组织所面临的多个领域的挑战，包括产生和持有的大量数据、存储和处理数据的复杂和不同的方法，以及能否快速生成、存储、共享和销毁电子数据和记录等方面。由于云计算经常跨越司法管辖权区域边界——无论是云客户、云计算的分布式特性，还是云服务提供方使用地理多样化的托管物理位置—— 一份国际发布和接受的标准，将为云服务提供方和云客户提供合同组成部分和标准化的基础，帮助云服务提供方围绕所提出的框架和最佳实践构建各自的支持和运营方法，并向云客户和潜在客户宣传组织已经满足的合规水平。

5. CSA 指南

作为“CSA 安全指南”(CSA Security Guidance)系列的组成部分，云安全联盟已经出版了一份名为“知识域 3：法律问题、合同和电子取证”(Domain 3：Legal Issues，Contracts，and Electronic Discovery)的关于电子取证的出版物。文档概述了与云计算相关的特定电子取证问题，涉及云服务提供方和云客户的特有问题，以及为了确保满足电子取证调查令所采取的方法和由此引发的相关问题与挑战。

通常而言，满足电子取证合规的重大挑战之一是数据收集和保留的调查令集中在组织拥有和控制的数据上。在传统数据中心之中，数据收集和保留的挑战是非常明确的，因为组织控制并拥有系统，从硬件和网络层面到应用层面。在云环境中，即使使用 IaaS 模型，云客户也仅是拥有和控制数据的子集，而云服务提供方则保留对其余部分的所有权和控制权，通常不会自动向云客户提供任何访问权限。由于这一设置，在多个司法管辖权区域内，为了获得完整的数据集，法院可能需要针对云客户和云服务提供方分别颁布一份电子取证调查令。

云客户和云服务提供方之间的合同应当明确规定双方在数据所有权和收集方面的责任，以及在收到电子取证调查令时需要采取的机制和请求。在部分司法管辖权区域内，或者根据同一云环境中其他租户的合同和期望，可能需要独立的法院法令或者电子取证调查令才能够获得访问基础架构级别的数据和日志的权限。

另外一个重要因素是，在云环境中，通常可能需要更多额外的时间用于保留并收集数据，既是由于云环境的复杂程度，也是由于云客户可用的特定工具和访问级别所致。在传统数据中心之中，系统管理员和特权员工拥有整套系统及所有组件(包括网络层)的完全访问权限。通过使用完全访问权限，云客户可以使用多种开源和专有电子取证工具与实用工具。在云环境中，由于访问限制，云客户可能无法使用其中的许多工具，需要由云管理员用户加载和执行。考虑到向云服务提供方单独请求信息和协助所需的时间，云客户通常需要准确回应请求机构关于数据收集所花费时间的问题，云客户也需要知道在时间要求过于紧迫时，何时申请延期请求。

成本也是与数据保留所需资源相关的重要因素，即云环境中的存储成本。根据电子取证调查令的规模和范围，可能需要大量存储空间以收集和整合所有数据，尤其是当涉及取证有效的完整系统镜像或者二进制数据时，系统镜像和二进制数据无法受益于压缩技术。云服务提供方和云客户之间的服务水平协议和合同应该明确规定，在电子取证调查令期间如何处理成本和操作，以及临时数据使用和保留的时间限制(如果有)。除了存储成本，有些云环境还建立在计费模型上，计费模型包含了云客户使用的资源中传入和传出的数据量。如果需要传输大量数据以满足电子取证调查令，则 SLA 和合同应阐明在这种情况下如何处理成本，以及是否与适用于云客户的典型定价和计量方式相同。

从法律角度来看，对于云客户至关重要的主要因素是接收到任何传票或者电子取证调查令的通知。通常，合同中应该包括云服务提供方在收到调查令时通知云客户的条款。通知云客户的要求表明了几个重要目的。首先，保持云服务提供方和云客户之间的沟通和信任。然而，更加重要的是，允许云客户在自身认为有理由或希望这样做的情况下质疑调查令。如果云服务提供方在收到传票或者电子取证调查令后未能立即通知云客户，则可能减弱或者增加云客户向监管机构发出请求的挑战难度。当然，在部分场景下，调查令将明确禁止云服务提供方通知云客户，在收到传票或电子取证调查令后，传票或者调查令的要求将优先于合同条款，并要求云服务提供方严格执行。

7.1.5　取证要求

取证(Forensics)是将科学和有条不紊的流程运用于识别、收集、保留、分析和总结/报告数字信息和证据，是安全专家可用的最为强大的工具和概念，用于确定应用程序或者系统安全事故的确切性质、方法和范围。对于传统的数据中心而言，组织能够完全访问和控制系统(尤其是系统的物理方面)，取证收集和分析相较于云环境中更加简单明了。在传统数据中心中，组织能够更加容易确定涉及的数据和系统的物理位置，在数据收集和分析期间隔离和保留系统或者数据方面也更为简单。

在云环境中，确定系统和数据的确切物理位置不仅更加复杂，而且隔离和保护的程度也与传统服务器模型存在较大差异。由于电子取证数据收集流程处于系统的管理级别，无论云客户采用何种云托管模型，云服务提供方的积极参与和合作都是绝对必要的，是成功的关键因素。

在云环境中执行取证工作时，前文所提及的电子取证的复杂程度和挑战也同样适用。取证的特殊挑战在于，由于可能违反其他云客户的协议、隐私或者保密协议，因而云服务提供方可能无法或者不愿向云客户提供其他云租户的信息，而这些云客户是同一系统中的租户。但是，由于电子取证以及调查令和传票的性质，云服务提供方需要提供信息并遵守调查令。在开展取证工作时，如果仅是用于云客户自身的调查或者目的，出于对其他租户影响的担忧，云服务提供方很可能拒绝提供其他云租户的信息。通常而言，云安全专家需要确保合同要求能够帮助云客户获取所需信息；否则，云客户必须接受相应的风险和实际情况，因为云服务提供方无法提供与传统数据中心环境中相同水平的取证调查。

7.2　了解隐私问题

隐私问题在不同司法管辖权区域内可能存在较大差异。存在的差异可能与受保护的记录和信息类型以及适用的必要控制措施和通知要求相关。

7.2.1 合同个人身份信息和受监管个人身份信息之间的区别

无论系统和数据是托管在传统数据中心模型还是云托管模型中，应用程序所有方都负责处理或者存储在应用程序和相关服务中的所有个人身份信息(Personally Identifiable Information，PII)数据的安全水平。尽管 PII 的概念已得到广泛认同，但无论司法管辖权区域或者法律法规监管合规要求存在何种程度的差异，PII 主要有两种类型，并存在不同的方法和要求。

1. 合同中的个人身份信息

合同中的个人身份信息(Contractual PII)通常在处理敏感信息和个人信息方面有特定要求。具体要求通常将记录所需的处理工作程序和处理 PII 的策略。关于 PII 的特定要求可能涉及特定的安全控制措施和配置、所需的策略或者工作程序，或者限制特定人员获得数据和系统的访问授权。由于要求是合同的组成部分，组织可以通过建立持续审计和执行机制以确保合规水平。违反合同中的 PII 要求可能导致组织在合同履行方面面临处罚，或者丢失业务机会。

2. 受监管的个人身份信息

受监管的个人身份信息(Regulated PII)受到特定法律法规监管合规要求的限制。与违反合同中的 PII 要求不同，违反受监管的 PII 可能导致罚款，甚至在某些司法管辖权区域可能面临刑事指控。PII 法规可能取决于托管物理位置或应用程序的司法管辖权区域，也可能取决于特定行业或使用的数据类型的特定立法。受监管的 PII 通常可能要求报告所有的数据泄露情况，无论是向官方政府实体，还是直接向受影响的用户报告。

3. 受保护的健康信息(PHI)

受保护的健康信息(Protected Health Information，PHI)是 PII 的特殊子集，适用于根据美国 HIPAA 法律定义的实体。PHI 涉及与个体的过去、现在或者未来健康状况相关的全部信息，并涵盖了由法律规定的实体所创建、收集、传输或维护的全部数据。数据可能包括各种信息，例如，账号号码、诊断结果和检验结果，以及将上述各项与个体关联的 PII。

7.2.2 个人身份信息和数据隐私相关的国家特定法律

虽然许多国家都建立了保护和监管个人身份信息(PII)与数据隐私的法律，但各个司法管辖权区域对于所需或允许的内容可能存在显著差异。以下并非所有国家和法律法规的详尽或完整清单，而是对主要和最为重要的司法管辖权区域及其各自法律法规的抽样介绍。

1. 美国

美国在联邦层面缺乏一部用于处理数据安全和隐私问题的独立法律，但存在多部涉及不同行业和数据类型的联邦法律。通常而言，云安全专家需要掌握所有相关法律法规监管合规要求。值得注意的是，与许多其他国家不同，美国对于数据存储在地理区域内的法律法规监管合规要求非常少见，因此，数据通常可存储在美国境外的系统中，即使数据所涉及的个体和应用程序都位于美国境内。

《格雷姆-里奇-比利雷法案》(Gramm-Leach-Bliley Act of 1999，GLBA)：是一份针对金融机构 PII 的法案，通常称为“格雷姆-里奇-比利雷法案”，以 GLBA 法案的主要赞助方和作者的名字命名，正式名称为《美国 1999 年金融现代化法案》(The Financial Modernization Act of 1999)。GLBA 除了规定所有金融机构应该向所有用户和客户提供隐私策略和实践的书面副本之外，还包含三个特定的组成部分，涵盖不同的领域和用途，包括与谁以及出于何种原因能够与其他实体共享客户的信息。第一个组成部分是财务隐私规则，全面规范客户和用户财务信息的收集和披露。第二个组成部分是冒用条款，防止组织基于虚假陈述或者借口访问或试图访问 PII。最后一个组成部分是安全规则，GLBA 要求金融机构采取足够的安全控制措施，以保护客户隐私和个人信息。

《萨班斯-奥克斯利法案》(Sarbanes-Oxley Act 2002，SOX)：SOX 并不是直接涉及隐私或者 IT 安全的法案，而是政府用于监管面向组织使用的会计和财务实践。SOX 法案是为了保护利益相关方和股东免受不当行为和错误的影响，并制定了合规规则，由美国证券交易委员会(Securities and Exchange Commission，SEC)监管并执行。对于 IT 系统和运营的主要影响是为数据留存设置的要求，特别是关于必须保留(Preservation)哪种类型的记录以及保留时间的规定。要求将影响 IT 系统的数据保留要求、读取保留数据的能力，特别是云计算需要确保云客户能够访问和保留所有必需的数据，或者由云服务提供方承担这一责任。SOX 法案还将对金融系统运营和控制措施的几乎所有方面提出实质性要求——在某些情况下，SOX 法案提出的实质性要求远远超出了其他监管或者认证要求的范围。SOX 法案适用于网络、物理访问、访问控制、灾难恢复，以及运营或者安全控制措施的各个方面。

2. 欧盟

欧盟(European Union，EU)在数据隐私保护和 PII 机密性保护方面设定了一些最为严格和具体的要求，同时要求组织不得在缺乏足够保护和法律法规监管合规要求的司法管辖权区域之外共享数据或者输出数据至境外。欧盟出台的要求可能极大地影响了云托管方，因为组织必须清楚地掌握数据处理流程或者数据的存储位置，并确保不违反欧盟关于地理位置和司法管辖权区域托管的要求。在跨越多个地理区域的大型云环境中，欧盟的隐私保护要求往往难以实现。

《通用数据保护条例(EU 2016/679)》，也称为 GDPR(General Data Protection Regulation)，是欧盟和欧洲经济区关于数据保护和隐私的法律法规监管合规要求。GDPR 是覆盖全部欧盟成员国的统一法律，涵盖欧盟管辖范围内的所有国家、公民和地区，无论数据在何处创建、处理或存储，都在 GDPR 的管辖范围之下。法律法规监管合规要求将技术和运营控制的责任置于使用和存储数据的实体上，以保护数据和执行法律义务。

根据 GDPR 的要求，组织必须告知用户正在收集的数据和目的，是否需要与任何第三方共享数据，以及数据留存策略。GDPR 授予个体获取组织存储的关于自身数据副本的权利，以及在大多数情况下请求删除数据的权利。

根据 GDPR 的第 33 条，数据控制方(Data Controller)应该在发生数据泄露或个人和隐私信息泄露后的 72 小时内通知相应的执法机构。重要的是，这项要求适用于数据受到攻击方读取和使用的情况，但不适用于数据受到混淆或者加密的情况。

GDPR 为执法机构和国家安全机构提供了豁免权。

3. 俄罗斯

自 2015 年 9 月 1 日起生效的俄罗斯法律 526-FZ 规定，任何对于俄罗斯公民个人信息或数据的收集、存储或处理活动都必须通过实际位于俄罗斯联邦境内的系统和数据库执行。

7.2.3 机密性、完整性、可用性和隐私之间的差异

安全的三大核心要素是机密性(Confidentiality)、完整性(Integrity)和可用性(Availability)。随着越来越多的数据和服务转移到线上，尤其是随着使用敏感信息的移动计算和应用程序的爆炸式增长，隐私(Privacy)已成为第 4 个关键要素。4 个要素紧密相连，根据应用程序及使用数据的具体情况，部分要素相对于其他要素的重要程度可能发生变化并不断调整。

1. 机密性

简而言之，机密性涉及采取控制措施和行动，以限制用户访问敏感信息或私人信息。机密性的主要目标是确保敏感信息不会泄露或者提供给不应该获得信息的各方。同时，组织应该确保拥有合理需求和授权的用户能够根据需求和机密性所要求的方式访问信息，这也是可用性原则的组成部分。

在授予适当用户访问权限时，用户可拥有不同级别的访问权限。换句话说，机密性并非完全不授予用户数据访问权限。基于特定的数据集和需求，用户能够拥有不同的访问权限或更加严格的安全水平要求，即使在基于不同数据类型和分类分级的应用程序中也是如此。对于某些应用程序而言，用户即使获得批准，可以访问特定数据字段或数据集，也可能需要部署进一步的技术限制措施或访问限制措施。例如，特权用户能够访问应用程序和其中的敏感数据，但可能要求用户通过特定的 VPN 或特定的内部网络访问某些数据字段。甚至只能通过特定要求获取应用程序中的其他数据，增强的控制措施用于应用程序的特定部分或特定的数据集与字段。

虽然机密性的重点是技术要求或特定的安全方法，但保护数据机密性的一个重要且容易忽视的方面是对有权访问数据的人员开展适当和全面的培训。培训应侧重于敏感信息的整体安全处理，包括网络活动的最佳实践，以及用于访问应用程序的设备或工作站的物理安全。特别是当数据存储或持久化对于特定应用程序或使用的数据类型而言是一项关键因素时，培训还应该侧重于特定组织的数据访问实践和策略。显而易见，组织至少应该采取强口令等最

佳实践，并专门针对机密性开展通用安全培训工作。培训还应包括对社交工程攻击(Social Engineering Attacking，SEA)的防范意识，填补技术安全控制措施以外的真空区域。

2. 完整性

机密性侧重于保护敏感数据免遭不当泄露，而完整性则侧重于数据的可信度，以及防止未经授权的修改或篡改。同样，组织对访问控制的重视也适用于完整性，但重点强调写入和修改数据的能力，而不仅是读取数据的能力。维护完整性的首要考虑因素是强调变更管理和配置管理的运营方面，以确保任何和所有修改都是可预测、可跟踪、有记录且可验证的，无论修改是由真实的人类用户还是系统进程或脚本所执行的。所有系统都应该详细记录所有数据修改操作和命令，包括修改方的相关信息。

在许多系统中，尤其是允许或需要下载数据、可执行代码或软件包的系统中，保持下载内容的完整性对于最终用户而言非常重要。为了验证完整性，业界广泛使用校验和(Checksum)等技术。当使用校验和技术时，安全专家可以为特定软件包生成哈希值，并由提供数据的实体发布已知的哈希值。下载数据的用户需要对下载的文件执行相同的哈希操作，并将结果与供应方发布的值比较。哈希值中的任何差异都立即表明用户下载的文件与供应方提供的文件不同。比较哈希值对于脚本或可执行代码而言尤为重要，以确保软件包中没有注入恶意软件，并且恶意攻击方在流程中的某个时刻没有执行任何修改。

注意：

常见的误解之一是完整性和机密性总是同时使用或者与数据集关联。然而，实际情况并非总是如此。例如，Medicare.gov 网站提供了质量评级数据库的下载途径，以供研究人员或任何其他可能需要数据的人员使用。质量评级数据库是完整的数据集，与网站上工具所使用的数据相同。因此，数据集根本没有附加任何机密性级别。但是，数据集的完整性非常重要。虽然数据对所有安全专家都是免费且完全可用的，但更改数据可能对医疗机构或提供方产生巨大影响。考虑一下，从质量角度评定为星级的医院。一家评级较高的医院，例如，4 或 5 星级，如果网站显示的评级突然降至 1 或 2 星级，可能面临相当大的负面影响，这可能是由于意外或故意修改了预期数据所导致的。

3. 可用性

多数组织通常不将可用性视为安全能力的组成部分，而是将可用性视为运营的组成部分。然而，为了帮助系统以更加安全的方式运行，组织必须为已授权的人员提供强大的可访问性，并且以可信赖的方式执行。可用性的概念由多个不同的组件共同构成。

首要的，也是最为明显的考虑因素是生产系统的可用性，可以通过硬件、网络、数据存储系统等冗余资源，以及支持系统(例如，身份验证和授权机制)实现。除了冗余，为了确保可用性，生产系统还应该具有足够的资源，以满足在可接受的性能指标范围内的需求。如果系统过载或者无法处理拒绝服务等类型的攻击，那么冗余在更大的方案中将无关紧要，因为依赖系统或者数据的用户和服务将无法使用系统。缓解拒绝服务类型攻击的能力也是可用性属于安全概念的主要原因。冗余对于系统的正确维护和修补也至关重要。如果没有适当的冗余资源执行相关功能从而保证不会导致停机，组织将延迟执行重要的安全和系统修补工作，直到管理层能够接受停机时方可执行修补工作。这可能导致系统和数据面临更高的风险，因为已知的安全漏洞仍然存在。

业务持续和灾难恢复(Business Continuity and Disaster Recovery，BCDR)也是与可用性相关的重要问题。对于安全方面而言，业务持续和灾难恢复确保了数据保护与业务运营的持续运行。如果数据受到破坏或者泄露，拥有定期的备份系统以及在发生重大或者常见问题时执行灾难恢复的能力，将允许业务在管理层可接受的时间和数据丢失范围内继续运行，同时也确保敏感数据在数据系统或者物理存储系统丢失或损坏时得到保护和持续存储。云服务提供了独特的机会，帮助组织能够部署分布式数据模型，并且与传统数据中心相比，减少了对物理位置和资产的依赖，改善并加强了系统的可靠性和灾难恢复选项。

4. 隐私

隐私在过去经常视为是机密性的组成部分，但随着在线服务，尤其是移动计算的普及，将隐私划分为单独类别的需求已成当务之急。多个司法管辖权区域出台了强有力的个人隐私法律法规监管合规要求，组织需要特别关注隐私方面。隐私的概念涉及个体对于自身信息和活动的控制权，这与组织在数据存储中管理信息的方式(即机密性管理)是不同的。

隐私的核心概念是在网络上以匿名方式浏览信息的权利，同时用户也有权在使用完系统后由系统遗忘。隐私包括关于用户的所有信息，例如，访问方式、物理位置等。目前采用的最为严格的保护和隐私要求来自欧盟，其他司法管辖权区域和监管要求则不太严格或者是强制执行的程度较低。许多应用程序需要获取用户的物理位置、设备或者访问的客户端信息，以及在使用和存储提供服务与数据所需的信息的同时，组织还需要确保用户能够以符合监管要求的方式控制个人隐私和信息，这构成了一个持续存在的长期挑战。

7.2.4 隐私要求标准

标准由行业团体或者监管机构制定，旨在设定通用的配置、期望、操作要求和定义。标准形成了一套强大的跨越司法管辖权区域边界的理解和协作体系，允许用户和云客户基于外部与独立的标准评价服务和云服务提供方，并授予认证以确保标准已获得外部各方的满足和验证。

1. ISO/IEC 27018 标准

ISO/IEC 27018 是涉及云计算隐私的国际标准，于 2014 年首次发布，是 ISO/IEC 27001 标准的组成部分，是云服务提供方可遵循的认证标准。ISO/IEC 27018 标准侧重于 5 项关键原则：

- **沟通(Communication)：**应详细记录任何可能影响云环境中数据安全和隐私的事件，并根据要求传达给云客户。
- **同意(Consent)：**尽管所有信息都存储在由云服务提供方拥有和控制的系统中，但未经云客户明确同意，不得以任何方式使用云客户的数据或信息，包括用于广告目的。“同意”同样也适用于任何用户和云客户，用户和云客户能够在无需事先同意的情况下使用云资源。
- **控制权(Control)：**尽管处于云环境中，云服务提供方拥有并控制实际的基础架构和存储系统，但云客户始终拥有云环境内数据的完全控制权。
- **透明度(Transparency)：**由于云客户在云环境中缺乏完全控制权，云服务提供方有责任告知云客户数据和进程所在的位置，以及任何可能暴露给支持人员(特别是分包方)的风险。
- **独立的年度审计(Independent and yearly audit)：**为了确保云客户和用户对组织认证和数据隐私保护的信心，云服务提供方应接受第三方的年度评估和审计。

2. 公认隐私原则(GAPP)

公认隐私原则(Generally Accepted Privacy Principles，GAPP)是由美国注册会计师协会(American Institute of Certified Public Accountants，AICPA)和加拿大特许会计师协会(Canadian Institute of Chartered Accountants，CICA)联合隐私工作组制定的一项隐私标准，旨在关注管理和预防隐私风险。GAPP 标准包含十项主要隐私原则、70 多项隐私目标以及用于衡量和评价标准的方法。

以下十项公认隐私原则构成了组织安全和隐私最佳实践的基础：

- **管理(Management)：**组织应明确记录、审查并向必要的各方沟通隐私策略和工作程序，同时建立问责的官方措施和标准。
- **通知(Notice)：**无论根据法律法规监管合规要求或最佳实践，组织都应发布隐私策略，并向感兴趣的或要求的各方提供隐私策略，包括收集、存储、共享信息以及在使用后安全保护或销毁的信息。
- **选择和同意(Choice and Consent)：**在任何收集或运用个人信息的系统和应用程序之中，用户都可明确地选择是否披露自己的信息。在理想情况下，组织通常要求用户主动同意共享信息，但同时也应该向用户表明，如果选择不披露信息，则用户使用和处理应用程序或者系统中所将面临的限制。
- **收集(Collection)：**组织应设置完善的策略和工作程序，确保收集的任何个人信息仅用于所声明和已知的明确目的，并且在未经个人额外知情同意的情况下禁止任何其他用途。
- **使用、留存和处置(Use、Retention、and Disposal)：**对于收集的任何个人信息，仅在经过用户明确同意后收集，用于所述目的。一旦不再需要信息时，组织将按照安全最佳实践或法律法规监管合规要求执行安全移除操作。

- **访问(Access)**：根据法律法规监管合规要求或者策略的要求，组织向个体提供所收集到的个人信息，以供审查，并允许执行任何修改、更新或移除请求。
- **向第三方披露(Disclosure to Third Party)**：现代应用程序经常在应用程序全局范围内使用和集成外部服务或组件。如果个人信息需要以向第三方披露的方式与第三方共享，则组织需要通知用户，并需要获得用户同意。
- **隐私安全(Security for Privacy)**：系统或应用程序使用与存储的任何信息，都应该受到严格安全控制措施的保护，以确保数据的机密性。
- **质量(Quality)**：鉴于安全技术保护了系统或者应用程序中的敏感和个人信息的机密性，而质量原则侧重于完整性，确保组织所使用的个体信息是准确的，并且信息经过正确处理和使用。
- **持续监测和执行(Monitoring and Enforcement)**：与任何策略或最佳实践一样，组织需要开展主动和准确的持续监测工作，以确保组织能够正确地运用和执行策略。此外，组织还需要建立一套流程，以解决合规问题、用户关于信息使用的投诉和争议。

7.2.5 隐私影响评估

隐私影响评估(Privacy Impact Assessment，PIA)是由存储或处理敏感数据和隐私数据的组织执行的特定类型的分析。组织将评价研发和运营的内部流程，特别着眼于在个人数据拥有和使用的全局生命周期内对个人数据的保护。当组织处理个人数据和敏感数据时，PIA 的关键组成部分是纳入与数据相关的法律法规监管合规要求以及适用于数据的司法管辖权区域。与组织内部数据不同，受监管的数据通常明确规定具体的处罚和通知要求，适用于任何泄露或者披露的应用场景。组织必须将潜在的惩罚和要求作为风险管理计划和规划的组成部分，并加以考虑。与未包含隐私数据的系统相比，法律法规监管合规要求通常可能要求在灾难恢复规划和风险规划中增加额外的组成部分。

7.3 理解云环境的审计流程、方法和所需的调整

无论系统部署在传统的数据服务器模型还是云环境中，许多审计实践和要求是相同的。法规和法律的编写方式与底层托管模型无关，法律法规监管合规要求通常关注于组织能否确保应用程序的安全水平以及数据的保护方式。然而，由于云环境具有独特的特性、功能和挑战，因此，在云环境中成功实施审计需要采用不同的方法和策略。

由云安全联盟(Cloud Security Alliance)发布的《云控制矩阵》(Cloud Controls Matrix)为云客户提供了一套详细的方法和框架，重点关注与云环境相关且适用的控制措施。在 IT 行业中，许多知名认证都适用于云环境。

7.3.1　内部和外部审计控制措施

任何数据中心和应用程序都将部署各种内部和外部控制措施，控制措施对于组织的安全能力而言至关重要。组织应该定期审计并评价相关控制措施，确保持续的适用性和合规水平。内部审计通常用于确保组织已经部署控制措施并遵守策略和任务，以确保符合管理层的预期；也有助于衡量内部策略和工作程序的效率和效用，帮助管理部门探索扩大执行控制措施和策略的新方法，以及纠正造成额外费用或者间接费用的问题。此外，内部审计也能够用于规划未来服务在环境中的扩展或者升级。

云客户为了保证和满足合规与认证计划通常需要开展独立的外部控制措施审计。外部审计将评价 IT 系统和策略控制措施，但通常不涉及内部审计所关注的诸如运营效率、成本和设计或扩展方案等类型的问题。

7.3.2　审计需求的影响

云环境的实现可能极大地影响审计师的传统操作和审计方式。许多传统审计的典型组成部分是审计团队在数据中心或者物理上与同一网络相连，在不经过公共网络的情况下直接扫描和探测系统。然而，在云环境中，组织几乎不可能实现在不经过公共网络的情况下直接扫描和探测系统，因为组织将无法控制或者访问物理环境；再加上云环境地理分布的现实情况，前往现场几乎是不可能实现的。云环境的另一项重大区别是使用虚拟服务器和镜像，服务器和镜像可能随着时间推移而经常发生变化。从而可能导致重复审计或者后续验证极其困难，因为当前状态下的系统形式可能与执行原始审计时截然不同。更加糟糕的是，最初测试工作所使用的虚拟机也可能已经删除。

7.3.3　识别虚拟化和云环境的安全挑战

与传统的数据中心相比，审计并扫描虚拟机和云环境将面临多项挑战。在虚拟化环境中，许多应用程序审计活动将涵盖多台虚拟机并且通常位于不同的地理位置。即使在同一物理位置，审计活动也可能跨越多台不同的物理服务器，其中不同的虚拟机管理程序分别控制着环境的某些子集。

组织面临的挑战是如何在未测试全局环境的情况下执行审计并确保合规，全局环境可能是非常不稳定且快速变化的。由于云客户无法访问云环境内的物理环境，审计工作将更加复杂，云客户和代表云客户工作的审计师通常仅能访问非常有限的底层物理环境，甚至根本无法访问。

为了制定云环境的审计方案，审计师需要获取关于系统或者应用程序结构和架构的完整文档。虽然在传统数据中心内，审计师能够轻易获取相关文档，但在云环境中却成为重大挑战。云客户无法掌握底层架构，而且几乎没有云服务提供方希望公开相关信息，因为公开信息可能暴露与同一云环境中所有其他租户相关的信息和安全控制措施。解决这一问题的主要策略是与云服务提供方联合审计并认证底层环境，因此，所有租户都可以将云服务提供方的审计报告和认证报告作为内部审计的基础。

云服务提供方应该测试并验证对底层云环境的审计工作，包括物理资产及相关系统(例如，虚拟机管理程序)的安全加固和配置。然后，云服务提供方可以向云客户或者公众发布审计报告，并提供一些关于基线配置的信息。绝大多数的信息和审计报告可能仅限于当前云客户或者潜在客户，并且只有在签署保护底层环境和其他租户的保密协议之后才能够查阅。采用行业公认的标准认证还将帮助客户立即了解到已实施的测试和控制措施类型，而无需查看具体的审计报告和结果，因为标准和评价准则是公开且广为人知的。

除了提供审计报告和认证，云服务提供方还可通过及时安装补丁和执行升级的方式提高客户的保障。随着安全风险和漏洞的不断变化与暴露，补丁和升级是一项需要持续关注的重要领域。尽管主要受到合同和 SLA 的约束，但核实并遵守协议也是至关重要的。因此，云服务提供方需要建立符合客户要求的计划，以提供保障。

7.3.4 审计报告的类型

业界已经制定了几种不同的审计报告标准。尽管在方法和受众上存在一些差异，但仍具有相似的设计和类似的目的。

1. 审计准则声明(Statement on Auditing Standards，SAS)

审计准则声明(Statement on Auditing Standards，SAS)第 70 号，通常称为 SAS 70，是由美国注册会计师协会(American Institute of Certified Public Accounts，AICPA)发布的标准，旨在为审计师分析服务机构时提供指导。在此前提下，“服务组织”(Service Organization)的定义旨在包括那些提供外包服务的组织，所提供的服务在受控和安全的环境中影响数据和流程(在这种情况下，特定的应用程序与托管数据中心有关)。SAS 70 通常也称为“服务审计师查验”(Service Auditor’s Examination)。

SAS 70 包含两种类型的报告。类型 1(Type 1)报告主要关注审计师在服务组织声明、所采取的安全控制措施，以及控制措施设计的有效性是否符合服务组织设定的目标等方面的评价。在类型 2(Type 2)审计中，除了包括相同的信息和评估，还可能添加审计师代表服务组织对控制目标实际达成效果的附加评价和意见。因此，类型 1 审计侧重于评价控制措施设计在达到目标方面的有效性，而类型 2 审计则增加了对实际部署的控制措施有效性的附加定性评估。

组织执行 SAS 70 审计的原因很多。主要原因是向现有或潜在客户提供审计报告，说明所设计和实施控制措施的状况。SAS 70 报告将作为对环境的独立外部评价，作为获得客户认可和提供保证的方式。SAS 70 是审计报告及设计的预期应用程序。然而，许多服务组织已经将 SAS 70 审计扩展到其他目的。许多规章制度和法律制度都要求各类组织开展审计实务工作并报告控制措施的有效性。在某些情况下，规章制度和法律制度要求组织提供基于自身的证据，证明组织已经开展数据保护和隐私监督工作。各种类型的 SAS 70 报告可用于实现和满足相关要求。监管方案的部分示例是 SOX、ITIL 和 COBIT，但还有许多其他类型的审计报告能够满足提供独立监督保证的要求。

注意：

SAS 70 报告多年来一直是标准的，但已经在 2011 年由 SSAE 16 报告取代。下一节将介绍 SSAE 16 报告。然而，由于 SAS 70 报告在业内非常有名，并且是标准化的，因此，本节所提供的信息主要用于了解历史背景，以展示审计和监督与法律法规监管合规要求的演变。即使当前已弃用 SAS 70 报告。云安全专家也有必要了解 SAS 70 报告过去的使用方式和意图。

2. 认证业务标准声明(Statements on Standards for Attestation Engagements，SSAE)

自 2011 年起，《第 16 号认证业务标准声明》(Statements on Standards for Attestation Engagements，SSAE)取代了 SAS 70，并于 2017 年 5 月 1 日更新为 SSAE 18，是美国目前使用最多的标准。SSAE 18 关注的是审计方法，而不是特定的控制集。与 SAS 70 报告类似，SSAE18 报告主要用于帮助满足 SOX 等监管要求，用于审计和监督财务系统。从 SSAE16 到 SSAE 18 的主要变化是增加了一项具体要求，即组织必须执行正式的第三方供应方管理计划，并根据正式的年度风险评估流程实施评估活动。

SAS 70 称为“服务审计师查验”(Service Auditor’s Examination)，而 SSAE 18 称为服务组织控制措施(Service Organization Control，SOC)报告，有三种不同类型：SOC 1、SOC 2 和 SOC 3。

SOC 1：SOC 1 报告实际上是 SAS 70 报告的直接替代品，专注于财务报告控制措施。多数专家认为 SOC 1 报告是限制使用报告，因为 SOC 1 报告旨在用于较小范围和有限的控制措施审计，而不考虑扩大使用范围。SOC 1 报告特别关注与财务报告相关的内部控制措施，对于超出财务报告范围的用途，则组织应该改用 SOC 2 和 SOC 3 报告。

限制使用报告的受众如下所定义：

- 执行 SOC 1 报告的公司或组织的管理层和利益相关方，此处称为“服务组织”(Service Organization)。
- 执行 SOC 1 报告的服务组织的客户。
- 执行 SOC 1 报告的金融机构的审计师。使用 SOC 1 报告用于帮助验证组织是否满足 SOX 等法律法规监管合规要求。

SOC 1 报告与 SAS 70 报告类似，也有两种子类型：

- **类型 1(Type 1)报告：**侧重于特定节点的策略和工作程序。评价组织控制措施的设计和有效性，然后验证控制措施在特定时间节点是否已经实施。
- **类型 2(Type 2)报告：**与第一类报告类似，重点关注相同的策略和工作程序及有效性，但评价的时间跨度至少为连续 6 个月，而不是有限的时间节点。

大多数用户和外部组织为了更加信任审计报告可行性，只接受类型 2 报告，因为类型 2 报告比单一时间节点的类型 1 报告更为全面。

SOC 2：信任服务标准(Trust Services Criteria)SOC 2：报告在 SOC 1 报告的基础之上进一步扩展，适用于广泛的服务组织和类型，而类型 1 报告仅适用于金融机构。SOC 2 围绕四大领域建模：策略、沟通、工作程序和持续监测。SOC 2 报告的基础是包含“原则”(Principles)的模型。在 2017 年 SOC 2 的最近一次更新中，确立了五项原则。根据指南，安全原则应该包括在下列四项中，方可构成完整的报告：

- **可用性(Availability)：**通常而言，系统对正常运行时间和可访问性具有要求和期望，组织需要能够在合同或者预期设置的参数范围内满足要求。
- **机密性(Confidentiality)：**系统包含机密或者敏感信息，并且根据法律法规监管合规要求或者合同的要求，信息能够得到适当保护。
- **处理完整性(Processing Integrity)：**系统处理信息的方式是准确的、经过验证的，且仅由授权方完成。
- **隐私(Privacy)：**系统使用、收集或者存储个人和隐私信息，并且方式符合组织声明的隐私策略，以及任何相关法律法规监管合规要求或者标准要求。

安全原则本身由 7 个类别组成：

- **变更管理(Change Management)：**组织如何确定需要执行哪些变更活动，以及如何批准、实施、测试和验证变更活动。变更管理的目标是确保所有的变更都是在适当的批准下，有条不紊并以受控的方式完成，并存在防止未经授权变更的安全控制措施。
- **沟通(Communication)：**组织如何向利益相关方和用户传达所有运营方面的内容，包括策略、工作程序、停机、系统状态或任何其他合同义务或预期的沟通。
- **逻辑和物理访问控制(Logical and Physical Access Controls)：**组织如何实现与系统和应用程序的物理和逻辑访问相关的控制措施，包括与赋予、授权和撤销访问相关的策略和流程。
- **控制措施的持续监测(Monitoring of Controls)：**组织如何监督和验证已经实施的控制措施，以确保正确配置与运用控制措施，并寻找方法改进控制措施。
- **组织和管理(Organization and Management)：**组织的结构和管理方式，包括对个人(Individual Personnel)的监督。包括如何在组织环境中选择、验证和监督工作人员是否履行工作职责。
- **风险管理和控制措施的设计与实施(Risk Management and Design and Implementation of Controls)：**组织如何处理可能影响其系统和数据的风险——从识别、评价到响应，直至某些场景下接受风险。
- **系统运营(System Operation)：**组织如何实现并监测所有 IT 系统和应用程序，以确保系统和应用程序已按照预期或者要求正常运转。

SOC 2 报告与 SOC 1 报告类似，大多数专家通常认为 SOC 2 报告是组织内部审查的“限制使用”(Restricted Use)报告。SOC 2 报告包含两个子类型：

- **类型 1 报告：** 报告集中于服务组织系统的安全控制措施的设计，从设计和意图的角度评价控制措施的适用性。
- **类型 2 报告：** 报告是基于服务组织系统的安全控制措施的设计和应用程序，从业务角度评价控制措施的有效性。

SOC 3 报告： SOC 3 报告在范围、设计和结构上与 SOC 2 报告相似。SOC 2 和 SOC 3 之间的主要区别在于报告的受众对象。SOC 2 报告是为内部或者限制在组织与监管机构范围内而设计的，而 SOC 3 报告则是为一般用途而设计的。SOC 3 报告不包含服务组织所不希望公开或者供公共查阅的敏感或专有信息。

ISAE： 国际审计与保证标准委员会(International Auditing and Assurance Standards Board，ISAE) 第 3402 号报告在本质和结构上与 SOC 类型 2 报告非常相似，也旨在替代 SAS 70 报告。鉴于 SOC 报告和 ISAE 报告具有相同的功能并且结构大致相同，两种报告之间在使用上的最大区别在于 SOC 报告主要用于美国，而 ISAE 报告在国际上的使用更为广泛。

ISAE 报告与 SOC 报告类似，有两个子类型：

- **类型 1 报告：** 与 SOC 类型 1 报告一致，基于单个时间节点的快照。
- **类型 2 报告：** 类型 2 报告在范围和意图上也与 SOC 类型 2 报告保持一致，通常为期 6 个月，以展示在此期间内对于控制措施的管理和使用情况。

7.3.5 审计范围限制声明

在开始审计工作之前，组织与审计师应该明确审计范围，以及审计流程和测试所涵盖和遵守的相关限制条款。审计流程的初始阶段，在完成上述活动后，将制定审计范围限制声明。

审计范围声明由组织一方完成，向审计师定义了审计范围和审计要求的具体内容，包括组织的目标和期望，以及法律法规监管合规要求所规定的审计要求。审计范围通常包括以下内容：

- **目的声明(Statement of Purpose)：** 为审计目的所作的整体总结和定义，是审计所有方面的基础，并表明最后报告的对象和重点。
- **审计范围(Scope of Audit)：** 定义了哪些系统、应用程序、服务或者数据类型将为审计范围所覆盖，是一类具体包含范围的肯定性声明，向审计师提供将要审计的项目结构和配置，但也可列出任何排除项或者范围限制。范围限制可以广泛运用于整套审计流程，也可用于排除某些类型的数据或者查询操作。
- **审计的原因和目标(Reasons and Goals for Audit)：** 审计原因可能存在多个。例如，用于组织内部的管理监督、确保利益相关方或者用户的利益，以及满足法律法规监管合规要求。

- **审计要求(Requirements for the Audit)：**定义审计方式、运用的工具或者技术，以及使用的程度。不同的工具和技术将以不同程度的影响和全面性测试系统和应用程序。因此，使用商定的方法，在测试期间准备并监测系统和应用程序是非常重要的。
- **用于评估的审计准则(Audit Criteria for Assessment)：**定义衡量审计及量化的结果。组织和审计师清楚地了解将使用的评级系统的类型与规模至关重要。
- **交付成果(Deliverables)：**定义了审计实务所产生的成果。当然，主要的交付物是实际的报告，但需要定义报告的格式或者结构。组织可能有特定的格式或文件类型要求，或者监管要求可能指定了提交和处理的确切格式或数据类型。交付成果领域还包括谁将接收审计报告。
- **审计分类分级(Classification of Audit)：**定义审计报告以及在准备或者执行审计实务流程中使用的任何信息或文件的敏感度级别和保密要求。审计分类分级流程既可以是组织机构内部的机密信息，也可以是政府根据机密级、秘密级或绝密级所执行的官方定级流程。

除了审计范围声明，审计范围的限制和约束同样至关重要。审计范围的限制和约束定义了审计的具体内容，即审计师在测试期间能够探究和扩展的范围。审计活动对于当前系统和运营的影响也极为重要，同时组织需要确保审计活动不能对系统或数据造成负面影响。大多数审计更加侧重于操作设计、策略和工作程序，而不是实际的技术测试和评价。

如果需要执行实际的技术测试，为了限制和减少对系统和运营的影响，组织通常需要声明能够用于执行审计测试的时间和测试方法类型。如果预计审计活动将对系统造成更大且明显的负载，从而导致性能下降或者影响用户体验，那么将审计工作安排在非高峰时段或者系统利用率最低的时间是至关重要的。如有可能，测试活动应该总是针对非生产系统和非生产数据实施。就系统的可用性和性能而言，在非生产系统上执行测试将消除数据损坏的可能性或对用户的影响。在大多数情况下，组织严格禁止测试实时或生产系统，并且法律法规监管合规要求可能将阻止测试包含真实或敏感数据的系统，特别是如果测试可能导致任何类型的潜在数据泄漏。

7.3.6 差距分析

差距分析(Gap Analysis)是在通过审计流程中收集、测试和验证所有信息之后执行的关键步骤。收集、测试和验证的信息通常来自对文档的审查、用于探查 IT 系统和配置的工具、与关键人员和利益相关方的访谈，以及通过流程验证提供信息的实际审计测试。所需的配置或要求可能来自各种来源，包括组织策略、合同要求、监管或认证要求以及适用的法律法规监管合规要求。

然后执行差距分析，确定从信息和测试中发现的结果是否与配置标准和策略匹配。任何由此产生的偏离都将视为审计发现(Finding)，或者是系统或运营期望状态与实际验证的当前状态之间的“差距”(Gap)。

考试提示：

记住，差距分析和审计发现(Audit Finding)应始终来自公正和独立的参与方。当许多组织执行内部审计时，应该考虑到审计工作是为了实现组织自身目的或查明事实的工作，永远不应该用于认证或合规计划。只有外部独立人士的调查结果才能够视为有效的且值得信赖的，因为外部独立人士与调查结果没有任何经济或其他利益关系。几乎所有的监管和认证计划都要求只有由独立的审计机构执行的审计才能视为符合合规要求的有效审计，有时还会有各自的认证要求。

7.3.7 审计规划

整个审计方案通常分为4个步骤，每个步骤都有重要的、有序的组成部分，驱动着整套流程以满足目标和要求。

以下是审计方案中的4个步骤：

- 定义目标(Define Objectives)
- 定义范围(Define Scope)
- 执行审计实务(Conduct the Audit)
- 经验教训和分析(Lessons Learned and Analysis)

1. 定义目标

目标的定义包括为审计全流程奠定基础的多项步骤，并将推动确定实际审计范围的流程。这一步骤清楚地定义和阐明了审计的官方目标，并编制一份证明文件。审计目标应该考虑管理优先事项和风险容忍程度，以确保审计目标与期望一致。审计目标还定义了审计报告的格式和所产生的其他任何可交付成果。根据审计的要求和规模，定义目标流程还需要确定执行审计所需的人员数量，不仅包含审计组人员，还包括提供数据、回答访谈问题并从审计团队的角度运行脚本或者提供所需访问权限的系统和应用程序团队。

考试提示：

请确保理解审计实务可能是为不同的目的和受众而开展的工作。在某些情况下，根据法律法规监管合规要求，可能存在多种看似重叠的不同审计。在政府合同中尤为常见，因为许多不同的法律法规监管合规要求和机构共同承担监督安全和执行策略的责任。组织可能需要纠正某些审计发现，这可能导致其他审计在类似要求上发生冲突。因此，组织可能需要采取一些协调和谈判措施。

2. 定义范围

审计范围的定义是审计流程中最为重要(也是最繁琐)的方面。在定义审计范围阶段，将执行非常详细的规则和信息收集，最终完全推动整体审计流程。如果操作正确，定义明确且详细的审计范围能够帮助组织更加简单高效地执行审计工作，并确保成功地实现组织关于开展审计目的所设定的目标和目的。

以下是审计范围的多个关键概念和信息点。因为系统、应用程序和目标可能存在较大差异，信息难以完全涵盖审计实务的各个方面，但下述列表将构成绝大多数审计和考虑事项的基础：

- **审计步骤和工作程序(Audit Steps and Procedure)**：组织通常需要明确记录实际审计的流程和工作程序，并确保与实际情况一致。审计步骤和工作程序是审计方案所有内容的主要部分，其他组成部分支持并执行审计方案的目的和举措。定义审计实务的总体步骤和顺序，并划分为从信息收集到实际审计、审查结果、提出建议，以及根据调查结果制定相应的变更或行动等系统化的阶段。
- **变更管理(Change Management)**：在审计期间，组织应该评价变更管理流程和控制措施的有效性和文档化水平。对于组织自上次审计以来的任何变更而言，组织都应当评价是否有效地达到目标，并应该抽样验证变更请求的样本，确保流程合规。变更管理应包括系统和技术变更、业务和策略变更，以及如何在整套流程中处理变更活动。
- **沟通(Communication)**：就审计工作而言，沟通涉及几个不同的方面。沟通对于确保顺利、高效地完成审计实务，在各个层面都是至关重要的。在早期完成沟通方案的重要组成部分是收集和记录所有关于各方的关键联络人，并予以备份。关键联络人(the Key Points of Contacts)应该包括审计团队、云客户、云服务提供方以及每个团队下将协助审计的所有支持人员。沟通方案还需要记录将使用的沟通方法和频率。请注意，沟通方法和频率可能因受众和所涉及的相关方的差异而有所不同。为了确保及时响应和顺利推进审计工作，升级联系人和方案应该作为沟通方案的组成部分包含在内。
- **标准和指标(Criteria and Metrics)**：用于评价控制措施和评价方法有效性的标准和指标，以及需要得到各方的充分理解、一致同意，并清楚地记录在审计方案中。作为标准和指标内容的组成部分，验证任何指标和标准是否符合合同和 SLA 要求也至关重要，特别是在云客户无法完全控制或访问所有可用指标和数据点的云环境中更是如此。
- **物理访问和物理位置(Physical Access and Location)**：执行审计的地点、使用或要求的访问级别是审计方案的关键组成部分。多数应用程序或者系统都拥有适当的控制措施，限制用户能够从何处建立连接，特别是当审计人员采用典型用户所使用的访问方式以外的方式时更是如此。部分系统可能具有基于数据类型的地理限制，例如，美国联邦政府要求承包商必须实际位于美国境内，才能够在系统上工作或与系统交互。确定如何安排审计小组执行测试工作也很重要。审计小组成员作为一个团队在同一个位置工作还是远程工作？组织的工作人员是否需要在现场，或者只是在需要时提供资源？

- **既往审计(Previous Audit)**：当执行新的审计时，组织必须审查既往审计是否存在重大或关键发现。新的审计活动应该全面测试之前的审计发现，以验证是否缓解审计发现的问题，并采取修复措施。根据监管或审计要求，重复发现的审计问题通常认为是非常严重的问题，因此，组织应该特别注意既往的审计发现，验证审计发现的最终处理结果。
- **补救措施(Remediation)**：当组织完成审计实践后，将记录并报告所有发现的问题，组织应该制定处理和补救所有审计发现的方案。补救方案可以是修正实际发现，采取其他补偿性控制措施以降低审计发现的级别，或者由管理层接受风险并保留发现。并非所有调查结果都由管理层决定是否补救，因为法律法规监管合规要求可能已经规定了必须采取的方法，具体取决于数据类型与分类分级的级别。审计方案还应该阐明用于记录和跟踪补救结果的流程。
- **报告(Reporting)**：审计方案必须明确定义和记录最终报告的要求，包括格式、交付方式以及长期保存方式。组织要么要求以特定格式交付报告，然后在解决验证发现并清理来自审计流程的所有语言后，将报告处理和打包为正式报告副本；要么要求审计师在完成所有澄清和结案工作后，提供完善的报告。审计方案还将记录应该由谁接收报告、报告中所包含的信息，以及将报告传播给所有相关方所需的日期。
- **规模和包含项(Scale and Inclusion)**：审计范围内的系统、应用程序、组件和运营对于规划实际执行至关重要。所有内容都将清楚记录，例如，包括的事项、边界和限制。在云环境中，很大程度上取决于所使用的云服务模型，因为云服务模型将决定审计师或者云客户所拥有的访问权限，并最终影响执行审计实务的深度和广度。规模和包含项还包括哪些计算资源(例如，存储、处理和内存)能够作为审计实务的组成部分。
- **时间安排(Timing)**：对于任何系统和运营而言，可能存在时间限制和限制条件，确定何时执行测试是很重要的。组织应特别注意，不要将审计或测试安排在组织的繁忙时段或高峰使用时段。在考虑日程限制时，审计实务不应该安排在系统和员工一年中需求量较大的高峰时段，可能包括节假日与周期性的高峰使用时段、特殊项目时期，以及系统升级或者新推出期间。对于定期测试系统而言，如果测试对象是实时系统，应该避免在白天或者一周内的系统高峰处理时段和用户负载期间执行测试工作，而是推迟到非高峰时段和较低的利用率时段，以避免影响系统运营或者用户体验。

3. 执行审计实务

一旦审计方案制定完成并由各方签署，实际审计实务将根据商定的条件和时间表执行。

在执行审计实务时，监测时间表、人员需求和对于系统的任何潜在影响是非常重要的。尽管在审计规划流程中已经采取了所有减少用户影响的方式，但仍然可能存在意想不到或者不可预见的影响，从而干扰执行实际审计时的结果。如果出现这种情况，管理层必须与审计团队密切合作，以确定是否按照方案执行审计实务工作，或者是否需要变更审计方案，以缓解对于用户与系统的进一步或者持续的负面影响。

4. 经验教训和分析

一旦审计工作完成，管理人员和系统人员将分析全部审计流程和审计发现，以确定吸取了哪些教训，以及如何运用持续改进流程进一步加强系统或改进流程和运营。审计工作完成之后，通常需要关注并分析多个领域：

- **重复或重叠审计(Audit Duplication or Overlap)：**由于许多组织要接受来自不同审计师的多次审计，审计完成后应分析比较每次审计的范围以及任何重叠或重复之处。对于一些监管要求的审计而言，组织通常无法避免重复工作。但是，对于其他类型的审计而言，组织可以尝试改变审计范围或者请求审计师接受其他审计实务对控制措施的具体评价，而不是重复同样的审计。通过减少重复审计将节省审计成本，同时有效减少投入审计工作的审计师时间，以及减少潜在的系统影响和停机时间。
- **数据收集流程(Data Collection Processes)：**大多数情况下，组织在首次实施审计时，通常需要完成大量的手工数据收集和处理工作。审计完成后，组织应该尽可能探索自动化和主动收集的方法，以帮助组织更好地处理数据和流程，并帮助组织能够在未来和额外的审计实务期间提高工作效率。同时，查看并收集用于分析的特定数据元素也非常重要，目的是确定收集的数据是否超过了所需的数量，并在未来的工作中削减多余的数据量。
- **报告评价(Report Evaluation)：**报告完成并提交后，组织还需要审查报告的结构和内容。评价调查结果和信息的呈现方式及格式，以确保管理层和利益相关方能够有效地使用报告改进系统或流程，同时也要确保用户或监管机构认可报告是有效且满足需求的。
- **范围和限制分析(Scope and Limitations Analysis)：**一旦完成审计实务并提交报告后，组织应该回顾原始的范围和限制文件，以确定范围和限制是否正确和适当。在许多审计实务中，审计师能够轻易发现一些包含在范围内但实际上并不是必要的事项，或者一些未包含在范围内，甚至明确排除在外的事项已纳入报告中。范围和限制分析流程能够帮助组织为未来的审计实务定义完善的范围和限制文件，并促使更新流程更加高效，而不是从头开始执行未来的审计工作。如有可能，组织应该将文档合并到变更管理流程中，以供在需要时能够通过迭代和增量的方式执行适当变更，而不是大规模集中的工作。
- **工作人员和专业知识(Staff and Expertise)：**在任何审计实务中，为了完成审计，包括收集和展示数据，通常需要在工作人员及各自的特殊技能方面予以投资。组织应该评价参与和致力于审计的工作人员数量与技能水平，以确定未来审计的需求。在许多情况下，组织可以通过调整工作人员的技能水平或数量，降低在审计期间的成本和影响。

7.3.8　内部信息安全管理体系

内部信息安全管理体系(Information Security Management System，ISMS)包括在组织中建立正式计划的策略，重点是在机密性、完整性和可用性方面减少 IT 资源和数据的威胁与风险。ISMS 的主要目的是最大限度地降低风险，保护组织的声誉，确保业务持续和运营，并减少安全事故暴露所导致的潜在责任。保护组织声誉以及由此获得的更高信任度适用于任何系统和应用程序的用户、客户和利益相关方。

为帮助 ISMS 具有可衡量的有效性和可接受的架构，组织应该按照公认的和已建立的标准(例如，ISO/IEC 27001)构建和实施 ISMS。ISO/IEC 27001:2005 标准概述了为任意组织创建 ISMS 的步骤。在 ISMS 的初始阶段，组织应该首先定义自身的安全策略，通常而言，安全策略应该存在于正常运营和审计需求中。同时，制定 ISMS 范围，获得管理层支持，并与组织的目标相匹配。

ISMS 最重要的部分是执行风险评估(Risk Assessment)，并确定如何解决风险，满足管理或法规的要求和期望。风险评估和风险管理将是高度主观性的，并根据数据类型、管理监督和期望，以及任何适用的法律法规监管合规要求，调整所有系统或者应用程序。如果不考虑全面的风险需求和期望，组织最终建立的 ISMS 可能是无效的，或者难以满足为组织获得价值的要求。

当组织完成全面的风险评估工作，并且管理层就如何处理组织的风险做出决策时，就能够选择和实施相应的控制措施解决风险。因为风险的潜在组合项目众多，并且对于特定的系统、应用程序或者组织而言具有很强的主观性，所以没有任何两个风险评估或者风险管理方案是完全相同的。组织应该明确针对管理层的具体情况和风险偏好选择并实施额外或者不同的控制措施。

无论具体的考虑因素或独特需求和要求是什么，为了能够成功实施 ISMS，组织中的几项因素需要保持一致。管理层和利益相关方的全面与持续支持在任何安全实施或者策略方面都是至关重要的。组织应该全局地、一致地实施 ISMS，全面实施并坚持总体策略和风险偏好。ISMS 作为保持一致性和标准化的关键组件，必须包括在所有业务流程和管理流程之内。每当业务需求或者策略发生变化时，组织应该根据需要添加、调整和适应 ISMS 以保持一致性。组织的人员，以及从事组织系统工作的任何外部人员或者分包商，都需要接受全面的培训，以帮助全员理解 ISMS 及 ISMS 的设计和实施方式。最后，与任何其他类型的管理策略相同，ISMS 必须是一项持续的流程。实施 ISMS 能够有效地补充并支持业务团队和业务运营，而不是阻止或阻碍业务发展。

7.3.9 内部信息安全控制系统

ISO/IEC 27001:2018 标准提出了一系列领域，作为协助正式风险评估计划的框架。ISO/IEC 27001:2018 所列出的领域几乎涵盖了 IT 运营和工作程序的所有领域，从而帮助 ISO/IEC 27001:2018 成为世界上使用最为广泛的标准。

以下是组成 ISO/IEC 27001:2018 的领域：

A.5 信息安全策略(Information Security Policies)

A.6 组织的信息安全(Organization of Information Security)

A.7 人力资源安全(Human Resource Security)

A.8 资产管理(Asset Management)

A.9 访问控制(Access Control)

A.10 密码术(Cryptography)

A.11 物理和环境安全(Physical and Environmental Security)

A.12 运营安全(Operations Security)

A.13 通信安全(Communications Security)

A.14 系统获取、研发与维护(System Acquisition，Development，and Maintenance)

A.15 供应方关系(Supplier Relationships)

A.16 信息安全事故管理(Information Security Incident Management)

A.17 业务持续管理的信息安全方面(Information Security Aspects of Business Continuity Management)

A.18 合规(Compliance)

考试提示：

尽管 ISO/IEC 27001:2018 是最为广泛使用的国际标准，但请确保组织了解其他拥有各自领域集的标准，组织能够选择使用或者要求使用各项标准。各项标准包括金融领域的 PCI-DSS，医疗健康领域的 HIPAA 或者 HITECH，以及美国联邦政府资产的 FedRAMP。根据司法管辖权区域和应用程序或者系统类型以及使用的数据，还有许多其他标准。

7.3.10 策略

策略通常是以正式的方式记录和阐明 IT 系统或者组织所需的系统和运营标准，策略对于正确和安全地实现任何系统或应用程序都至关重要，也是组织运营和管理活动、招聘实践、访问授权与合规的基础。对于组织，特别是大型组织而言，可以按照细粒度模型制定多项策略。总之，各项策略形成了有凝聚力的整体计划和框架，以管理组织的系统和活动，并且各项策略之间相互补充和依赖。

组织策略管理着组织的结构和运营方式。组织策略的目标是提高效率和获得利润，保护组织的声誉、法律责任以及收集和处理的数据。组织策略构成了信息技术实施的基础，以及管理组织实际详细运营和活动的职能。对于任何组织而言，最大限度地减少法律责任和风险非常重要。关注安全和隐私将在减少法律责任和风险方面发挥作用，但也显示了雇佣和授权策略与实践的重要性。如果组织没有强有力的控制措施，没有雇佣可信和经过验证的员工，并且只授予基于管理或监管标准的可信人员的访问权限，则组织和系统内的数据就可能面临直接风险。风险可能来自恶意攻击方，甚至来自那些对安全职责和实践草率的员工。

IT 策略涉及管理组织内部 IT 系统和资产的所有方面，包括访问控制(Access Control)、数据分类分级(Data Classification)、备份和恢复(Backup and Recovery)、业务持续和灾难恢复(Bussiness Continuity and Disaster Recovery)、供应方访问(Vendor Access)、职责分离(Segregation of Duties)、网络和系统策略(Network and System Policy)，以及安全专家能够考虑到的 IT 组织的几乎任何方面。即使是非技术人员也很清楚的一些最为突出的策略是口令策略和互联网使用策略，尽管多数用户可能抱怨两个领域的限制和要求，但 IT 策略代表了许多组织中的首个也是最明显的安全层，并且对于全局安全计划的成功至关重要。

随着云计算的引入，修改现有策略或者制定新策略的需求越来越重要。许多组织已有的用于在传统数据中心内运营的策略将需要大幅修改或添加，以适应云环境的工作，因为云环境的底层结构和实际情况与在受控私有物理环境中的运行模式大不相同。组织由于缺乏对资产和访问的控制措施，需要增强相关策略以允许云服务提供方的访问活动，并对多租户环境的实际情况执行任何必要的补偿性变更。

7.3.11　利益相关方的识别和参与

对于 IT 系统或运营而言，正确识别利益相关方是至关重要的。通过准确地识别利益相关方名单，组织能够确保及时与所有相关方和重要的各方适当沟通。为了正确地识别利益相关方，组织需要考虑多个受众。最为明显的是实际组织的支持成员，包括管理层。在云环境中，还需要包括云服务提供方，因为云服务提供方负责 IT 服务的托管和部署方面，并且云服务提供方拥有远远超出云客户有限范围的访问权限、洞察力和职责。除了实际的组织与组织使用的其他支持服务，利益相关方还包括系统或应用程序的用户和消费方。利益相关方群体高度依赖服务的可用性和安全水平，并且至关重要，任何变更或者风险暴露都需要通知利益相关方，因为可用性和安全水平将直接影响每个群体各自的系统或者新方案。最后，根据数据类型和相关法律法规监管合规要求，组织可能还需要与其他机构或者审计师保持沟通。

一旦正确识别了利益相关方组织应该记录并制定利益相关方的参与程度。关键挑战是确定每个利益相关方何时何地需要参与或者予以沟通。任何 IT 环境，尤其是云环境，都可能非常复杂，并且有多个不同的部分或流程，不同部分或流程需要各自的沟通流程，且涉及不同的利益相关方。在高度复杂和集成的环境中，当影响跨越多个层面或者组件时，组织还将面临确定哪些问题会影响哪些利益相关方的挑战。法律法规监管合规要求、合同和 SLA 也将极大地影响沟通和利益相关方参与的方式，尤其是在参与的及时性方面。

7.3.12 高度监管行业的特定合规要求

任何环境或者系统都存在关于安全和隐私的司法管辖权要求和审计要求，有时还存在报告和沟通环境的要求。对于特定类型的数据或者系统而言，无论所使用的物理位置或者托管模型如何，都存在与之相关的额外要求。对于高度敏感的数据模型，例如，医疗健康、金融和政府系统，分别存在额外的合规要求，即 HIPAA、PCI-DSS 和 NIST/FedRAMP。在云环境中，所有法律法规监管合规要求在传统数据中心同样适用，而且由于云计算是一项较新的技术，并非所有法律法规监管合规要求都已完全更新或者适应云环境。在这种情况下，组织可能需要变更一些特定配置以满足合规要求，或者需要记录并申请对一些特殊要求的豁免。然而，目前大多数主要的监管体系已经部分或者完全更新以适用于云计算环境。因此，在法律法规监管合规要求方面，组织应将重点集中在满足合规和持续审计方面，而不需要大规模地调整或重新设计监管合规体系。

1. 北美电力可靠性公司/关键基础架构保护

北美电力可靠性公司/关键基础架构保护(North American Electric Reliability Corporation/Critical Infrastructure Protection，NERC/CIP)标准集旨在从网络安全角度保护国家电网和系统。NERC/CIP 标准集适用于美国、加拿大大部分地区和墨西哥部分地区的关键基础架构的所有方、运营商和用户，作为一项真实法律法规监管合规要求，NERC/CIP 标准集在法律上是必须遵守的。

NERC/CIP 的主要焦点是建立一套基本的安全控制措施和实践方法，用于执行持续监测、审计和风险分析。NERC/CIP 适用于任何确定为关键基础架构的系统。组织为了确保满足合规水平，应该开展定期审计和持续监测工作，范围应全面覆盖可能面临罚款和制裁的实体，具体取决于组织所在的司法管辖权区域。

2. 健康保险流通与责任法案

1996 年的《健康保险流通与责任法案》(Health Insurance Portability and Accountability Act，HIPAA)要求美国联邦卫生与公共服务部发布并执行关于患者、提供方和保险公司之间的电子健康记录和标识符。HIPAA 关注的是医疗记录的安全控制措施和机密性，而不是所使用的具体技术，只要安全控制措施符合法律法规监管合规要求即可。

3. 经济与临床健康信息技术

2009 年的《经济与临床健康信息技术(Health Information Technology for Economic and Clinical Health，HITECH)法案》为医疗健康提供方扩大技术应用场景提供了激励措施，并促进了提供方之间广泛采用电子健康记录(Electronic Health Record，EHR)系统。随着电子健康记录的推广，HITECH 法案还增加了对隐私和数据保护的要求，以及对未能适当提供电子健康记录的处罚。HITECH 法案要求医疗健康提供方在个人和受保护数据遭到泄露时通知相关人员。此外，HITECH 法案还授权国家立法机构对医疗机构的违规行为提起诉讼，并授权个人只需支付人工成本就能够从医疗机构获得电子版记录。

4. 支付卡行业

《支付卡行业数据安全标准》(Payment Card Industry Data Security Standard，PCI-DSS)是适用于处理信用卡交易组织的行业法规，不是由政府当局通过的法律法规监管合规要求，而是由信用卡行业自行执行和管理。PCI-DSS 规定旨在加强安全最佳实践以减少信用卡欺诈。根据组织处理的交易量，每年或每季度执行一次评估工作；包括自我评估、经批准的外部评估员或公司特定的内部评估员评估。

PCI-DSS 标准分为 6 个“控制措施目标”(Control Objectives)：

1. 建立和维护安全的网络与系统
2. 保护持卡人数据
3. 维护漏洞管理计划
4. 实施强大的访问控制措施
5. 定期监测和测试网络
6. 维护信息安全策略

7.3.13 分布式 IT 模型的影响

现代应用程序(特别是移动应用程序和基于 Web 的应用程序)与传统服务器模型完全不同。在传统服务器模型中，有表示层、应用程序层和数据层，各层之间与通信通道的界限明确且易于理解。现代应用程序是依赖关系非常复杂的系统。应用程序系统基于各种不同的组件和技术构建，这些系统往往分布在多个地理区域，主要通过 Web 服务调用和 API 执行操作，而不是直接的网络连接、函数调用和紧密集成。云计算的引入导致复杂程度更为突出，因为相较于拥有和维护的系统，组织对可消费服务的依赖正在迅速增加。虽然，分布式模型帮助组织构建和扩展系统比以往任何时刻都更为经济与便捷，但同时也导致安全、审计和合规发生显著变化。

对于分布式模型而言，安全始终是最大的挑战和关注点。由于分布式模型依赖于多种不同组件，其中多数是外部 Web 服务和功能，组织无法像在传统数据中心那样完全掌握应用程序每一层的安全水平。在传统数据中心之中，组织拥有整套系统的完全控制权和所有权。对于分布式模型的配置和分布方式而言，审计报告和系统认证的重要程度更为关键，因为审计报告和系统认证是 Web 服务的提供方和所有方能够提高外部信心和验证安全水平的少数方法。Web 服务与提供方声明和发布的隐私策略也非常重要。因此，审计报告也能够增强对 Web 服务和提供方控制并遵守策略的信心。当选择使用外部 Web 服务或者云服务提供方时，云安全专家必须确保 SLA 和其他协议已就绪，以便合理地处置安全事故，并且云安全专家应该清楚地掌握当发生安全事故时云服务提供方将提供哪种级别的支持和服务。

另一个随着依赖外部服务而出现的复杂问题是版本、升级、补丁以及功能和 API 的兼容性的适配。由于组织可能存在数千个系统和用户依赖大型外部服务，云服务提供方通常难以满足所有请求和要求，在补丁和升级的及时性方面更是如此。组织如果在组件(其中一些组件可能是应用程序的主要和核心组件)的修补和升级周期方面缺乏控制权，可能导致版本控制问题和配置问题，进而造成组织面临更大的风险。

在分布式模型中，出于许多类似的原因，通信也可能是一项巨大的挑战。在所有组织或者系统中，识别并持续更新关键利益相关方和沟通需求始终充满挑战。随着组织对外部资源依赖的不断加剧，保证沟通的实时性和恰当性更为困难。现在，应用程序所有方已经转变为其他服务的消费方，应用程序所有方将不再像传统数据中心那样拥有内部控制权和管理权，而是必须依赖 SLA 和其他机制以确保沟通的有效性和服务的可靠性。

或许，分布式模型最大且最具影响的差异是跨越司法管辖权区域和地理物理位置。在传统的数据中心模型中，数据和服务的位置是公开且静态的，所有潜在的数据和服务的迁移都在组织的控制和主动管理之下，从而允许组织更多地研究和规划任何潜在的迁移活动，包括审查司法管辖权变更和要求，帮助管理层在授权和批准任何此类变更前做出明智的决策。组织还可以有目的性地选择数据中心和数据存储的物理位置，以利用有利的司法管辖权要求。如果使用分布式云模型，或者依赖于外部服务，组织将失去对系统总体位置或者任何特定时间点的部分(甚至全部)控制权。云服务可以并且将一直在不同地理物理位置之间移动，或者在任何给定的时间点跨越多个司法管辖权区域。对于外部服务而言，组织可能完全不知道外部服务位于何处并从何处运行，并且服务不受组织和管理层的控制，在任何时间点都能够移动，或者动态跨越多个司法管辖权区域。

7.4 理解云计算对企业风险管理的影响

与任何 IT 服务和管理的其他组件一样，云计算极大地影响了组织的风险管理计划(Risk Management Program)和实践，增加了多项必须考虑的事项，提高了组织风险管理计划的复杂程度。

7.4.1 评估提供方的风险管理态势

组织在迁移到任何托管环境时，与云服务提供方共同理解和评估风险管理计划与流程至关重要。由于云客户将在云服务提供方的云环境中存储服务和数据，因此，托管云服务提供方的风险管理流程和风险接受程度也将直接影响云客户的安全和风险管理计划。评估是另一处对于云服务提供方而言极有价值的领域，将在很大程度上告知云客户关于云服务提供方的风险管理计划和策略类型的事项，以及允许接受或者需要缓解的风险等级。

7.4.2 数据所有方/控制方与数据托管方/处理方之间的区别

了解与数据相关的不同角色和职责对于理解数据相关风险至关重要。在许多组织中，各个角色都有正式的头衔和特定职责。同时，许多监管和认证机构要求指定特定的个体作为数据所有方和数据托管方，当涉及责任、审计和监督时，特定个体应该承担各自工作和角色所赋予的责任。根据定义的特定组织和受众，允许角色存在一些差异。

- **数据所有方(Data Owner)**：数据所有方是负责控制数据、同时决定适当的控制措施以及使用方式的个体。在某些情况下，可能存在一个额外的数据保管方(Data Steward)角色，负责监督数据访问请求和数据的使用情况，以确保满足组织策略并且正确批准用户的访问请求。
- **数据托管方(Data Custodian)**：数据托管方是处理和使用由数据所有方拥有或者控制的数据的人员，数据托管方在使用数据处理业务时必须遵守策略且接受监督。

通常而言，数据所有方和数据托管方将与组织的管理层合作，从而为系统和应用程序建立总体风险概况(Risk Profile)。风险概况记录并确定管理层愿意承担的风险水平，以及如何评价和批准风险以满足适当的使用要求。在云环境中，由于大量系统和服务超出了组织的控制范围，风险概况可能更加复杂。

管理层对承担和接受战略风险的意愿形成了组织的风险偏好(Risk Appetite)，反映了整体的安全文化，以及使用特定系统和服务时，结合正在使用的数据分类分级流程，组织能够容忍的风险程度。理解组织的风险偏好能够帮助系统运营人员和应用程序管理人员在研发和运营期间迅速做出决策，而无需每次都咨询管理层。从而不仅能够提高组织的运营效率，同时也能够确保满足组织的整体安全水平与隐私策略。

7.4.3 风险处理

风险衡量了组织、IT 系统和数据所面临的威胁。风险评估(Risk Assessment)用以评价(Evaluate)组织的整体易受攻击程度、面临的威胁和威胁成功的可能性，以及可采取任何缓解措施进一步降低风险水平。最终，组织能够尝试降低和最小化系统面临的风险水平，或者将不得不接受风险水平。

1. 构建风险框架

构建风险框架(Framing Risk)为其他风险管理流程奠定了基础。在构建风险框架阶段，组织将根据系统的独特特征、数据的要求以及关于实施或者特定威胁的任何具体细节，确定希望评估的风险和水平。在此阶段做出的决策将指导风险评估的方法和整体范围。

2. 评估风险

正式的风险评估(Risk Assessment)流程包括几项度量和评价步骤，并将数值分配给从低风险到高风险的类别，通常是 1 到 5 的量级，其中，5 代表最高等级的风险。

第一部分是确定组织及系统所面临的具体威胁。通常，组织需要分析数据的类型和敏感程度，确定数据对攻击方的价值以及攻击方试图窃取数据可能采取的攻击策略。威胁分析还将聚焦于哪些类型的团体和攻击方可能入侵系统，团体和攻击方的类型决定了潜在攻击的复杂程度和在攻击期间采用的策略。

第二部分是评估特定系统的漏洞。漏洞本质上可以是内部的或者外部的，两者都应该包括在评估活动中。内部漏洞集中于配置问题、安全措施中已知的弱点、使用的特定软件或者组织已知的任何其他类型的问题项。外部漏洞可能包括数据中心和运营面临的自然和环境问题，以及社交工程攻击(Social Engineering Attacking，SEA)。

风险评估的第三个关键组成部分是评价攻击可能对组织的系统、数据、运营或声誉造成的潜在损害。评估通常是基于已经确定的漏洞和威胁，以及漏洞和威胁可能造成的潜在损害。

最后一个主要因素是攻击成功的可能性及可能造成的危害。组织虽然能够发现各种潜在漏洞，但并非所有漏洞都同样具有利用成功的可能性，甚至在单次攻击中，也可能存在不同程度的利用和破坏。

警告：

组织的声誉损失是一项很容易忽视的潜在危害。人们关注的焦点往往是系统的正常运行时间或者业务的损失，但是服务质量下降或者关于数据泄漏与系统问题的新闻报道，从长期而言可能比暂时的中断造成更大的损害。

组织在识别和记录 4 个主要组成部分之后，就可以开展实际的风险评估和测试工作。实际测试分为两类：定性评估和定量评估。

- **定性评估(Qualitative Assessment)：**定性风险评估是针对非数字数据开展的，本质上是描述性而不是数据驱动的。定性评估通常在组织缺少资金、时间、数据执行全面定量评估时使用，通常涉及审查运营流程和系统设计文档，以及与系统维护人员、研发团队和安全人员的访谈。一旦从访谈中收集到所有数据，并成功审查文档和技术规范，威胁、漏洞、影响和可能性的调查结果就能够与系统实施和运营工作程序相匹配。通过综合分析，评估人员能够为管理层编写风险评估和分类报告，从低到高，涵盖风险、几率(Likelihood)和损害可能性(Damage Possibilities)等领域。
- **定量评估(Quantitative Assessment)：**定量评估的应用场景通常是在组织具有足够的资金、时间、数据和复杂度以执行评估工作时所使用的。定量评估由数据驱动，可确定固定数值用于比较和度量。许多安全专家可能认为定量评估是一种独立类型，但定性评估始终是定量评估的组成部分，因为并非所有数据都能够使用数值表示，如果只使用数值方法，组织将可能遗漏运营和系统的关键方面。

以下措施和计算公式将构成定量评估的基础。

- **单次损失预期(Single Loss Expectancy，SLE)：**单次损失预期值定义为一次成功利用后资产的原始价值与资产剩余价值之间的差额。SLE 的计算方法是将资产价值乘以风险暴露因子(Exposure Factor)，即成功利用漏洞所造成的损失百分比。
- **年度发生率(Annualized Rate of Occurrence，ARO)：**年度发生率是指在一年时间内，威胁成功利用特定漏洞的预估次数。
- **年度损失预期(Annualized Loss Expectancy，ALE)：**年度损失预期是 SLE 乘以 ARO 的值，即 ALE=SLE×ARO。

通过计算年度损失预期(ALE)并为单一漏洞的预期损失分配一个具体的美元价值，组织能够使用 ALE 值确定可用对策的成本效益影响。如果 ALE 高于修复漏洞的成本，则组织花费资金修复漏洞是有意义的。然而，如果 ALE 低于修复漏洞的成本，组织可能采取合理的决策接受风险及处理成功攻击的成本，因为接受的成本将低于修复的成本。管理层可以使用 ALE 在系统的安全投资方面做出明智判断。例如，组织可能根据应用程序的使用情况和恢复所需的时间，计算应用程序的某项功能失败所导致的单次损失预期(SLE)为 5 万美元的业务损失。根据分析和趋势，组织预计中断事故可能每年发生三次。意味着在每年的基础上，组织预计因为中断事故损失 15 万美元的收入。如果有一款独立的软件能够缓解中断事故，并且软件的许可成本是每年 10 万美元，则这将是一项合理投资，因为缓解成本低于中断成本。然而，如果缓解风险的软件每年需要花费 20 万美元，则管理层通常可能选择接受风险，因为防范风险的成本大于损失的收入。当然，组织必须考虑声誉和信任的潜在损失，声誉和信任损失甚至可能超出中断期间的收入损失。

警告：

年度损失预期(ALE)虽然有助于评价缓解风险的资金支出，但也必须考虑到任何受监管规则保护的数据的背景。缓解漏洞的成本可能超过组织处理风险的直接成本，但监管规则可能将处以高额罚款，甚至禁止在使用受保护数据的合同或者服务上运营。因此，在成本效益分析的所有决策中，组织必须将监管要求下的潜在成本作为重要因素纳入。

3. 应对风险

在识别和评价风险后，组织必须结合潜在的缓解措施及成本，决定针对每种风险的合理行动方案。风险应对方法主要分为 4 类，下面详细介绍：

- **风险接受(Risk Acceptance)：**组织可以选择简单地接受某个特定漏洞的风险及构成的威胁。接受发生在彻底的风险评估和缓解成本评价后。在这种情况下，如果减轻风险的成本超过接受风险和处理任何可能后果的成本，组织可以选择在发生漏洞时简单地处理。大多数情况下，接受风险的决定只允许用于低水平风险，而决不允许用于中风险或高风险。组织在做出接受风险的决定之前需要仔细考虑，因为任何成功的漏洞利用都不仅仅涉及简单的经济问题，甚至影响组织声誉和用户群体。任何接受风险的决定都必须清楚地记录在案，并得到管理层的正式批准。

- **风险规避(Risk Avoidance)**：组织可以选择采取措施确保风险永远不会发生，而不是选择接受或缓解风险。规避风险通常涉及决定不采用某些服务或系统。例如，如果组织认为通过网站直接购买(而非通过传真或者电话下单)可能对系统和数据保护构成重大风险，那么组织可以选择禁用网站的订购功能。虽然，禁用特定服务与功能的做法可能导致组织面临显著的收入和客户流失，但能够帮助组织完全规避风险。通常情况下，除非是禁用系统或者应用程序中非常小的功能集，因为禁用或移除小的功能集通常不会对于用户或运营造成重大障碍，否则组织一般不会采取禁用功能的解决方案。
- **风险转移(Risk Transference)**：风险转移是由另一个实体承担来自组织的风险的流程。不过，有一点需要注意的是，风险不可能总是转移到另一个实体。转移的一个主要示例是保单。但应当指出的是，保单并不能涵盖与风险转移有关的所有问题。直接的财务费用可通过保单转移，但组织的声誉损失不能弥补。此外，根据某些法规，风险无法转移，因为组织所有方对任何导致数据(尤其是个人数据)隐私或机密性损失的漏洞承担最终责任。
- **风险缓解(Risk Mitigation)**：风险缓解是组织最常期待和理解的策略。为执行风险缓解，组织有时会采取措施，包括投资在新系统或技术上，修复和防止攻击方恶意利用漏洞。风险缓解可能涉及采取措施完全消除特定风险，或者采取措施降低攻击方利用漏洞的可能性或成功利用漏洞的影响。采取风险缓解措施的决定在很大程度上取决于评估时执行的成本效益分析。

注意：

云安全专家需要理解残余风险(Residual Risk)概念。简而言之，无论组织采取了哪种应对措施，也不管组织决定花多少钱，永远不会达到缓解或消除所有风险的地步。剩余风险(Remaining Risk)属于残余风险的范畴。

4. 持续监测风险

一旦确定了风险，分析了应对风险的可能方向并做出了决策，就需要持续跟踪和监测风险。风险持续监测(Risk Monitoring)的主要重点是一套持续的评估流程，确定与执行评价时相同的威胁和漏洞是否仍然以相同的形式存在。随着 IT 系统和服务世界的快速变化，威胁和漏洞也将处于不断变化的状态。理解风险、威胁和漏洞的动态变化，有助于组织通过持续风险监测流程评价风险缓解策略是否仍然有效。风险持续监测还作为一套正式流程，用于监测不断变化的法律法规监管合规要求，以及当前的风险评估和缓解措施是否满足组织的预期。

7.4.4　不同的风险框架

有三个著名的与云环境相关的风险框架在 IT 行业中广泛使用，分别是 ENISA、ISO/IEC 31000:2018 和 NIST。

1. ENISA

2012 年，欧洲网络和信息安全局(European Network and Information Security Agency，ENISA)发布了关于云计算风险管理的通用框架，题为“云计算：信息安全的收益、风险和建议”(Cloud Computing:Benefits，Risks，and Recommendations for Information Security)。概述了组织所面临的 35 种风险，以及基于发生概率和对组织潜在影响的“八大风险列表”(Top 8 List of Risks)。

2. ISO/IEC 31000:2018

ISO/IEC 31000:2018 标准从设计和实施风险管理计划的角度关注风险管理。与其他 ISO/IEC 标准不同，ISO/IEC 31000:2018 标准并不作为认证路径或者计划，而是一套指南和框架。ISO/IEC 31000:2018 标准提倡将风险管理作为组织整体 IT 策略和实施的中心，是不可分割的组成部分，类似于如何在所有流程和策略中集成安全或者变更管理。

2018 年的更新版本为组织的策略方针提供了先前版本的额外指导，并更加强调将高级管理层纳入风险管理流程。

ISO/IEC 31000:2018 标准提出了 11 项风险管理原则：

- 风险管理作为一种实践应该为组织创造价值和保护价值。
- 为了确保风险管理的成功和全面性，云安全专家应该将风险管理流程融入组织的所有方面和流程中，成为组织不可或缺的组成部分。
- 风险管理应该是组织做出的所有决策的组成部分，组织需要确保已经考虑和评价所有的潜在问题。
- 所有组织在任何时候都存在不确定性。风险管理可用于缓解和最小化不确定性的影响。
- 为了实施有效的风险管理工作，必须充分整合且高效地提供信息和分析；此外，风险管理不能减缓组织的流程或者业务。
- 风险管理为保证有效，必须在提供信息和分析方面充分整合和保证效率；风险管理不能减缓组织的流程或业务。
- 虽然风险管理存在多种通用框架，但必须基于组织的具体需要和现实情况选择适用的框架，以保证未来的有效性。
- 尽管风险管理始终高度关注IT 系统和技术，但组织也必须考虑人员因素的影响和风险。
- 为了加强员工、用户和客户的信心，组织的风险管理流程和策略应该透明可见。
- 随着 IT 系统和运营的高度动态化，风险管理计划需要具有响应性、灵活性和适应性。

- 与组织的所有方面一样，风险管理工作应该侧重于持续改进运营和生产效率。

3. NIST

2012 年，NIST 推出了题为“云计算概要和建议”(Cloud Computing Synopsis and Recommendations)的 800-146 号特别出版物，包括云环境中的风险及分析建议，以及云计算和安全的许多其他方面。本文件是 ENISA 文件的美国版本，属于美国联邦政府计算资源。虽然本文件只正式适用于美国和联邦政府的计算资源，但也可作为其他计算系统的通用参考。世界各地的组织和监管机构都将 800-146 文件作为指南和框架。

7.4.5 风险管理指标

风险几乎总是以定级和分值的形式呈现，以平衡成功利用漏洞的影响和发生的可能性。通过采取额外的控制措施或者配置变更，保证组织的风险水平降至管理层可接受的程度。此外，许多组织策略或者认证要求只允许在一定程度上接受风险。

以下是最常用的风险类别：

- 最小(Minimal)
- 低(Low)
- 中(Moderate)
- 高(High)
- 严重(Critical)

7.4.6 风险环境评估

为了充分评价云环境中的风险，需要评估多个不同的级别。特定的应用程序、系统或者服务是第一个组件，涉及与传统数据中心托管类似的分析，并在混合中添加了特定于云环境的方面。组织还必须根据云服务提供方的过往记录、稳定性、专注度、财务状况和未来趋势执行风险评估活动。

7.5 理解外包和云合同设计

许多组织在多年前已经将 IT 资源转移到外包和托管模型上。外包和托管模型通常涉及组织不再拥有和控制自身的数据中心，而是租赁外部空间，还可能与托管和 IT 服务组织签订支持服务合同。规模经济帮助许多组织从位于其他组织的数据中心内的空间获取更高的性价比。在租用的空间中，组织能够在更大范围内实现物理设施和需求，成本由所有客户分担。所有组织无需构建和控制各自的物理数据中心。拥有租用空间之后，组织仍然能够完全控制系统并运营，因为系统和设备与其他客户在物理上是隔离的。然而，外包到云环境后，组织需要面对的合同则包含大量额外的复杂性，许多组织可能缺乏管理云合同的专业知识和经验。

注意：

在传统的数据中心之中，组织必须构建足够的容量处理最高预期负载的系统，因为增加额外的容量既繁琐又昂贵，且在短时间内实现并不现实。云环境能够解决最高负载峰值问题，但也为合同和资金模式引入了新的复杂性。在政府合同中更是如此，因为严格的资金预算是预先设定的，许多合同模型不支持云计算的弹性特性，特别是在自动伸缩方面，其中的额外成本是不稳定的且不可预测。

7.5.1　业务需求

在组织考虑将系统或者应用程序迁移至云环境之前，必须首先确保全面掌握系统当前的构建和配置方式，以及系统如何与其他系统关联和交互。理解并分析业务需求将构成评价系统或者应用程序是否适合云环境的基础。当前的系统或者应用程序可能需要改写大量代码或者变更配置项，才能够在云环境中正常运转，同时可能对监管合规计划和要求产生深远影响。

业务需求的分析将构成阐明和记录云环境的特定业务需求的基础，有助于组织开始探索云服务，同时着眼于满足业务需求。与任何外包活动相同，供应方可能无法完全满足所有业务需求，组织的运营人员和安全人员需要执行全面的差距分析，以评价向云端迁移可能导致的风险水平。然后，由管理层评价风险，确定风险是否处于可接受的水平。在业务需求分析的流程中，组织还应该考虑业务持续和灾难恢复方案，以及向云环境迁移可能产生的潜在影响(无论是正面还是负面的)，以及需要执行多大程度的更新和修改操作。对于组织而言，任何变更都是时间和金钱上的巨大成本，而不仅是云托管和计算资源的实际成本。

与任何合同一样，SLA 在组织与云服务提供方之间至关重要；但在云环境中，SLA 的重要性更为显著。在传统数据中心，组织能够接触到系统和设备，许多云环境中 SLA 涵盖的方面可以由组织自身人员处理，且完全由组织内部的管理层控制人力资源的分配工作。然而，在云环境中，云服务提供方不仅要为自身的基础架构完全负责，云客户也将无法获得同等级别的访问权限。此外，云服务提供方也不会单独对某一云客户负责，因为云服务提供方可能也会有大量其他客户。考虑到这一点，SLA 至关重要，以确保云服务提供方分配足够的资源应对问题，并给予相关问题所需的优先级，以满足管理层的需求。

7.5.2　供应方管理

组织一旦决定采用云计算解决方案，选择云服务提供方的流程必须保持谨慎且经过彻底的评价(Evaluation)。云计算在 IT 领域仍然是一项相对较新的技术，因此，许多组织都在争相提供云计算解决方案，希望成为 IT 服务行业迅猛增长的组成部分。虽然业务竞争对任何云客户而言都是有利的，但也意味着许多新兴的参与方正在涌现。新兴的参与方并没有建立长期的声誉或业绩记录可供评价。至关重要的是，组织需要确保正在考虑的任何供应方都是稳定且信誉良好的，才可以托管关键业务系统和敏感数据。任何组织都不希望将关键业务系统提供给一家尚未成熟、无法应对增长和运营需求的云服务提供方，或者将关键业务系统交给一家可能在合同履行时破产的小型创业公司。尽管各大 IT 公司都在提供云服务，并且在 IT 行业有着丰富的业绩记录，但试图在云服务爆炸式增长中获得市场份额的初创企业可能提供更加极具吸引力的定价或选项，以试图基于使用服务的客户数量(或者重要性)在行业中建立强大的地位。

选择云服务提供方之前需要评价多个因素。以下是组织在选择云服务提供方的流程中必须考虑的核心因素：

- 云服务提供方的声誉如何？是一家历史悠久的 IT 公司还是一家刚刚成立不久的初创公司？云计算是组织的核心业务，还是组织在发展过程中添加的附属项目？组织的财务状况和未来前景如何？
- 云服务提供方如何管理云服务？云服务是全部由公司雇佣的员工处理，还是外包至支持服务及管理？在与提供方签订合同期间，云服务提供方的支持模式或者策略是否可能在未来发生变化？
- 云服务提供方拥有哪些类型的认证？是否拥有当前的云计算、安全或者运营领域的认证？云服务提供方是否打算获得其他认证？云服务提供方拥有的认证是否与业务监管要求相匹配？如果云客户需要，云服务提供方是否愿意获得或者遵守额外的认证？
- 云服务提供方的基础设施位置在哪里？适用于哪些司法管辖权要求？是否存在基于应用程序或者数据的特定限制，从而排除位于某些物理位置的特定云服务提供方？
- 云服务提供方如何处理安全事故？处理安全事故的流程和记录是什么？是否愿意提供统计数据或者示例？是否有过公开披露或引起关注的安全事故或可用性损失？
- 云服务提供方是基于标准和灵活性构建自有平台，还是更多地专注于专有配置？如果管理层需要，从一个云服务提供方迁移到另一个或不同的提供方是否容易？组织是否可能受到特定的供应方锁定(Locked in)，从而限制组织的选择？

除了选择过程中的主要运营和技术问题，认证也将发挥非常显著的作用。特别是随着法律法规监管合规要求日益重要和公开。通用准则(Common Criteria，CC)框架作为评价任何服务提供方安全态势的有力起点，CC 是基于 ISO/IEC 的标准。通过使用相关标准及认证，潜在的云客户能够相信服务提供方遵守了一套明确且经过验证的安全控制措施，并且云客户可以使用独立的认证将不同的提供方与一套共同基线对比。认证还能够确保云客户将完全遵守组织可能面临的任何法律法规监管合规要求。根据应用程序和数据的类型，认证可能是云客户所必需的组成部分。

提示：

云服务提供方和云客户之间的常见问题是涉及云服务提供方持有或者愿意获得的认证。大多数情况下，云服务提供方可能已具备满足特定认证要求的所有控制措施和工作程序，但实际上并没有获取认证，甚至不希望获取认证。通常而言，云客户不应该认为云服务提供方同意获得更多的认证，因为云服务提供方要获取认证，需要花费大量的费用和员工时间。云安全专家必须记住，大多数云环境都包含大量客户，云服务提供方必须平衡所有云客户的要求。云服务提供方必须为商业模式和云客户采取最佳方法，即使这意味着可能无法满足许多特定云客户的需求。

7.5.3 合同管理

云服务与任何服务委托或托管情况一样，都需要一套健全和结构化的合同管理方法。云环境并未简化合同管理，有些情况下，云环境可能导致合同管理工作更为复杂。在起草合同前，组织必须通过数据探查和选择流程彻底理解组织的需求和期望。组织的业务要求与具体法律法规监管合规要求相结合，共同构成合同初稿的基础。合同的主要组成部分和注意事项如下(注意，以下不是一份详细的清单，根据系统、应用程序、数据或组织的不同，特定的合同还可能包含其他要素)：

- **访问系统(Access to System)：** 用户和云客户如何访问系统和数据是合同和 SLA 的关键组件。访问系统包括多因素身份验证(MFA)要求，以及支持的身份提供方和系统。从云客户的角度来看，访问取决于所使用的云模型和云服务提供方提供的服务，云服务提供方提供的服务将定义可授予云客户的管理或特权访问级别。
- **备份和灾难恢复(Backup and Disaster Recovery)：** 如何备份系统和数据以及云服务提供方如何实现灾难恢复是合同的关键部分。合同还必须明确云客户的灾难恢复要求，包括可接受的恢复时间，以及在灾难情况下系统必须在多大程度上保证可用。合同还应该记录如何测试和验证备份及灾难恢复工作程序，以及验证和测试的频率。
- **数据留存和废弃(Data Retention and Disposal)：** 数据留存和最终废弃的时间是合同的关键，在云合同中更为重要，因为云客户依赖云服务提供方提供备份和恢复系统，在某种程度上与传统数据中心不同。合同必须清楚记录数据保存的时间、格式以及删除后用于数据清除(Sanitize)的可接受的方法和技术。在安全移除和清除后，合同应记录云服务提供方必须向云客户提供何种级别的证明，以满足法律法规监管合规要求或客户的内部策略。
- **定义(Definition)：** 合同应该包括关于任何术语和技术的约定定义。尽管对于业内人士而言，各种术语的含义似乎显而易见，但在合同中使用术语能够帮助各个定义规范化，并能够确保所有合同参与方人员的理解一致。未定义术语可能出现双方期望值不同的问题。如果合同没有澄清条款和设定期望值，就没有明确的追索权。
- **事故响应(Incident Response)：** 合同规定了云服务提供方将如何处理任何安全或者运营事故的事故响应，以及如何与云客户沟通。本部分将构成云服务提供方和云客户之间 SLA 的基础，并记录了双方事故响应团队之间的合作。

- **诉讼(Litigation)**：有时，云客户可能成为司法诉讼的对象，从而可能影响到云服务提供方并需要云服务提供方参与。合同将记录诉讼情况下双方的责任，以及所需的响应时间和潜在责任。
- **指标(Metric)**：合同应明确规定使用哪些指标衡量系统性能和可用性，以及云客户和云服务提供方之间使用哪些标准完成收集、测量、量化和处理。
- **性能要求(Performance Requirement)**：合同，更具体地说是 SLA，将记录和设置系统与可用性的具体性能要求，构成确定合同条款成功与否的基础。具体性能需求也可能影响最终的系统设计和分配的资源。性能需求还将设定对系统请求和支持请求的响应时间期望值。
- **法律法规监管合规要求(Regulatory and Legal Requirement)**：本节详细说明云客户所需的任何特定认证，或者云客户所需遵守的任何特定法律法规监管合规要求。包括云服务提供方为满足要求所采取的具体步骤，对电子取证等法律命令的响应措施，以及云服务提供方将用于审计和验证合规的流程。本合同的法律法规监管合规要求部分还将包括云服务提供方对云客户开展特定应用程序和系统审计时的合作方式。
- **安全要求(Security Requirement)**：包括云服务提供方已部署的技术系统和运营工作程序，同时也涵盖了对于从云客户处工作且能够访问系统和数据的工作人员的要求。安全要求包括背景调查和员工策略，并且可能从监管角度影响云服务提供方。例如，承揽美国联邦政府合同的承包商通常需要确保所有员工的物理位置必须位于美国境内，这项要求对于某些云服务提供方而言，可能是一项淘汰因素。
- **终止(Termination)**：如有必要，合同必须明确规定一方当事人可终止合同的条件，以及终止合同所需的条件。终止通常包括正式通知不履行责任的具体流程、可采取的补救措施和时间表，以及潜在的处罚和终止成本，具体取决于所采取行动的原因和时间。

7.6 履行供应方管理

在管理外包和云服务时，SLA 对于记录所有相关方的期望和责任至关重要。SLA 规定了合同几乎所有运营方面的具体要求，包括正常运行时间、支持、响应时间、事故管理。此外，SLA 还阐明了关于违规的具体处罚，以及对于整个合同和合同满意履行的影响。

供应链管理

由于现代应用程序本质上建立在无数不同的组件和服务上，所有系统或者应用程序的供应链都在迅速扩展到远超出单个组织的规模。这种复杂程度导致组织越来越难以维持系统的安全水平，任何供应链组件的破坏都可能影响其他组件，甚至是整套系统或者应用程序本身。无论有多少严格的安全控制措施和策略，攻击方都有可能发现最为薄弱的组件，并试图利用组件漏洞获得进一步的访问权限。因此，云安全专家不仅要担心各自所控制的系统，还要担心所有组件和外部服务的安全态势和暴露面。

从云安全专家的角度来看，最佳方法是充分记录并理解正在使用的每个组件，并分析整套应用程序的暴露程度和易受攻击程度。组织通常允许对每个组件执行风险评估活动，以及为每个连接点设计额外的控制措施或验证方式，以确保数据处理和工作流程的安全运转，并且不会执行超出预定目标的操作。

7.7　练习

安全专家所在的公司总部设在美国，但正打算将服务扩展到欧洲国家。然而，管理层对于目前的设置和系统非常满意，并且不希望在本次扩展期间从其他地点运营额外的托管服务，因为那样做会增加系统的复杂程度。

- 从法律法规监管合规要求的角度来看，上述情况可能引发哪些问题?
- 在上述情况下可能会出现哪些技术问题?
- 如何更新和增强组织的风险管理计划，以应对额外的扩张?
- 从监管的角度来看，迁移工作可能需要哪些新的策略或工作程序?

7.8　本章小结

在本章中，安全专家将掌握在云环境中托管时所涉及的各种法律法规监管合规要求和复杂程度，以及与数据保护和隐私的关系。此外，安全专家还将掌握在云环境中如何开展电子取证工作，以及谁拥有权力和责任执行取证工作。其次，本章讨论了在云环境中关于审计的定义和执行方式，以及审计对于确保云环境中安全和运营的信心方面的重要性。最后，安全专家将了解风险管理计划对于任何组织的重要性，云计算为风险管理计划带来的独特因素，以及管理云服务外包合同的独特挑战。